开封地区重大农作物
病虫识别与防治

◎ 马占鸿　主编

中国农业科学技术出版社

图书在版编目（CIP）数据

开封地区重大农作物病虫识别与防治／马占鸿主编．—北京：中国农业科学技术出版社，2018.4

ISBN 978-7-5116-3589-1

Ⅰ.①开…　Ⅱ.①马…　Ⅲ.①作物-病虫害防治-河南　Ⅳ.①S435

中国版本图书馆 CIP 数据核字（2018）第 062514 号

责任编辑	姚　欢
责任校对	马广洋

出 版 者	中国农业科学技术出版社
	北京市中关村南大街 12 号　邮编：100081
电　　话	（010）82106638（编辑室）　（010）82109702（发行部）
	（010）82109709（读者服务部）
传　　真	（010）82106650
网　　址	http://www.castp.cn
经 销 者	各地新华书店
印 刷 者	北京富泰印刷有限责任公司
开　　本	710mm×1 000mm　1/16
印　　张	15　彩插　8 面
字　　数	300 千字
版　　次	2018 年 4 月第 1 版　2018 年 4 月第 1 次印刷
定　　价	50.00 元

小麦叶锈病

小麦白粉病

小麦赤霉病

玉米小斑病

玉米瘤黑粉病

玉米穗粒腐病

玉米粗缩病

玉米锈病

水稻稻瘟病

水稻胡麻斑病

花生叶斑病

花生根腐病

花生病毒病　　　　　　　　　　大豆根腐病

小麦蚜虫　　　　　　　　　　小麦吸浆虫

草地螟幼虫　　　　　　　　　　二化螟幼虫

二化螟成虫

稻纵卷叶螟

黏虫幼虫

黏虫成虫

玉米螟幼虫

玉米螟成虫

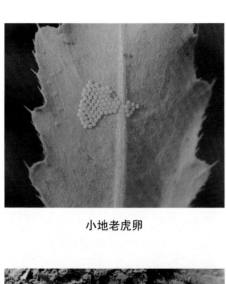

小地老虎卵

小地老虎幼虫

小地老虎危害状

小地老虎成虫

铜绿丽金龟幼虫

铜绿丽金龟蛹

铜绿丽金龟成虫

黄褐丽金龟成虫

黑绒鳃金龟成虫

棉铃虫幼虫

棉铃虫成虫

三点盲蝽

大豆造桥虫

豆荚螟成虫

《开封地区重大农作物病虫识别与防治》

编 委 会

主 编：马占鸿

副主编：钟绍明　谷建中　赵国建　韩东明

编 委：赵　琦　王　睿　刘朝晖　李冠甲

张　沛　殷君华　张　强　王　恒

张耀文　宋长新　赵鹏飞　金建猛

杨丹丹　要世瑾　孔欣欣　赵国轩

赵力平

前　言

开封，简称汴，是河南省省辖市，地处中原腹地、黄河之滨，是著名的八朝古都和我国六大古都之一。开封辖杞县、通许县、尉氏县、兰考县、祥符区、龙亭区、顺河回族区、鼓楼区、禹王台区和开封市城乡一体化示范区共4县6区。全市总面积6 266平方公里，总人口550万人，共有91个乡镇（场）。开封属暖温带大陆性季风气候，四季分明，年均气温为14.52℃，年均无霜期为221天，年均降水量为627.5毫米，降水多集中在夏季7、8月份。开封地势平坦，土壤多为黏土、壤土和沙土，适宜农作物种植，是河南省重要的农业大市，主要有粮食作物、经济作物、蔬菜、瓜果及落叶乔木等，已形成小麦、花生、无公害瓜果、菊花等特色农业产业链条。开封植物资源丰富，陆生植物和水生植物约有800余种。

本书针对开封地区重大农作物小麦、玉米、水稻、花生、大豆、棉花的200余种病虫害，对其症状特点、发生规律进行了描述，并提出正确及时的防治办法。书中列举了部分常见的病虫害田间生态图片，其中虫害部分由河南农业大学蒋金炜教授提供，病害部分由编委会成员提供。

由于开封市农作物病虫害种类繁多、危害严重，是粮食高产、稳产的主要限制因素之一，为使广大粮农、农业科技工作者、新型农业经营主体等对开封市农作物病虫害有一个全面的了解和认识，掌握相关防治措施，我们在国家重点研发计划项目（2017YFD0201700）和开封市"农业财政资金项目"支持下，组织编写本书，以飨读者。

由于时间仓促及作者水平有限，书中难免存在错漏，敬请批评指正。

编　者
2018 年 1 月

目　　录

第一章 小麦

小麦是我国主要粮食作物，也是我国九大优势农作物之一。近 5 年来，河南省小麦种植面积每年超过 8 000 万亩①，总产量约占全国小麦总产量的 1/4。虽然河南省小麦产量连年提高，但是病虫害对小麦生产影响依然严重。全世界记载的小麦病害有 200 多种，发病较重的有小麦条锈病、小麦叶锈病、小麦白粉病、小麦纹枯病等 20 多种；小麦虫害有 100 多种，发生较重的有麦蚜、麦叶螨、小麦吸浆虫等 10 多种。因此，了解小麦病虫害的发生情况，对于小麦病虫害的综合防治和小麦安全生产有重要意义。

第一节 病害

一、小麦条锈病

【病原】菌丝丝状，有分隔，在寄主细胞间隙扩展蔓延，利用吸器吸取小麦细胞内的营养物质，在发病部位产生孢子堆。夏孢子单胞，球形，鲜黄色，表面有细刺，大小为（32~40）μm×（22~29）μm，具有 6~16 个发芽孔。冬孢子双胞，棍棒形，褐色，上浓下淡，顶部扁平或斜切，分隔处略缢缩，大小为（36~68）μm×（12~20）μm，柄短。该菌具有明显的生理分化现象，我国已发现 33 个生理小种，分别为条中 1~33 号，条锈病菌生理小种易产生变异。

【症状特点】主要为害叶片，叶鞘、茎秆和穗部也可受害。苗期发病，幼苗叶片上产生多层轮状排列的鲜黄色夏孢子堆。成株期发病，叶片表面初期出现褪绿斑点，之后长出夏孢子堆，夏孢子堆为小长条状，鲜黄色，椭圆形，与叶脉平行，且排列成行，像缝纫机轧过的针脚，呈虚线状；小麦近成熟时，叶鞘上出现圆形至卵圆形的夏孢子堆。夏孢子堆破裂散出鲜黄色的夏

---

① 1 亩≈667m²，15 亩＝1hm²。全书同

孢子。后期发病部位产生黑色冬孢子堆，冬孢子堆短线状，扁平，常数个融合，埋生在寄主表皮下，成熟时不开裂，区别于小麦秆锈病。

【发病规律】全国主要麦区均有发生，主要发生在甘肃、四川、湖北、云南、青海、新疆、宁夏、河南、陕西、山东、河北、山西、贵州等地。病菌以夏孢子在小麦上完成周年的侵染循环。其侵染循环可分为越夏、秋苗发病、越冬及春季流行4个环节。越夏是小麦条锈病菌侵染循环中的关键环节。该病菌在夏季最热一旬平均气温超过23℃的情况下不能越夏。在我国，该病菌主要在夏季冷凉山区和高原地区的晚熟小麦、自生麦苗和其他越夏寄主上越夏。甘肃东南部、青海东部、四川西北部等地是我国小麦条锈病菌的主要越夏区。秋季，越夏菌源随气流传播到我国冬麦区后，遇适宜温湿度条件即侵染秋苗，秋苗多在冬小麦播种后1个月左右发病。秋苗发病早晚及发病程度与距离菌源远近和播期早晚有关，距越夏菌源越近、播种越早，则秋苗发病越重。当平均气温降至1~2℃时，条锈病菌开始进入越冬阶段，在最低月平均气温低于-7℃的山东德州、河北石家庄、山西介休至陕西黄陵一线以北，病菌不能越冬，而在这一线以南冬季最低月平均气温不低于-7℃的四川、云南、湖北、河南信阳、陕西关中、陕西安康等地，病菌以菌丝状态在小麦叶组织中越冬，成为当地及邻近麦区春季流行的重要菌源。另外，江淮、江汉和四川盆地等麦区为小麦条锈病菌的"冬繁区"，该菌在冬季可以持续侵染蔓延。第二年小麦返青后，越冬菌丝体复苏扩展，当旬均温上升至5℃时显症产孢，如遇春雨或结露，病害扩展蔓延迅速，导致春季流行。感病品种大面积种植、越冬菌量大和春季降雨多等是小麦条锈病春季流行的重要条件。较长时间无雨、无露，病害扩展常常中断。品种抗病性差异明显，但如果大面积种植具有同一抗源的品种，由于病菌生理小种的改变，往往易造成抗病性丧失。

【防治措施】

（1）选用抗病品种，做到抗源布局合理及品种定期轮换。

（2）农业防治。①适期播种，适当晚播可减轻秋苗期条锈病的发生。②消除自生麦苗。③施用腐熟有机肥或堆肥，增施磷钾肥，搞好氮磷钾合理搭配，增强小麦抗病力。速效氮不宜过多、过迟施用，防止小麦贪青晚熟，加重受害。④合理灌溉，雨水多的麦区注意开沟排水，后期发病重的麦区需适当灌水，减少产量损失。

（3）药剂防治。①药剂拌种：25%三唑酮可湿性粉剂15g拌麦种150kg或12.5%烯唑醇（特谱唑、速保利）可湿性粉剂60~80g拌麦种50kg。②叶面喷雾防治：针对发病秋苗，可适当用药喷雾防治，压低秋苗菌量。小麦拔节或孕穗期病叶普遍率达 2%~4%、严重度达 1%时，可喷施 20%三唑酮乳油、12.5%烯唑醇可湿性粉剂 1 000~2 000 倍液或 25%丙环唑（敌力脱）乳油 2 000 倍液，做到普治与挑治相结合。

二、小麦秆锈病

【病原】菌丝丝状，有分隔，在小麦细胞间隙寄生。夏孢子单胞，椭圆形，暗橙黄色，大小为（17~47）μm×（14~22）μm，表面生有细刺，中部有 4 个发芽孔。冬孢子双胞，棍棒形至纺锤形，浓褐色，大小为（35~65）μm×（11~22）μm，顶端壁略厚，圆形或稍尖，柄长。该菌为转主寄生菌，可产生 5 种不同类型的孢子。冬孢子萌发产生担孢子，担孢子为害转主寄主小檗，在小檗叶片正面形成性孢子器和性孢子，在叶背面产生锈孢子器和锈孢子，锈孢子侵染小麦形成夏孢子和冬孢子。小麦秆锈病菌具有明显的生理分化现象，目前我国已发现 16 个生理小种，其中 21C3 小种是优势小种。

【症状特点】主要为害叶鞘和茎秆，也可为害叶片和穗部。夏孢子堆大，长椭圆形，深褐色或黄褐色，排列不规则，散生，常连成大斑，成熟后表皮大片开裂且外翻成唇状，散出大量锈褐色粉状物（夏孢子）。后期在夏孢子堆及其附近出现黑色椭圆形至长条形冬孢子堆，后表皮破裂，散出黑色粉状物（冬孢子）。

【发病规律】主要发生在华东沿海、长江流域、南方冬麦区及内蒙古、西北春麦区等地。在我国小麦秆锈病侵染循环中转主寄主作用不大或不起作用，秆锈病菌主要以夏孢子完成病害的侵染循环。在我国，小麦秆锈病菌主要以夏孢子世代在福建、广东等东南沿海地区和云南南部等西南局部地区越冬。翌春，夏孢子由越冬区自南向北、向西逐步传播，经长江流域、华北平原到达东北、西北和内蒙古等地春麦区。秆锈病菌越夏区较广，在西北、华北、东北及西南冷凉麦区晚熟冬春麦和自生麦苗上可以越夏并不断繁殖蔓延。病菌在山东胶东和江苏徐淮平原麦区自生麦苗上也可越夏。秋季，越夏秆锈病菌夏孢子随高空气流由西向东传播到东南沿海的福建、广东等地，或由北向南传播到云南、贵州等西南越冬区，引起秋苗发病。夏孢子借助气流远距离传播，从气孔侵入寄主，病菌侵入适宜温度为 18~22℃。秆锈病流行需要较高的温度和湿度，尤其需要液态水，如降水、结露或有雾。露时越长，侵入率越高，在叶面湿润时、温度（露温）适宜时侵入，需要露时 8~10h，生产上若遇露温高、露时长，则发病重。小麦品种间抗病性差异明显，秆锈病菌生理小种变异不快，品种抗病性较稳定，近 20 年来我国没有发生小麦秆锈病的大流行。

【防治措施】

(1) 选用抗病品种。

(2) 药剂防治。参见小麦条锈病。

三、小麦叶锈病

【病原】 夏孢子单胞，球形或近球形，黄褐色，表面具细刺，有 6~8 个散生的发芽孔，大小为（18~29）μm×（17~22）μm。冬孢子双胞，棒状，暗褐色，顶平，柄短，大小为（39~57）μm×（15~18）μm。冬孢子萌发时产生 4 个担孢子，侵染转主寄主，在其上产生性孢子器和锈孢子器。性孢子器橙黄色，球形或扁球形，埋生在寄主表皮下，产生橙黄色椭圆形性孢子。锈孢子器着生在与性孢子器对应的叶背病斑处，能产生链状球形锈孢子，锈孢子大小为（16~26）μm×（16~20）μm。在区别小麦叶锈病菌与小麦条锈病菌时，分别挑取少许夏孢子，滴 1 滴浓盐酸或正磷酸，加盖玻片镜检，条锈病菌夏孢子原生质浓缩成多个小团，叶锈病菌夏孢子原生质则在中央浓缩成一团。

【症状特点】 主要为害叶片，有时也可为害叶鞘和茎秆。夏孢子堆圆形至长椭圆形，橘红色，比秆锈病菌夏孢子堆小，比条锈病菌夏孢子堆大，呈不规则散生，在初生夏孢子堆周围有时产生数个次生的夏孢子堆，多发生在叶片正面，少数可穿透叶片，在叶片正反两面同时形成夏孢子堆。夏孢子堆表皮开裂后，散出橘黄色的夏孢子。冬孢子堆主要产生在叶片背面和叶鞘上，圆形或长椭圆形，黑色，扁平，排列散乱，成熟时不破裂。小麦 3 种锈病的区别可用"条锈成行，叶锈乱，秆锈是个大红斑"来概括。

【发病规律】 主要发生在河北、山西、内蒙古、河南、山东、贵州、云南、黑龙江、吉林等地。小麦叶锈病菌是一种转主寄生病菌，在小麦上产生夏孢子和冬孢子，冬孢子萌发产生担孢子，在转主寄主唐松草和小乌头上产生性孢子和锈孢子。我国尚未证实有转主寄主，仅以夏孢子世代完成其侵染循环。该菌在华北、西北、西南、中南等麦区的自生麦苗和晚熟春麦上以夏孢子连续侵染的方式越夏，秋季就近侵染秋苗，并向邻近地区传播。该菌的越冬形式和越冬条件与条锈病菌类似。该菌夏孢子萌发后产生芽管，从气孔侵入，在 20~25℃下经 6 天潜育期后，在叶面上产生夏孢子堆和夏孢子，经气流传播，可进行多次侵染。秋苗发病后，病菌以菌丝体潜伏在叶片内或少量以夏孢子越冬，在冬季温暖麦区，病菌可不断传播蔓延。病菌不能在北方春麦区越冬，而是由外地菌源传播而来，引起发病。冬小麦播种早、出苗早，发病重。9月上中旬播种的易发病，冬季气温高，雪层厚，覆雪时间长，土壤湿度大，发病重。叶锈病菌存在明显的生理分化现象，毒性强的生理小种多，能使小麦抗病性"丧失"，造成大面积发病。

【防治措施】应采取以种植抗病品种为主，以药剂防治和农业防治为辅的综合防治措施。

（1）种植抗耐病品种。

（2）药剂防治。①药剂拌种：用种子重量0.2%的20%三唑酮乳油拌种。②用15%保丰1号种衣剂（活性成分为三唑酮、多菌灵、辛硫磷）包衣，包衣后种子外形成固化的薄膜，播种后形成保护圈，持效期长。每1kg种子用4g种衣剂包衣防治小麦叶锈病、白粉病、全蚀病效果较好，并可兼治地下害虫。③发病初期喷施20%三唑酮乳油1 000倍液可兼治条锈病、秆锈病和白粉病，隔10~20天喷施1次，防治1~2次。

（3）加强栽培管理。适期播种，消灭杂草和自生小苗，适时适量施肥，避免过多、过迟施用氮肥，雨季及时排水。

四、小麦白粉病

【病原】菌丝体表寄生，蔓延于寄主表面，在寄主表皮细胞内形成吸器吸收寄主营养。在与菌丝垂直的分生孢子梗端，串生10~20个分生孢子。分生孢子椭圆形，单胞，无色，大小为（25~30）μm×（8~10）μm，可保持侵染力3~4天。闭囊壳球形，黑色，直径为135~280μm，外有发育不全的18~52根丝状附属丝，内含9~30个子囊。子囊长圆形或卵形，内含8个子囊孢子，有时4个。子囊孢子圆形至椭圆形，单胞，无色，单核，大小为（18.8~23）μm×（11.3~13.8）μm。闭囊壳一般在小麦生长后期形成，其成熟后在适宜温湿度条件下开裂，释放出子囊孢子。小麦白粉病菌不能侵染大麦，大麦白粉病菌也不能侵染小麦。小麦白粉病菌属于专性寄生菌，只能在活的寄主组织上生长发育，具有明显的生理分化现象，毒性变异快。

【症状特点】小麦白粉病在苗期至成株期均可发病。主要为害叶片，严重时也可为害叶鞘、茎秆和穗部。该病发生时，叶面出现1~2mm的白色霉点，后逐渐扩大为近圆形至椭圆形白色霉斑，霉斑表面有一层白粉状霉层（菌丝体和分生孢子），遇有外力或振动立即飞散。后期霉层由白色变为灰白色，最后变为浅褐色，上面散生有针头大小的黑色小粒点（闭囊壳）。

【发病规律】该病在山东沿海、四川、贵州、云南发生普遍，为害严重。

近年来，在东北、华北、西北麦区日趋严重，是我国小麦病害中发生面积最大的病害之一。小麦白粉病菌可以分生孢子在夏季气温较低地区的自生麦苗上或夏播小麦植株上越夏，在干燥和低温条件下，也可以闭囊壳的形式在病残体上越夏。越夏后，病菌侵染秋苗，引起秋苗发病。病菌一般以菌丝体在冬麦苗上越冬，也有以闭囊壳在病残体上越冬的。病菌分生孢子或子囊孢子经气流传播到感病小麦植株上，如温度、湿度等条件适宜，即可萌发产生芽管，进而形成附着胞和侵入丝直接穿透寄主表皮，侵入寄主表皮细胞，完成侵染并建立寄生关系。随后菌丝在寄主组织表皮不断蔓延生长，并分化形成分生孢子梗，其上产生成串的分生孢子。分生孢子成熟后脱落，随气流传播，进而引起多次再侵染。

【防治措施】

（1）选用抗病品种。

（2）农业防治。施用腐熟有机肥或堆肥，采用配方施肥技术，适当增施磷钾肥，根据品种特性和地力合理密植。南方麦区雨后及时排水，降低田间湿度。北方麦区适时浇水，增强寄主抗病力。自生麦苗越夏地区，在冬小麦秋播前应及时清除自生麦苗，减少秋苗菌源。

（3）药剂防治。在越夏区和秋苗发病较重地区用15%三唑酮可湿性粉剂拌种防治白粉病，并可兼治黑穗病、条锈病等。在春季发病初期或发病盛期及时喷施三唑酮、烯唑醇、丙环唑、福美甲胂、多菌灵等药剂。

五、小麦普通根腐病

【病原】分生孢子梗产生于叶片正反面，正面居多，2~5根丛生或单生，直立或呈屈膝状弯曲或扭曲，浅褐色或暗褐色，基部膨大。分生孢子梭形或椭圆形，略弯，暗橄榄褐色，具3~12个隔膜，多为6~10个，大小为（40~120）μm×（17~28）μm，长多为60~100μm，脐部明显，端平截。假囊壳直径为530μm。子囊棒状，大小为（110~230）μm×（30~45）μm，每个子囊含1~8个子囊孢子。子囊孢子无色至浅褐色，细长，有6~13个分隔，大小为（160~360）μm×（6~9）μm。在自然条件下很少产生有性态。菌丝生长温度范围为4~37℃，分生孢子萌发温度范围为3~39℃，最适温度为22℃，生长的pH值为2.7~10.3。

【症状特点】小麦各生育期均可发生。幼苗期引致芽腐和苗枯，成株期引致叶片早枯、穗腐、根腐、茎基腐、叶斑、黑胚粒、籽粒秕瘦等。其中成株期叶斑症状发生最普遍，为害最重。

　　芽腐、苗枯：发病重的种子不能萌发或刚萌芽就变褐腐烂。发病轻的种子可萌发出土，但胚芽鞘或地下部分发病，产生褐色病斑，多在冬前死亡或产生弱苗。

　　根腐、茎基腐：在苗期的胚芽鞘、地下茎或幼根上出现褐色病变，局部组织腐烂或坏死，常致地下茎基近分蘖节处出现褐色病斑，近地面叶鞘上产生褐色梭形斑，大小为（3~5）mm×（1~3）mm，一般不深达茎节内部。常引致幼苗发黄，田间出现一片片浅绿至浅黄色，病苗矮小、稀疏、叶直立。成株期下部1~2叶叶尖枯焦1~2cm，根部发育不良，生根少，种子根、茎基表面出现褐色斑点，可深达内部，发病部分腐烂坏死，严重的次生根根尖或中部也变褐腐烂、分蘖枯死，或生育中后期部分或全株完全死亡。

　　叶斑：秋苗期至早春发病，在近地面叶片上产生很多外缘黑褐色、中部浅褐色的梭形小斑。拔节期至成株期发病，产生典型的浅褐色、椭圆形至梭形大斑，大小为（1~3）cm×（0.5~1）cm，周围具黄色晕圈，病斑中间枯黄色，上面产生黑色霉状物，病情扩展快时，病斑融合，致使叶片部分或全叶干枯。有些品种产生椭圆形深褐色小斑，长约1cm。

　　穗腐、黑胚粒：穗部发病，在颖壳或穗轴上产生褐色不规则形病斑，常致大部分颖壳或穗轴变褐，潮湿情况下产生一层黑色霉状物，严重的引致半穗或全穗枯死。病颖上的菌丝侵染种子，胚变为深褐色，出现黑胚粒，种子干瘪皱缩。

　　【发病规律】我国各冬、春麦区均有发生。病菌随病残体在土壤中或在种子上越冬或越夏，经胚芽鞘或幼根侵入，引起地下茎、次生根等部位发病。带菌种子是苗期发病的重要初侵染来源。在土壤中寄主病残体彻底分解腐烂后，病菌丧失侵染能力。小麦拔节期至成株期，根腐继续扩展的同时，叶斑症状也从下而上不断扩展，地面上的病残体和植株发病部位不断产生大量分生孢子，借风雨传播，进行多次再侵染。该病潜育期不超过7天，菌量积累速度快，达到流行临界菌量早，当气温为18~25℃，空气相对湿度为100%时，功能叶片和麦穗就会大量发病或流行成灾。此外，栽培措施对该病发生也有直接影响。春麦迟播或冬麦早播易发病，种植过密发病重。在田间管理上凡能减少田间病残体数量或促进土壤中病残体腐烂的措施（如深翻、中耕、施肥、浇水等）均可减少病菌数量，发病轻。品种间抗病性有差异。

　　【防治措施】该病为全生育期病害，穗期叶斑和穗腐是防治的关键。减少田间菌源，降低病菌积累速度，保护成株功能叶片，可达到有效防治该病的目的。

(1) 农业防治。提倡轮作，以减少土壤中的菌量，秋翻灭茬，加强夏、秋两季田间管理，加快土壤中病残体分解。选用无病种子，适时适量播种，提高播种质量，减轻苗期发病。施用腐熟的堆肥或有机肥。

(2) 选用抗病耐病品种。

(3) 药剂防治。①种子处理：用种子质量 0.2%~0.3%的 50%福美双可湿性粉剂拌种，或用 33%纹霉净可湿性粉剂按种子质量 0.2%拌种，也可用 20%三唑酮乳油按种子质量 0.1%~0.3%拌种。②用 50%福美甲胂或 70%代森锰锌可湿性粉剂 100 倍液浸种 24~36h，防治效果达 80%以上。③成株期当初穗期小麦中下部叶片发病重，且多雨时，喷洒 70%代森锰锌或 50%福美双可湿性粉剂 500 倍液、20%三唑酮乳油或 15%三唑醇可湿性粉剂 2 000 倍液、25%丙环唑（敌力脱）乳油 2 000~4 000 倍液，能有效控制该病的扩展。

六、小麦镰刀菌根腐病

【病原】大型分生孢子多细胞，镰刀形；小型分生孢子单细胞，椭圆形至卵圆形。

【症状特点】小麦各个生育期均可发病。苗期引起根腐，严重时可造成烂芽和苗枯；成株期引起叶斑、穗腐或黑胚。该病症状与小麦普通根腐病相似。

苗期：种子带菌严重的不能发芽，轻者能发芽，但不能出土，或虽能发芽出苗，但生长细弱。幼苗发病后在芽鞘上产生黄褐色至黑褐色梭形病斑，边缘清晰，中间稍褪色，扩展后引起根部、分蘖节和茎基部变褐，病组织逐渐坏死，表面产生黑色霉状物，最后根部腐烂，麦苗平铺在地上，下部叶片变黄，逐渐枯黄而死。

成株期：初期叶片上出现梭形褐色小斑，后扩展为长椭圆形或不规则形浅褐色病斑，病株根系变褐腐烂，叶鞘上以及叶鞘与茎秆之间常有白色菌丝和淡红色霉状物（分生孢子）。发病重的植株叶片自下而上青枯，白穗不实；发病轻的植株长势弱，种子干瘪皱缩。

【发病规律】该病在全国各地麦区均有发生，东北、西北春麦区发生重，黄淮海冬麦区也很普遍。病菌以菌丝体和厚垣孢子在病残体和土壤中越冬。生产上播撒带菌种子也可引致苗期发病。苗期是主要侵染时期，病原菌多由根茎部伤口和根茎幼嫩部分侵入。

【防治措施】

（1）选用抗病品种。

（2）施用腐熟的有机肥或堆肥。麦收后及时耕翻灭茬，使病残组织当年腐烂，以减少翌年初侵染来源。

（3）采用小麦与豆科、马铃薯、油菜等轮作方式进行换茬，适时早播，浅播，土壤过湿的要散墒后播种，土壤过干则应采取镇压保墒等农业措施减轻受害。

（4）药剂防治。①播种前可用50%异菌脲（扑海因）可湿性粉剂、75%卫福合剂、58%倍得可湿性粉剂、70%代森锰锌可湿性粉剂、50%福美双可湿性粉剂、20%三唑酮乳油或80%喷克可湿性粉剂，按种子重量的0.2%~0.3%拌种，防效60%以上。②成株开花期喷施25%敌力脱乳油4 000倍液，或用50%福美双可湿性粉剂，每亩用药100g，对水75kg喷施。

七、小麦雪霉叶枯病

【病原】病菌在病叶上产生分生孢子座，内产生分生孢子。分生孢子新月形，两端钝圆，无脚胞，无色，多有1个或3个隔膜，大小为（11.3~22.8）μm×（2.3~3.3）μm。子囊壳埋生，球堆或卵形，大小为（160~250）μm×（90~100）μm，顶端乳头状，有孔口，内有侧丝，子囊壳壁厚，具内外两层。子囊棒状或圆柱状，大小为（40~70）μm×（35~65）μm，子囊内可产生6~8个子囊孢子。子囊孢子纺锤形或椭圆形，无色透明，具1~3个隔膜，大小为（10~18）μm×（3.6~4.5）μm。

【症状特点】小麦萌芽期至成熟前均可发病。为害幼芽、叶片、叶鞘和穗部，产生芽腐、苗枯、基腐、鞘腐、叶枯、穗腐等症状，其中鞘腐和叶枯为害最重。

芽腐、苗枯：种子萌发后，胚根、胚根鞘、胚芽鞘腐烂变色，胚根少，根短。胚芽鞘上产生条形或长圆形黑褐色病斑，表面生有白色菌丝。病苗基部叶鞘变褐坏死，导致整叶变褐或变黄枯死。病苗生长弱，苗矮，第1叶和第2叶短缩，根系不发达或短，发病重时整株呈水渍状变褐腐烂或死亡。枯死苗倒伏，表面生有白色菌丝层，有时呈砖红色。

基腐、鞘腐：拔节后发病部位上移，病株基部1~2节的叶鞘变褐腐烂，叶鞘枯死后由深褐色变浅至枯黄色，与叶鞘相连叶片发病或迅速变褐枯死。上部叶鞘的鞘腐多从与叶片相连处始发，后向叶片基部和叶鞘中下部发展，发病叶鞘变为枯黄色或黄褐色，变色部位无明显边缘，湿度大时，上面产生稀疏的红色霉状物。上部叶鞘发病后可致使旗叶和旗下一叶枯死。

叶枯：病斑初期呈水渍状，逐渐扩展为近圆形或椭圆形大斑。叶缘病斑多呈半圆形。病斑直径为 1~4cm，边缘灰色，中央污褐色，呈浸润性地向四周扩展，常形成数层不明显的轮纹，病斑表面常产生砖红色霉状物。湿度大时，病斑边缘产生白色菌丝层，有时产生黑色粒点（子囊壳）。后期多数病叶枯死。

穗腐：个别小穗或少数小穗发病，颖壳上产生水渍状黑褐色病斑，表面产生红色霉状物，小穗轴变褐腐烂，个别穗颈或穗轴变褐腐烂，严重时全穗或局部变黄枯死，病粒皱缩变褐，表面产生白色菌丝层。

【发病规律】主要发生在陕西、甘肃、宁夏、青海、新疆、四川、贵州、西藏、河南以及长江中下游等地。病菌以菌丝体或分生孢子在种子、土壤和病残体上越冬，后侵染叶鞘，随后向其他部位扩展，进行多次侵染，使病害不断扩展蔓延。病菌生长温度范围为-2~30℃，最适温度为 19~21℃。西北地区 4—5 月降雨多的年份，温度低、湿度大有利于该病发生。青藏高原麦区 7—8 月多雨、气温偏低，除为害叶片外，还可引致穗腐。潮湿多雨和比较冷凉的阴湿山区和平原灌区易发病。小麦抽穗后 20 多天，降水量对上位叶发病影响较大。小麦拔节孕穗期间受冻害，抗病性降低。品种间抗病性差异明显。在春麦区，小麦灌浆期至乳熟期是该病流行盛期。水肥管理、播期、密度等与病害发生关系密切。春季灌水过量、浇水次数过多、生育后期大水漫灌或土壤湿度大、地下水位高、田间湿度大、施用氮肥过量、施用时期过晚的田块，易发病。播种过早、播种量过大、田间群体密度大，发病重。

【防治措施】

（1）选用抗病品种和无病种子。

（2）适时播种，合理密植。对分蘖性强的矮秆品种应注意控制播种量。施用充分腐熟的有机肥或堆肥，避免偏施氮肥，适当控制追肥。控制灌水，冬季灌饱，春季尽量不灌或少灌，早春耙糖保墒，严禁连续灌水和大水漫灌，雨后及时排水。

（3）在发病初期及时喷施杀菌剂进行防治。可选用 80%多菌灵超微粉剂 1 000 倍液、36%甲基硫菌灵悬浮剂 500 倍液、50%苯菌灵可湿性粉剂 1 500 倍液、25%三唑酮乳油 2 000 倍液等。

八、小麦黄斑叶枯病

【病原】子囊孢子无色至黄褐色，长椭圆形，具有 3 个横隔膜、没有或有 1 个纵隔膜，大小为（42~69）μm×（14~29）μm。分生孢子浅色至枯草色，圆柱形，直或稍弯，顶端钝圆，下端呈蛇头状尖削，脐点凹陷于基细胞内，具有 1~9 个隔膜，大小为（80~250）μm×（14~20）μm。

【症状特点】主要为害叶片，有时与其他叶斑病混合发生。叶片发病初期产生黄褐色斑点，逐渐扩展为椭圆形至纺锤形大斑，大小为（7~30）mm×（1~6）mm，病斑中部颜色较深，有不明显的轮纹，边界不明显，外围有黄色晕圈，后期多个病斑融合，致使叶片变黄干枯。

【发病规律】小麦黄斑叶枯病又称小麦黄斑病。在陕西、甘肃、青海、河南以及长江中下游冬、春麦区都有不同程度发生。病菌随病残体在土壤或粪肥中越冬。翌年小麦生长期，子囊孢子侵染小麦植株发病，发病部位产生分生孢子。分生孢子借风雨传播进行再侵染，使病害不断扩展蔓延。

【防治措施】参见小麦普通根腐病。

九、小麦链格孢叶枯病

【病原】分生孢子梗直，单生或丛生，橄榄色或黑褐色，大小为（30~110）μm×（4~7）μm。分生孢子卵形或倒棍棒形，褐色，有喙，具有 0~6 个纵隔膜，1~9 个横隔膜，串生，大小为（20~60）μm×（11~20）μm。病菌生长温度范围为 5~35℃，适宜温度为 20~24℃。

【症状特点】主要为害叶片和穗部，造成叶枯和黑胚症状。病害从下部叶片向上扩展。发病初期，产生卵形至椭圆形褪绿小斑，逐渐扩展到中部呈灰褐色、边缘黄色的长圆形病斑，湿度大时，病斑上产生灰黑色霉层，严重时叶鞘和麦穗枯萎。

【发病规律】全国各冬、春麦区均有发生。病菌随病残体在土壤中越冬或越夏，种子可带菌。翌年春天形成分生孢子借助风雨传播，侵染春小麦或返青后的冬小麦叶片。低洼潮湿或地下水位高的麦田发生重。接近成熟期，寄主抗性下降，该病扩展很快。

【防治措施】

（1）施用充分腐熟的有机肥或堆肥，采用配方施肥技术。

（2）及时喷施 75%百菌清可湿性粉剂 600 倍液、70%代森锰锌可湿性粉剂 500 倍液、64%恶霜灵可湿性粉剂 500 倍液或 50%异菌脲（扑海因）可湿性粉剂 1 500 倍液。

十、小麦壳针孢叶枯病

【病原】分生孢子器埋生于叶片表皮下，扁球形，黑褐色，大小为（150~200）μm×（60~100）μm，孔口略突。分生孢子无色，有大、小两种类型，大型分生孢子较多见，长而微弯，有 3~5 个隔，大小为（35~98）μm×（1~3）μm；小型分生孢子单胞，细短，大小为（5~9）μm×（0.3~1）μm。两种分生孢子均可侵染小麦。分生孢子萌发温度范围为 2~37℃，最适温度为20~25℃，菌丝生长最适温度为 20~24℃。

【症状特点】小麦壳针孢叶枯病又称小麦斑枯病。主要为害叶片和叶鞘，也可为害茎秆和穗部。拔节期至抽穗期为害严重。叶片发病由下向上扩展。叶片发病初期，在叶脉间出现淡绿至黄色纺锤形病斑，逐渐扩展连片形成褐白色大斑，上面产生黑色小粒点（分生孢子器）。有时病斑为黄色条纹状，叶脉色泽黄绿色，形似小麦黄矮病，但其条纹边缘为波浪形，贯通全叶，严重时黄色部分变为枯白色，上面产生黑色小粒点（分生孢子器）。有时病叶仅叶尖发病干枯，有时病叶很快变黄、下垂。病斑有时从叶鞘向茎秆扩展，并侵染穗部颖壳，使之干枯。

【发病规律】我国主要麦区均有发生，局部地区发生普遍，为害严重。冬麦区病菌在小麦病残体上越夏，侵染秋苗，以菌丝体在麦苗上越冬；春麦区以分生孢子器和菌丝体在病残体上越冬，翌春条件适宜时，分生孢子器释放出分生孢子，借风雨传播侵染。温度适宜条件下侵染，潜育期为 15~21天。该病在低温、高湿条件下易发病。当夜间温度达 8℃以上并有雨露存在时，发病较快。连作、施用带菌的未腐熟肥料发病重；土壤瘠薄、施氮过多易发病；冬麦播种过早，病害发生可能加重。

【防治措施】

（1）选用抗（耐）病品种。

（2）加强农业防治。清除病残体，深耕灭茬。消除田间自生麦苗，减少越冬（夏）菌源。冬麦适时晚播。施用充分腐熟的有机肥，增施磷钾肥，采用配方施肥技术。重病田应实行 3 年以上轮作。

（3）药剂防治。①种子处理：用种子质量 0.15%三唑酮或噻菌灵、0.03%三唑醇（有效成分）拌种，或者用 40%多菌灵·福美双合剂按种子质量的0.2%拌种。②喷施药剂防治重病区：在小麦分蘖前期和扬花期用 70%甲基硫菌灵（甲基托布津）可湿性粉剂 800~1 000 倍液、50%多菌灵可湿性粉剂

600~800 倍液、25%苯菌灵乳油 800 倍液、75%百菌清可湿性粉剂 500~600 倍液或70%代森锰锌可湿性粉剂 400~600 倍液，隔 10~15 天喷施 1 次，共喷施 2~3 次。

十一、小麦颖枯病

【病原】分生孢子器暗褐色，扁球形，埋生于寄主表皮下，微露，大小为（80~114）μm×（88~154）μm。分生孢子单胞，长柱形，微弯，无色，大小为（15~32）μm×（2~4）μm，成熟时有 1~3 个隔膜。

【症状特点】主要为害小麦未成熟的穗部和茎秆，也可为害叶片和叶鞘。穗部顶端或上部小穗先发病，发病初期在颖壳上产生深褐色斑点，逐渐变为枯白色并扩展到整个颖壳，上面长满菌丝和小黑点（分生孢子器）。茎秆病斑褐色，能侵入导管并将其堵塞，致使节部畸变、扭曲，上部茎秆折断而死。叶片发病，初期产生长梭形淡褐色小斑，逐渐扩大成不规则大斑，边缘有淡黄色晕圈，中央灰白色，病斑上密生小黑点，剑叶受害扭曲枯死。叶鞘发病后叶鞘变黄，使叶片早枯。

【发病规律】我国冬、春麦区均有发生，以北方春麦区发生较重。冬麦区病菌在病残体或种子上越夏，秋季侵入麦苗，以菌丝体在病株上越冬。春麦区以分生孢子器和菌丝体在病残体上越冬，翌年条件适宜时，释放出分生孢子，借风雨传播侵染。病菌侵染温度为 10~25℃，最适温度为 22~24℃。温度适宜条件下，潜育期为 7~14 天。高温多雨有利于颖枯病发生和蔓延。连作田块发病重。春麦播种晚，偏施氮肥，生育期延迟，病害发生重。使用带病种子及未腐熟有机肥，发病重。

【防治措施】

（1）选用无病种子。

（2）农业防治。①清除病残体，麦收后深耕灭茬。消灭自生麦苗，压低越夏、越冬菌源，实行 2 年以上轮作。②春麦适时早播，施用充分腐熟的有机肥，增施磷钾肥，采用配方施肥技术，增强植株抗病力。

（3）药剂防治。用 50%多·福混合粉（多菌灵：福美双为 1：1）500 倍液浸种 48h，或利用 50%多菌灵可湿性粉剂、70%甲基硫菌灵（甲基托布津）可湿性粉剂、40%拌种双可湿性粉剂按种子重量的 0.2%拌种。

十二、小麦全蚀病

【病原】自然条件下仅产生有性态，不产生无性孢子。禾顶囊壳小麦变种的子囊壳群集或散生于衰老病株茎基部叶鞘内侧，烧瓶状，黑色，周围有褐色菌丝环绕，颈部多向一侧略弯，具有缘丝的孔口外露于表皮，大小为（385~771）μm×（297~505）μm，子囊壳在子座上常不连生。子囊平行排列于子囊腔内，早期子囊间有拟侧丝，后期消失，棍棒状，无色，大小为（61~102）μm×（8~14）μm，内含8个子囊孢子。子囊孢子成束或分散排列，丝状，无色，略弯，具有3~7个隔膜，多为5个，内含许多油球，大小为（53~92）μm×（3.1~5.4）μm。成熟菌丝粗壮，栗褐色，隔膜较稀疏，呈锐角分枝，主枝与侧枝交界处各产生1个隔膜，呈"八"字形。在PDA培养基上，菌落灰黑色，菌丝束明显，菌落边缘菌丝常向中心反卷，人工培养易产生子囊壳。对小麦、大麦致病力强，对黑麦、燕麦致病力弱。禾顶囊壳禾谷变种的子囊壳散生于茎基部叶鞘内侧表皮下，黑色，具长颈和短颈。子囊、子囊孢子与禾顶囊壳小麦变种区别不大，只是禾顶囊壳禾谷变种子囊孢子一头稍尖，另一头钝圆，大小为（67.5~87.5）μm×（3~5）μm，成熟时具有3~8个隔膜。在PDA培养基上，菌落初呈白色，后呈暗黑色，气生菌丝绒毛状，菌落边缘的羽毛状菌丝不向中心反卷，不易产生子囊壳。对小麦致病力较弱，但对大麦、黑麦、燕麦、水稻致病力强。该菌寄主范围较广，能侵染10多种栽培或野生禾本科植物。

【症状特点】该病是一种典型的根部病害，只侵染小麦根部和茎基部1~2节。小麦苗期和成株期均可发病。苗期发病，植株矮小，下部叶片黄化，种子根和地中茎变成灰黑色，严重时造成麦苗连片枯死。拔节期冬麦病苗返青迟缓、分蘖少，病株根部大部分变成黑色，茎基部及叶鞘内侧出现较明显的黑褐色菌丝层，呈"黑脚"状。抽穗后田间病株成簇或点片状发生早枯，呈"白穗"状，根部变黑，易于拔起。在潮湿情况下，小麦近成熟时在病株基部叶鞘内侧密布黑褐色颗粒状子囊壳。该病与小麦其他根腐型病害的区别在于种子根和次生根变黑腐烂，茎基部生有黑褐色菌丝层。

【发病规律】我国云南、四川、江苏、浙江、河北、山东、内蒙古等地均有发生，山东发生较重。小麦全蚀病菌主要以菌丝体在土壤中的病残体上或混有病残体的未腐熟粪肥中以及混有病残体的种子中越冬或越夏。引种混有病残体的种子是无病区发病的主要原因。冬麦区种子萌发不久，菌丝体就可侵害种子根部，并在变黑的种子根部内越冬。翌春小麦返青，菌丝体向上扩展至分蘖节和茎基部，拔节期至抽穗期，可侵染至第1~2节，由于茎基受害，致使病株陆续死亡。春小麦区种子萌发后，在病残体上越冬的菌丝侵染幼根，逐渐扩展，侵染分蘖节和茎基部，最后引起植株死亡。病株多在灌浆期出现白穗，遇干热风，病株加速死亡。小麦全蚀病菌发育温度范围为 3～35℃，适宜温度为 19～24℃，致死温度为 52～54℃ （温热） 10min。土壤性状和栽培措施对小麦全蚀病影响较大。土壤土质疏松、肥力低、碱性土壤发病较重。土壤潮湿有利于病害发生和扩展，水浇地比旱地发病重。与非寄主作物轮作或水旱轮作，发病较轻。根系发达品种抗病较强，增施腐熟有机肥可减轻发病。冬小麦播种过早发病重。

【防治措施】

（1） 禁止从病区引种，防止病害蔓延。如怀疑是带病的种子，可用 51～54℃ 温水浸种 10min，或用有效成分为 0.1% 硫菌灵药液浸种 10min。

（2） 轮作倒茬。实行稻麦轮作，或与棉花、烟草、蔬菜等经济作物轮作，也可改种大豆、油菜、马铃薯等，可明显降低发病。

（3） 种植耐病品种。

（4） 施用腐熟的有机肥或堆肥，采用配方施肥技术。

（5） 药剂防治。用种子重量 0.2% 的 2% 戊唑醇湿拌种剂拌种，防效达 90% 左右。

十三、小麦纹枯病

【病原】 病菌不产生任何类型的分生孢子。初生菌丝无色，较细，有复式隔膜，菌丝分枝呈锐角，分枝处大多缢缩变细，分枝附近常产生横隔膜。菌丝后变成褐色，分枝和隔膜增多，分枝呈直角。菌丝纠结在一起可形成菌核。菌核初期为白色，逐渐变成不同程度的褐色，表面粗糙，形状不规则，大小如油菜籽，菌核之间有菌丝连接。禾谷丝核菌菌丝细胞双核，菌核较小，颜色较浅，菌丝生长速度较慢，菌丝较细 （直径 2.9～5.5μm）；立枯丝核菌菌丝细胞多核，每个细胞内有 3～25 个核，多数为 4～8 个核，菌核颜色较深，菌丝生长较快，菌丝较粗 （直径 5～12μm）。

【症状特点】 小麦纹枯病菌侵染发病后，在不同生育阶段造成烂芽、病苗枯死、花秆烂茎、枯株白穗等症状。

烂芽： 芽鞘变褐，随后烂芽枯死，不能出土。

病苗枯死： 发生在 3～4 叶期，初期仅第 1 叶鞘上出现中间灰色、四周褐色的病斑，严重时因抽不出新叶而致使病苗枯死。

花秆烂茎： 拔节后，在基部叶鞘上形成中间灰色、边缘浅褐色的云纹状病斑，多个病斑融合后，茎基部呈云纹花秆状。田间湿度大时，发病叶鞘内侧及茎秆上可见蛛丝状白色的菌丝体和黄褐色的菌核。

枯株白穗：茎秆发病，形成中间灰褐色、四周褐色的近圆形或椭圆形眼斑，造成茎秆失水坏死，形成枯株白穗症状。此外，有时该病还可形成病健交界不明显的褐色病斑。近年来，由于品种、栽培制度、水肥条件的改变，病害逐年加重，发病区域由南向北不断扩展。发病早的减产 20%～40%，严重时形成枯株白穗或颗粒无收。

【发病规律】我国长江流域和黄淮平原均有发生。近年来在华北冬麦区发生较重。病菌以菌丝或菌核在土壤和病残体上越冬越夏。播种后病菌开始侵染为害。田间发病过程可分为冬前发病期、越冬期、横向扩展期、严重度增长期及枯白穗发生期 5 个阶段。

冬前发病：小麦种子发芽后，纹枯病菌侵染叶鞘，症状发生在土表处或略高于土面处，严重时病株率可达 50%左右。

越冬：进入越冬阶段后，病情停止发展，病叶枯死，病株率和病情指数降低，部分冬前病株带菌越冬，成为翌年春天早期发病的重要侵染来源。

横向扩展：春季 2 月中下旬至 4 月上旬，气温升高，病菌在田间传播扩展蔓延，病株率增加迅速，此时病情指数多为 1 或 2。

严重度增长：4 月上旬至 5 月上中旬，随着植株基部节间伸长与病原菌的扩展，茎秆受到侵染，病情指数猛增。

枯白穗发生：5 月中上旬以后，发病高度和受害茎数都基本趋于稳定，但发病重的因输导组织受害迅速失水枯死，田间出现枯孕穗和枯白穗。发病适宜温度为 20℃左右。冬季偏暖、早春回暖快、光照不足的年份发病重，反之则轻。冬小麦播种过早、秋苗期病菌侵染机会多、病害越冬基数高、返青后病势扩展快，发病重。适当晚播则发病轻。氮肥施用过量发病重。

【防治措施】应采取农业防治与化学防治相结合的综合防治措施。

（1）选用抗病、耐病品种。

（2）施用腐熟的有机肥或堆肥，采用配方施肥技术，配合施用氮、磷、钾肥，不要偏施氮肥。

（3）适期播种，避免早播，适当降低播种量。

（4）及时清除田间杂草。

（5）雨后及时排水。

（6）药剂防治。①药剂拌种：用种子质量 0.2%的 33%三唑酮+多菌灵可湿性粉剂、种子质量 0.03%～0.04%的 15%三唑醇粉剂、种子质量 0.03%的 15%三唑酮可湿性粉剂或种子质量 0.0125%的 12.5%烯唑醇可湿性粉剂拌种。②药剂喷雾防治：春季小麦拔节期，每亩用 5%井冈霉素水剂 7.5g 对水

100kg、15%三唑醇粉剂 8g 对水 60kg、20%三唑酮乳油 8～10g 对水 60kg、12.5%烯唑醇可湿性粉剂 12.5g 对水 100kg 或 50%利克菌 200g 对水 100kg 喷雾，防治效果比单独拌种提高 10%～30%，增产 2%～10%。

十四、小麦赤霉病

【病原】优势种为禾谷镰孢，其大型分生孢子镰刀形，具有 3～7 个隔膜，顶端钝圆，基部足细胞明显，单个孢子无色，聚集在一起呈粉红色黏稠状。小型分生孢子很少产生。子囊壳散生或聚生于寄主组织表面，梨形，略包于子座中，有孔口，顶部呈疣状凸起，紫红色或紫蓝至紫黑色。子囊棍棒状，无色，大小为（100～250）μm×（15～150）μm，内含 8 个子囊孢子。子囊孢子纺锤形，大小为（16～33）μm×（3～6）μm，无色，两端钝圆，多有 3 个隔膜。

【症状特点】小麦各个生育期均可发病，主要引起苗枯、穗腐、茎基腐、秆腐，为害最严重的是穗腐。

苗枯：主要是由种子带菌或土壤中病残体侵染引起的。幼芽先变褐色，后根冠腐烂，发病轻的病苗黄瘦，发病重的病苗死亡，湿度大时，枯死苗上产生粉红色霉层（分生孢子）。

穗腐：小麦扬花期发病，初期在小穗和颖片上产生水渍状浅褐色病斑，逐渐扩大至整个小穗。湿度大时，病斑处产生粉红色胶状霉层（分生孢子）。后期产生蓝黑色小颗粒（子囊壳）。用手触摸，有凸起感觉。发病籽粒干瘪，表面生有白色至粉红色霉层。小穗发病后扩展至穗轴，致其变褐坏死，发病部位以上小穗形成枯白穗。

茎基腐：从小麦幼苗出土至成熟均可发生，麦株基部组织受害后变褐腐烂，致使全株枯死。

秆腐：多发生在穗下第 1～2 节。初期在叶鞘上产生水渍状褪绿斑，逐渐扩展为淡褐色至红褐色不规则斑或向茎内扩展。病情严重时造成发病部位以上枯黄，不能抽穗或抽出枯黄穗。湿度大时，发病部位产生粉红色霉层。

【发病规律】我国长江中下游、华南冬麦区和东北春麦区东部发生尤为严重，黄河流域及其他地区也偶有发生。在我国中、南部稻麦两作区，病菌可在小麦、水稻、玉米、棉花等多种作物病残体中营腐生生活越冬，亦可以菌丝体在病种子内越夏越冬。子囊孢子成熟时正值小麦扬花期，子囊孢子借气流、风雨传播，溅落在花器凋萎的花药上萌发，在其上营腐生生活，然后侵染小穗，几天后发病部位产生粉红色霉层（分生孢子）。在开花至盛花期侵染率最高。穗腐产生的分生孢子对本田再侵染作用不大,但对邻近晚麦侵染作用较大。

在我国北部、东北部春麦区,病菌在小麦、稗草、玉米等作物病残体内、带病种子上以菌丝体或子囊壳越冬。在北方冬麦区则以菌丝体在小麦、玉米穗轴上越夏越冬,翌年条件适宜时产生子囊壳,放射出子囊孢子,通过风雨传播进行侵染。春季气温7℃以上,土壤含水量大于50%时形成子囊壳,气温高于12℃时形成子囊孢子。在降雨或湿度大的条件下,子囊孢子成熟并散落在花药上,经花丝侵染小穗发病。田间病残体菌量大,发病重;地势低洼、排水不良、土壤黏重,偏施氮肥,田间植株群体密度大,发病重。

【防治措施】

(1) 选用抗(耐)病品种。

(2) 农业防治。合理排灌,雨水多时注意开沟排水。麦收后要深耕灭茬,减少菌源。适时播种,避开扬花期遇雨。采用配方施肥技术,适时施肥,忌偏施氮肥,提高植株抗病力。

(3) 播种前进行石灰水浸种。用优质生石灰 0.5kg,溶在 50kg 水中,滤去渣子后,将选好的 30kg 麦种放于石灰水中,要求水面高出种子 10~15cm,种子厚度不超过 66cm,气温 20℃时浸 3~5 天、气温 25℃时浸 2~3 天或气温 30℃时浸 1 天即可,浸种以后不再用清水冲洗,摊开晾干后即可播种。

(4) 喷施杀菌剂,预防穗腐发生。在始花期喷施 50%多菌灵可湿性粉剂 800 倍液、60%多菌灵盐酸盐可湿性粉剂 1 000 倍液、50%甲基硫菌灵可湿性粉剂 1 000 倍液、50%多霉灵可湿性粉剂 800~1 000 倍液或 60%甲霉灵可湿性粉剂 1 000 倍液,隔 5~7 天防治 1 次即可。此外,小麦生长中后期在赤霉病、麦蚜、黏虫混发区,每亩用 40%毒死蜱乳油 30mL、10%抗蚜威微乳剂 10g 加 40%禾枯灵粉剂 100g、60%防霉宝粉剂 70g 加磷酸二氢钾 150g 或尿素、丰产素等,防治效果甚好。

十五、小麦白秆病

【病原】 病菌分生孢子器埋生在寄主表皮下的气孔腔内,球形至扁球形,浅褐色或褐色,孔口突出,大小为 (49~81) μm×(49~65) μm。分生孢子梗短,产孢细胞内壁芽殖式产孢,瓶形,外壁平滑无色。分生孢子单胞,无色,镰刀形或新月形,弯曲,顶端渐尖细,基部钝圆,大小为 (12~26) μm×(1.5~3.2) μm。分生孢子萌发时,芽管从两侧伸出。

【症状特点】 小麦各个生育期均可发病,主要为害叶片、叶鞘和茎秆。

常见系统性条斑和局部斑点两种症状。

条斑型：叶片发病后，从叶片基部产生与叶脉平行的水渍状条斑，逐渐向叶尖扩展，初为暗褐色，后变为草黄色，边缘颜色较深，黄褐色至褐色。每个叶片上常生 2~3 个宽为 3~4mm 的条斑。条斑愈合在一起，致使叶片干枯。叶鞘发病后，病斑与叶斑相似，常产生规则的条斑，条斑从茎节扩展至叶片基部，发病轻时出现 1~2 个条斑，宽约 2.5mm，灰褐色至黄褐色，发病严重时叶鞘枯黄。茎秆上的条斑多发生在穗颈节，少数发生在穗颈节以下 1~2 节，症状与叶鞘上的症状相似。

斑点型：叶片上产生圆形至椭圆形草黄色病斑，四周褐色，后期叶鞘上产生中间灰白色、四周褐色的长方形角斑。茎秆上也可产生褐色条斑。

【发病规律】 在我国四川北部、青海、甘肃及西藏高寒麦区发生。病菌以菌丝体或分生孢子器在种子和病残体上越冬或越夏。种子带菌是主要的初侵染来源。土壤带菌也可传播病害。田间出现病害后，发病部位产生分生孢子器，释放出大量分生孢子，经气流传播后，侵入寄主组织，引起再侵染。一般来说，再侵染发生迟而少，在整个病害循环中不重要。病菌生长温度范围为 0~20℃，最适温度为 15℃，25℃ 下生长受抑。该病流行程度与当地种子带菌率、小麦品种抗病程度以及田间小气候有关。

【防治措施】

（1）做好植物检疫工作，防止该病进入无病区。

（2）选育抗病小麦品种，建立无病留种田。

（3）种子处理。用 25% 三唑酮可湿性粉剂、40% 拌种双粉剂或 25% 多菌灵可湿性粉剂拌种，拌后闷种 20 天或用 28~32℃ 冷水预浸 4h 后，置入 52~53℃ 温水中浸 7~10min 或用 54℃ 温水浸 5min。浸种时要不断搅拌种子，浸种后迅速移入冷水中降温，晾干后播种。

（4）麦收后清除病残体，实行轮作，压低菌源量。

（5）喷施药剂防治。田间出现病株后，喷施 50% 甲基硫菌灵可湿性粉剂 800 倍液或 50% 苯菌灵可湿性粉剂 1 500 倍液。

十六、小麦灰霉病

【病原】 分生孢子梗丛生，有分隔，初为灰色，后变为褐色，上部浅褐色，顶端树枝状分枝，大小为（220~480）μm×（10~20）μm。分生孢子单胞，球形或卵形，无色至灰色，大小为（10~17.5）μm×（7.5~12）μm，呈葡萄穗状聚生于分生孢子梗分枝的末端。此外，还可产生无色球形的小分生孢子，长 3μm。有时在受害部位会产生黑色菌核。

【症状特点】从苗期到成熟期均可发病。

叶片：发病初期在基部叶片上产生不规则水渍状病斑，拔节后叶尖先变黄色，从下部叶片开始发病，随后逐渐向上扩展蔓延。水渍状病斑褪绿变黄后形成褐色小斑，严重时变为黑褐色，枯死，病斑上产生灰色霉状物（分生孢子梗和分生孢子）。

穗部：春季长期低温多雨条件下穗部发病，颖壳变为褐色，生长后期发病部位长出灰色霉状物。

【发病规律】主要发生于我国成都、重庆及浙江等长江两岸地区。病菌主要以分生孢子、菌丝体和菌核随病残体在土中越冬。该菌寄主范围广泛，其他寄主上的越冬病菌也能成为该病的初侵染来源。越冬后，病菌产生的分生孢子随气流传播引起寄主植株发病。遇有潮湿环境或连续阴雨，病情扩展迅速，植株上下部叶片不同部位均可同时发病，形成发病中心。穗期多雨，穗部易感病。感病品种叶鞘和茎秆上均可见到一层灰色霉状物。生产上积温低、日照少，如 3 月气温低、多雨，发病重。品种间抗病差异明显。

【防治措施】

（1）选用抗病品种。

（2）加强田间栽培管理，提高植株抗病能力。

十七、小麦炭疽病

【病原】分生孢子盘长形，黑褐色，初期埋生在叶鞘表皮下，后期突破表皮外露，具有深褐色刚毛，刚毛有隔膜，直或微弯。分生孢子梗短小，无色至褐色，具有分隔，不分枝。分生孢子单胞，无色，新月形至纺锤形。

【症状特点】主要为害叶鞘和叶片。基部叶鞘先发病，初期产生 1~2cm 长的椭圆形病斑，边缘暗褐色，中间灰褐色，后沿叶脉纵向扩展形成长条形褐色病斑，致使发病部位以上叶片发黄枯死。叶片发病后，形成近圆形至椭圆形病斑，后期多个病斑连成一片，致使叶片早枯。茎秆发病后，产生梭形褐色病斑。发病部位均可产生黑色小粒点（分生孢子盘）。

【发病规律】该病主要发生在河北、山西、浙江、湖北、四川、甘肃等地。病菌以分生孢子盘和菌丝体在寄主病残体上越冬或越夏，也可附着在种子上越冬。播种带菌的种子或寄主组织接触到带菌的土壤，即可发病，10 天后发病部位就产生分生孢子盘。田间气温 25℃左右、湿度大、有水膜的条件下有利于病菌侵染和分生孢子形成。杂草多、肥料不足、土壤碱性、连作地块有利于发病。小麦品种间抗病性差异明显。

【防治措施】

(1) 选用抗病小麦品种。

(2) 与非禾本科作物进行 3 年以上轮作。

(3) 麦收后及时清除病残体或深翻。

(4) 发病重的地区或地块，喷施 50%苯菌灵可湿性粉剂 1 500 倍液或 25%苯菌灵乳油 800 倍液。

十八、小麦蜜穗病

【病原】病菌短杆状，一般单个或首尾相连成对排列。革兰氏染色反应阳性，好气性，不形成内生孢子。

【症状特点】该病是伴随小麦粒线虫病而产生的细菌性病害。主要在小麦抽穗后发生。发病后，心叶卷曲，叶和叶鞘间产生黄色胶质物和细菌溢脓，新生叶片抽出时受阻，常黏有细菌分泌物。麦穗瘦小或不能抽出，颖片间常黏有黄色胶质物，干燥后溢脓在穗部或上部叶片上变成白色膜状物，使穗、叶坚挺。湿度大时，溢脓增多或流淌下落。小麦成熟后，黄色胶质物凝结为胶状小粒。

【发病规律】该病曾经发生在河北、山东、安徽、江苏、浙江、贵州等小麦粒线虫病严重发生的地区，小麦粒线虫病在大多数地区被防治住之后，此病已不常见。病菌主要借助小麦粒线虫侵入小麦。侵入后，若细菌扩展快，则全穗为蜜穗病；若线虫发展快，则病穗成为虫瘿粒或部分为虫瘿，部分为蜜穗。病菌可在虫瘿内存活两年半左右。

【防治措施】重点防治小麦粒线虫病，小麦粒线虫病被治住之后，就不会再发生小麦蜜穗病。

十九、小麦黑颖病

【病原】病菌杆状，大小为（1~2.2）μm×（0.5~0.7）μm，极生单鞭毛，革兰氏染色反应阴性，有荚膜，无芽孢，好气性，呼吸代谢，永不发酵。在洋菜培养基上能产生非水溶性的黄色色素。在肉汁陈琼脂培养基上菌落生长不快，呈蜡黄色，圆形，表面光滑，有光泽，边缘整齐，稍隆起。生长适宜温度为 24~26℃，当温度高于 38℃时不能生长，致死温度为 50℃。

【症状特点】主要为害小麦叶片、叶鞘和穗部。叶片发病初期产生水渍状小点，逐渐沿叶脉向上下扩展为黄褐色条状斑。茎秆发病后，产生黑褐色长条状斑。穗部发病后，穗上发病部位产生褐色至黑色的条斑，多个病斑融合在一起后颖片变黑发亮，颖片发病后引起种子受害。发病种子皱缩或不饱满。发病轻的种子颜色变深。湿度大时，所有发病部位均产生黄色菌脓。

【发病规律】主要在我国北方麦区发生。种子带菌是小麦黑颖病的主要初侵染来源。病残体和其他寄主也可带菌。病菌从种子进入导管，后到达穗部，产生病斑。病部溢出的菌脓内含大量病原细菌，借风雨或昆虫介体传播，亦可接触传播，从气孔或伤口侵入，进行多次再侵染。高温、高湿有利于该病扩展。若小麦孕穗期至灌浆期降雨频繁，温度高，则病害发生重。

【防治措施】

（1）建立无病留种基地，选用抗病品种。

（2）种子处理。采用变温浸种法，在 28~32℃ 水中浸 4h，再在 53℃ 水中浸 7min。也可用 15% 叶青双胶悬剂 3 000mg/kg 浸种 12h。

（3）喷施药剂防治。发病初期喷施 25% 叶青双可湿性粉剂，每亩用 100~150g 对水 50~60L，喷雾 2~3 次，或喷施新植霉素 4 000 倍液。

二十、小麦细菌性条斑病

【病原】病菌短杆状，两端钝圆，大多数单生或双生，个别链状，极生单鞭毛，大小为（1~2.5）μm×（0.5~0.8）μm，有荚膜，无芽孢，革兰氏染色反应阴性，好气性。

【症状特点】主要为害叶片，严重时也可为害叶鞘、茎秆、颖片和籽粒。发病部位初期产生针尖大小的深绿色小斑点，逐渐扩展为半透明水渍状条斑，后变深褐色，常出现小颗粒状菌脓。

【发病规律】主要发生在山东、北京、新疆、西藏等地。病菌在种子上或随病残体在土壤中越冬。翌年春天从自然孔口或伤口侵入寄主，经过 3~4 天的潜育期即发病，在田间借风雨传播蔓延，进行多次再侵染。一般土壤肥沃，播种量大，施肥多且集中，尤其是施氮肥较多的田块发病重。

【防治措施】

（1）选用抗病品种。

（2）加强农业栽培管理。适时播种，冬麦不宜播种过早。春麦选用生长期适中或偏长的品种。采用配方施肥技术。

（3）种子处理。利用 45℃ 水恒温浸种 3h，晾干后播种；也可用 1% 生石灰水在 30℃ 下浸种 24h，晾干后再用种子质量 0.2% 的 40% 拌种双粉剂拌种。

二十一、小麦黑节病

【病原】细菌杆状，两端圆，大小为（1.0~2.5）μm×（0.4~1.0）μm，具1~2根单极生鞭毛，革兰氏染色反应阴性，在PDA培养基上菌落白色，圆形，中间隆起，全缘。发育适宜温度为22~24℃，50℃条件下经10min致死。

【症状特点】主要为害叶片、叶鞘、茎秆节与节间。叶片发病初期产生水渍状条斑，病斑逐渐变为黄褐色，最后呈浓褐色。病斑长椭圆形，有的中间颜色较浅。叶鞘发病后，沿叶脉形成黑褐色长形条斑，大多与叶片上病斑相连，叶鞘逐渐全部变为浅褐色。茎秆发病主要为害节部，发病部位呈浓褐色，逐渐扩展至节间，发病早的茎秆逐渐腐烂坏死，叶片变黄致使全株枯死。

【发病规律】主要发生在江苏、湖北、云南、甘肃等地。主要靠种子带菌传播。病菌在干燥条件下可长期存活，干燥种子上的病菌可活到秋季。

【防治措施】建立无病留种基地，使用无病种子。做好种子处理，具体方法可参见小麦散黑穗病。及时处理病重田块的秸秆，清除病残体。

二十二、小麦霜霉病

【病原】孢囊梗从寄主表皮气孔中伸出，常成对，个别3根，粗短，不分枝或少数分枝，顶生3~4根小枝，上单生孢子囊。孢子柠檬形或卵形，顶端有1个乳头状凸起，无色，顶部壁厚，成熟后易脱落，基部留一铲状附属物。起初菌丝体蔓生，形成浅黄色的卵孢子，后清晰可见。成熟卵孢子球形至椭圆形或多角形，卵孢子壁与藏卵器结合紧密。一般症状出现3~6天后，即可检测到卵孢子。叶片上叶肉及茎秆薄壁组织中居多，根及种子内未见，穗部颖片中最多。

【症状特点】通常在田间低洼处或水渠旁零星发生，一般发病率为10%~20%，严重的高达50%。该病在不同生育期出现症状不同。苗期，病苗矮缩，叶片淡绿或有轻微条纹状花叶。返青拔节期，叶色变浅，出现黄白条形花纹，叶片变厚，皱缩扭曲，病株矮化，不能正常抽穗或穗从旗叶叶鞘旁拱出，弯曲成畸形"龙头穗"。

【发病规律】小麦霜霉病又称黄化萎缩病。我国山东、河南、四川、安徽、浙江、陕西、甘肃、西藏等地时有发生。病菌以卵孢子在土壤内的病残体上越冬或越夏。卵孢子在水中经5年仍具发芽能力。一般休眠5~6个月后发芽，产生游动孢子，在有水或湿度大时，萌芽后从幼芽侵入。卵孢子发芽适温 19~20℃，孢子囊萌发适温 16~23℃，游动孢子发芽侵入适宜水温为 18~23℃。小麦播后芽前麦田被水淹超过 24h，翌年 3 月又遇有春寒，气温偏低利于该病发生，地势低洼、稻麦轮作田易发病。

【防治措施】

（1）实行轮作，发病重的地区或田块，应与非禾谷类作物进行 1 年以上轮作。

（2）健全排灌系统，严禁大水漫灌，雨后及时排水防止湿气滞留，发现病株及时拔除。

（3）药剂拌种。播前每 50kg 小麦种子用 25% 甲霜灵可湿性粉剂 100~150g（有效成分为 25~37.5g）加水 3kg 拌种，晾干后播种。

二十三、小麦粒线虫病

【病原】 雌、雄成虫线形，较不活跃，内含物较浓厚，具不规则膜肠状体躯，卵母细胞及精母细胞呈轴状排列。雌虫肥大，卷曲成发条状，首尾较尖；雄虫较小，不卷曲，卵产于绿色虫瘿内，散生，长椭圆形，一龄幼虫盘曲在卵壳内，二龄幼虫针状，头部钝圆，尾部细尖，前期在绿色虫瘿内活动，后期则在褐色虫瘿内休眠。

【症状特点】 染病小麦麦穗上形成虫瘿。受害麦苗叶片短阔、皱边、微黄、直立，严重者萎缩枯死。能长成的病株在抽穗前叶片皱缩，叶鞘疏松，茎秆扭曲。孕穗期以后，病株矮小，茎秆肥大，节间缩短，受害重的不能抽穗，有的虽抽穗但不结实而变为虫瘿。有时花裂为多个小虫瘿。有时是半病半健，病穗较健穗短，色泽深绿，虫瘿比健粒短而圆，使颖壳向外开张，露出瘿粒。虫瘿顶部有钩状物，侧边有沟，初为油绿色，后变黄褐至暗褐色，老熟虫瘿有较硬外壳，内含白色棉絮状线虫，瘿粒外形与腥黑穗病粒相同，但腥黑穗病粒外膜易碎，内为黑粉孢子。

【发病规律】 小麦粒线虫病属植物寄生线虫。全国冬、春麦区都有发生，尤以长江下游和华北麦区为重。粒线虫以虫瘿混杂在麦种中传播。虫瘿随麦种播入土中，休眠后二龄幼虫复苏出瘿。麦种刚发芽，幼虫即沿芽鞘缝侵入生长点附近，营外寄生，为害刺激茎叶原始体，造成茎叶以后的卷曲畸形，到幼穗分化时，侵入花器，营内寄生，抽穗开花期为害刺激子房畸变，成为雏瘿。灌浆期绿色虫瘿内幼虫迅速发育，再蜕 3 次皮；经 3~4 龄成为成虫，每个虫瘿内有成虫 7~25 条。雌、雄交配后即产卵，孵化出幼虫在绿虫瘿内为害，后虫瘿变为褐色近圆形，二龄幼虫休眠于内。一个虫瘿内有幼虫8 000~25 000条。气候干燥时，幼虫能存活1~2年。该线虫是小麦蜜穗病病原细菌侵入小麦的媒介。该线虫除侵染小麦外，还可侵染黑麦、大麦和燕麦。发病轻重与种植材料中混杂的虫瘿量和播后的土壤温度有关。土温12~16℃，适于线虫活动为害。沙土干旱条件发病重，黏土发病轻。

【防治措施】

（1）加强检验，防止带有虫瘿的种子远距离传播。

（2）建立无病留种制度，设立无病种子田，种植可靠的无病种子。

（3）清除麦种中的虫瘿，将麦种倒入清水中迅速搅动，虫瘿上浮后捞出，可汰除95%的虫瘿。整个操作争取在10min内完成，防止虫瘿吸水下沉。也可用20%盐水或26%硫酸铵液汰除虫瘿，较清水更彻底，但事后要用清水洗种子。

（4）实行3年以上轮作，防止虫瘿混入粪肥，施用充分腐熟的有机肥。

（5）药剂处理种子。用50%甲基异柳磷，按种子量0.2%拌闷种子。每100kg种子用药200g对水20kg，混匀后，堆50cm厚，闷种4h，即可播种。

（6）药剂防治。用15%涕灭威颗粒剂每亩37.5~100g或10%克线磷颗粒剂200g、3%单甲脒颗粒剂150g。

二十四、小麦禾谷孢囊线虫病

【病原】雌虫孢囊柠檬形，深褐色，阴门锥为两侧双膜孔型，无下桥，下方有许多排列不规则的泡状突，头部环纹，有6个圆形唇片。雄虫4龄后为线型，两端稍钝，口针基部圆形；幼虫细小、针状，头钝尾尖，唇盘变长与亚背唇和亚腹唇融合为一个两端圆阔的柱状结构，卵肾形。

【症状特点】为害小麦、大麦、燕麦、黑麦等27属34种植物。受害小麦幼苗矮黄，根系短而分叉，后期根系被寄生呈瘤状，露出白亮至暗褐色粉粒状孢囊，此为该病的主要特征。孢囊老熟易脱落，孢囊仅在成虫期出现，生产上一般见不到。小麦受线虫为害后，病根常受土壤真菌如立枯丝核菌等共同为害，致使根系腐烂，加重受害程度，致地上部矮小，发黄。

【发病规律】湖北、河北、山西、北京等地均有发生。该线虫在我国年均只发生1代。气温高于9℃有利于线虫孵化和侵入寄主。以二龄幼虫侵入幼嫩根尖，头部插入后在维管束附近定居取食，刺激周围细胞成为巨型细胞。二龄幼虫取食后发育，变为豆荚形，蜕皮形成长颈瓶形，3龄、4龄幼虫为葫芦形，然后成为柠檬形成虫。被侵染处根皮鼓起，露出雌成虫，内含大量卵而成为白色孢囊。雄成虫由定居型变为活动型，活动出根与雌虫交配后死亡。雌虫体内充满卵及胚胎卵，变为褐色孢囊，然后死亡。卵在土中可保持 1 年或数年的活性。孢囊失去生命后脱落入土中越冬，可借水流、风、农机具等传播。春麦被侵入两个月可出现孢囊。秋麦于秋季被侵入，以各发育虫态在根内越冬，翌年春季气温回升时为害，于 4—5 月显露孢囊。也可孵化再次侵入寄主，造成苗期严重感染。一般春麦较秋麦重，春麦早播较晚播重。冬麦晚播发病轻。连作麦田发病重；缺肥、干旱地较重；沙壤土较黏土重。苗期侵染对产量影响较大。

【防治措施】

（1）加强检疫，防止此病扩散蔓延。

（2）选用抗（耐）病品种。

（3）轮作。与麦类及其他禾谷类作物隔年或 3 年轮作。

（4）春麦区适当晚播，要平衡施肥，提高植株抵抗力。施用土壤添加剂，控制根际微生态环境，使其不利于线虫生长和寄生。

（5）药剂防治。每亩施用 3%单甲脒颗粒剂 200g，也可用 24%单甲脒水剂 600 倍液在小麦返青时喷雾。

二十五、小麦秆枯病

【病原】 子座初埋生在寄主表皮下，成熟后外露。子囊壳椭圆形，埋生在子座内。子囊棒状，有短柄，内有子囊孢子 8 个。子囊孢子梭形，双胞，黄褐色，两端钝圆。

【症状特点】 主要为害茎秆和叶鞘，苗期至成熟期都可侵染。幼苗发病，初在第 1 片叶与芽鞘之间有针尖大小的小黑点，后扩展到叶鞘和叶片上，呈梭形褐边白斑并有虫粪状物。拔节期，在叶鞘上形成褐色云斑，边缘明显，病斑上有灰黑色虫粪状物，叶鞘内有一层白色菌丝。有的茎秆内也充满菌丝。叶片下垂卷曲。抽穗后，叶鞘内菌丝变为灰黑色，叶鞘表面有明显突出的小黑点（子囊壳），茎基部干枯或折倒，形成枯白穗，籽粒秕瘦。

【发病规律】 华北、西北、华中、华东均有发生，部分地区发病较重。以土壤带菌为主，未腐熟粪肥也可传播，病原菌在土壤中可存活 3 年以上。小麦在出苗后即可被侵染，植株间一般互不侵染。田间湿度大，地温 10～15℃适宜秆枯病发生。小麦 3 叶期前容易染病，叶龄越大，抗病力越强。病害流行程度主要决定于土壤的带菌量。

【防治措施】

（1）选用抗（耐）病品种。

（2）农业防治。麦收时集中清除田间所有病残体；重病田实行3年以上轮作；混有麦秸的粪肥要充分腐熟或加入酵素菌进行沤制；适期早播，使土温达到侵染适温时小麦已超过3叶期，增强小麦抗病力。

（3）药剂防治。用50%拌种双或福美双400g拌麦种100kg，或40%多菌灵可湿性粉剂100g加水3kg拌麦种50kg，或50%甲基硫菌灵可湿性粉剂按种子质量的0.2%拌种。

二十六、小麦眼斑病

【病原】营养菌丝黄褐色，线状，具分枝；还有一种菌丝暗色，壁厚，似子座。分生孢子梗不分枝，无色，全壁芽生产孢，合轴式延伸。分生孢子圆柱状，端部略尖，稍弯，具4~6个隔膜，无色，能寄生小麦、大麦、黑麦、燕麦。

【症状特点】主要为害距地面15~20cm植株基部的叶鞘和茎秆，病部产生典型的眼状病斑，病斑初浅黄色，具褐色边缘，后中间变为黑色，长约4cm，上生黑色虫屎状物。严重时病斑常穿透叶鞘，扩展到茎秆上，形成白穗或茎秆折断。

【发病规律】小麦眼斑病又称茎裂病、基腐病。病菌以菌丝在病残体中越冬或越夏，成为主要初侵染源。分生孢子靠雨水飞溅传播，传播半径1~2m，孢子萌发后从胚芽鞘或植株近地面叶鞘直接穿透表皮或从气孔侵入，气温6~15℃，湿度饱和利于其侵入。冬小麦发病重于春小麦。

【防治措施】

（1）加强检疫。

（2）与非禾本科作物进行轮作。

（3）收获后及时清除病残体和耕播土地，促进病残体迅速分解。

（4）适当密植，避免早播，雨后及时排水，防止湿气滞留。

（5）选用耐病品种。

（6）药剂防治。必要时在发病初期开始喷洒36%甲基硫菌灵悬浮剂500倍液或50%苯菌灵可湿性粉剂1 500倍液。

二十七、小麦散黑穗病

【病原】厚垣孢子球形，褐色，一边色稍浅，表面布满细刺，萌发温度

5~35℃，以 20~25℃最适。萌发时生先菌丝，不产生担孢子。该菌有寄主专化现象，小麦上的病菌不能侵染大麦，但大麦上的病菌能侵染小麦。厚垣孢子萌发，只产生具有 4 个细胞的担子，不产生担孢子。

【症状特点】 主要为害穗部，病穗比健穗较早抽出。最初病小穗外面包一层灰色薄膜，成熟后破裂，散出黑粉（病菌的厚垣孢子），黑粉吹散后，只残留裸露的穗轴。病穗上的小穗全部被毁或部分被毁，仅上部残留少数健穗。一般主茎和分蘖都出现病穗，但抗病品种有的分蘖不发病。小麦同时受腥黑穗病菌和散黑穗病菌侵染时，病穗上部为腥黑穗，下部为散黑穗。偶尔也侵害叶片和茎秆，长出条状黑色孢子堆。

【发病规律】 各冬、春麦区均有发生。花器侵染病害，1 年只侵染 1 次。带菌种子是唯一的传播途径。病菌以菌丝潜伏在种子胚内，外表不显症。当带菌种子萌发时，潜伏的菌丝也开始萌发，随小麦生长发育经生长点向上发展，侵入穗原基。孕穗时，菌丝体迅速发展，使麦穗变为黑粉。厚垣孢子随风落在扬花期的健穗上，落在湿润的柱头上萌发产生先菌丝，先菌丝产生 4 个细胞，分别生出丝状结合管，异性结合后形成双核侵染丝侵入子房，在珠被未硬化前进入胚珠，潜伏其中。种子成熟时，菌丝胞膜略加厚，在其中休眠，当年不表现症状，翌年发病，并侵入第二年的种子潜伏，完成侵染循环。刚产生的厚垣孢子 24h 后即能萌发，温度范围 5~35℃，最适 20~25℃。厚垣孢子在田间仅能存活几周，没有越冬（或越夏）的可能性。小麦扬花期空气湿度大、阴雨天利于孢子萌发侵入，形成病种子多，翌年发病重。

【防治措施】

（1）温汤浸种。①变温浸种，先将麦种用冷水预浸 4~6h，捞出后用 52~55℃温水浸 1~2min，使种子温度升到 50℃，再捞出放入 56℃温水中，使水温降至 55℃浸 5min，随即迅速捞出经冷水冷却后晾干播种。②恒温浸种，把麦种置于 50~55℃热水中，立刻搅拌，使水温迅速稳定至 45℃，浸 3h 后捞出，移入冷水中冷却，晾干后播种。

（2）石灰水浸种。用优质生石灰 0.5kg，溶在 50kg 水中，滤渣后浸选好的麦种 30kg，要求水面高出种子 10~15cm，种子厚度不超过 66cm，浸泡时间气温 20℃时 3~5 天，气温 25℃时 2~3 天，30℃时 1 天即可，浸种以后不再用清水冲洗，摊开晾干后即可播种。

（3）药剂拌种。用种子质量 63%的 75%萎锈灵可湿性粉剂拌种，或用种子质量 0.08%~0.1%的 20%三唑酮乳油拌种。也可用 40%拌种双可湿性粉剂 0.1kg，拌麦种 50kg 或用 50%多菌灵可湿性粉剂 0.1kg，对水 5kg，拌麦种 50kg，拌后堆闷 6h，可兼治腥黑穗病。

二十八、小麦腥黑穗病

【病原】小麦网腥黑粉菌，孢子堆生在子房内，外包果皮，与种子同大，内部充满黑紫色粉状孢子，具腥味。孢子球形至近球形，浅灰褐色至深红褐色，具网状花纹，小麦光腥黑粉菌，孢子堆同上，孢子球形或椭圆形，有的长圆形至多角形，浅灰色至暗褐色，表面平滑，也具腥味。

【症状特点】一般病株较矮，分蘖较多，病穗稍短且直，颜色较深，初为灰绿，后为灰黄。颖壳麦芒外张，露出部分病粒（菌瘿）。病粒较健粒短粗，初为暗绿，后变灰黑，外包一层灰包膜，内部充满黑色粉末（病菌厚垣孢子），破裂散出含有三甲胺鱼腥味的气体，故称腥黑穗病。

【发病规律】全国各地均有发生，以华北、华东、西南部分冬麦区发病较重。病菌以厚垣孢子附在种子外表或混入粪肥、土壤中越冬或越夏。当种子发芽时，厚垣孢子也随即萌发，厚垣孢子先产生先菌丝，后萌发为较细的双核侵染线，从芽鞘侵入麦苗并到达生长点，后以菌丝体形态随小麦而发育，到孕穗期侵入子房，破坏花器，抽穗时在麦粒内形成菌瘿即病原菌的厚垣孢子。小麦腥黑穗病菌的厚垣孢子能在水中萌发，有机肥浸出液对其萌发有刺激作用。萌发适温 16～20℃。病菌侵入麦苗温度 5～20℃，最适 9～12℃。湿润土壤（土壤持水量 40% 以下）有利于孢子萌发和侵染。一般播种较深，不利于麦苗出土，增加病菌侵染机会，病害加重发生。

【防治措施】

（1）种子处理。常年发病较重地区用 2% 戊唑醇拌种剂 10～15g，加少量水调成糊状液体与 10kg 麦种混匀晾干后播种。也可用种子质量 0.15%～0.2% 的 20% 三唑酮或 0.1%～0.15% 的 15% 三唑醇等药剂拌种、闷种。

（2）提倡施用酵素菌沤制的堆肥或施用腐熟的有机肥。对带菌粪肥加入油粕（豆饼、花生饼、芝麻饼等）或青草保持湿润，堆积 1 个月后再施到地里，或与种子隔离施用。

（3）农业防治。春麦不宜播种过早，冬麦不宜播种过迟。播种不宜过深。播种时施用硫铵等速效化肥做种肥，可促进幼苗早出土，减少病菌侵染机会。冬麦提倡在秋季播种时，基施长效碳酸氢铵 1 次，可满足整个生长季节需要，减少发病。

二十九、小麦秆黑粉病

【病原】 病菌冬孢子圆形或椭圆形，褐色，1~4 个冬孢子形成圆形至椭圆形的冬孢子团，褐色，四周有很多不孕细胞，无色或褐色。冬孢子萌发后形成先菌丝，顶端轮生 3~4 个担孢子。担孢子柱形至长棒形，稍弯曲。该菌具有不同专化型和生理小种。

【症状特点】 主要为害小麦茎、叶和穗等。当株高 0.33m 左右时，在茎、叶、叶鞘等部位出现与叶脉平行的条纹状孢子堆。孢子堆略隆起，初白色，后变灰白色至黑色，病组织老熟后，孢子堆破裂，散出黑色粉末，即孢子。病株多矮化、畸形或卷曲，多数病株不能抽穗而卷曲在叶鞘内，或抽出畸形穗。病株分蘖多，有时无效分蘖可达百余个。

【发病规律】 主要发生在北部冬麦区。病菌以冬孢子团散落在土壤中或以冬孢子黏附在种子表面及肥料中越冬或越夏，成为该病初侵染源。冬孢子萌发后从芽鞘侵入至生长点，是幼苗系统性侵染病害，没有再侵染。该病的发生与小麦发芽期土温有关，土温 9~26℃ 均可侵染，以 20℃ 左右最为适宜。此外发病与否、发病轻重均与土壤含水量有关。一般干燥地块较潮湿地块发病重。西北地区 10 月播种的发病率高。品种间抗病性差异明显。

【防治措施】
（1）选用抗病品种，使用无病种子。
（2）土壤传病为主的地区，可与非寄主作物进行 1~2 年轮作。
（3）精细整地，提倡施用堆肥或净肥，适期播种，避免过深，以利出苗。
（4）药剂拌种。土壤传病为主的地区提倡用种子质量 0.2% 的 40% 拌种双或 0.3% 的 50% 福美双拌种；其他地区最好选用种子质量 0.03% 有效成分的 20% 三唑酮或 0.015%~0.02% 有效成分的 15% 三唑醇等内吸杀菌剂拌种，具体方法参见小麦腥黑穗病。

三十、小麦丛矮病

【病原】 病毒粒体杆状，病毒质粒主要分布在细胞质内，单个或多个，成层或簇状包在内质网膜内。在传毒介体灰飞虱唾液腺中病毒质粒只有核衣壳而无外膜。病毒汁液体外保毒期为 2~3 天，稀释限点为 10~100 倍。丛矮病潜育期因温度不同而异，一般 6~20 天。

【症状特点】 染病小麦上部叶片有黄绿相间条纹，分蘖增多，植株矮缩，呈丛矮状。冬小麦播后 20 天即可显症，心叶初有黄白色相间断续的虚线条，后发展为不均匀的黄绿条纹，分蘖明显增多。冬前染病株大部分不能越冬而死亡，发病较轻的病株返青后分蘖继续增多，生长细弱，叶部仍有黄绿相间条纹，病株矮化，一般不能拔节和抽穗。冬前未显症和早春感病的植株在返青期和拔节期陆续显症，心叶有条纹，与冬前显症病株比，叶色较浓绿，茎秆稍粗壮，拔节后染病植株只有上部叶片显条纹，能抽穗的籽粒秕瘦。

【发病规律】小麦丛矮病毒不经汁液、种子和土壤传播，主要由灰飞虱传毒。灰飞虱吸食后，需要经一段循回期才能传毒。日均温 26.7℃，平均 10~15 天，20℃时平均 15.5 天。1~2 龄若虫易获毒，成虫传毒能力最强。最短获毒期 12h，最短传毒时间 20min。获毒率及传毒率随吸食时间延长而提高。一旦获毒可终生带毒，但不经卵传毒。病毒随带毒若虫在其体内越冬。秋季，冬麦区灰飞虱从带毒的越夏寄主上大量迁飞至麦田为害，造成早播秋苗发病。越冬带毒若虫在杂草根际或土缝中越冬，是翌年毒源，第二年迁回麦苗为害。小麦成熟后，灰飞虱迁飞至自生麦苗、水稻等禾本科植物上越夏。小麦、大麦等是病毒主要越冬寄主。套作麦田有利于灰飞虱迁飞繁殖，发病重；冬麦早播病重；邻近草坡、杂草丛生麦田病重；夏秋多雨、冬暖春寒年份发病重。

【防治措施】

（1）清除杂草、消灭毒源。

（2）采取平地种植，合理安排套作，避免与禾本科植物套作。

（3）精耕细作、消灭灰飞虱生存环境，压低毒源、虫源。适期连片播种，避免早播。麦田冬灌保苗，减少灰飞虱越冬。小麦返青期早施肥水，提高成穗率。

（4）药剂防治。用种子质量 0.3% 的 60% 甲拌磷乳油拌种堆闷 12h，防效显著。出苗后喷药保护，包括田边杂草也要喷洒，压低虫源，可选用 50% 马拉硫磷乳油 1 000~1 500 倍液，也可用 25% 噻嗪酮（噻嗪酮）可湿性粉剂 750~1 000 倍液。小麦返青盛期也要及时防治灰飞虱，压低虫源。

三十一、小麦黄矮病毒病

【病原】病毒粒子为等轴对称正二十面体。病毒核酸为单链核糖核酸。病毒在汁液中致死温度 65~70℃。能侵染小麦、大麦、燕麦、黑麦、玉米、雀麦、虎尾草、小画眉草、金色狗尾草等。

【症状特点】主要表现为叶片黄化，植株矮化。叶片典型症状是新叶发病从叶尖渐向叶基扩展变黄，黄化部分占全叶的 1/3～1/2，叶基仍为绿色，且保持较长时间，有时出现与叶脉平行但不受叶脉限制的黄绿相间条纹。病叶较光滑。发病早的植株矮化严重，但因品种而异。冬麦发病不显症，越冬期间不耐低温易冻死，能存活的翌春分蘖减少，病株严重矮化，不抽穗或抽穗很小。拔节孕穗期发病的植株稍矮，根系发育不良。抽穗期发病仅旗叶发黄，植株矮化不明显，能抽穗，粒重降低。

【发病规律】 主要分布在西北、华北、东北、华中、西南及华东冬麦区、春麦区及冬春麦混种区。病毒只能经由麦二叉蚜、禾谷缢管蚜、麦长管蚜、麦无网长管蚜及玉米缢管蚜等进行持久性传毒，种子、土壤、汁液不传毒。温度低，潜育期长，16～20℃ 时病毒潜育期为 15～20 天，25℃ 以上隐症，30℃ 以上不显症。麦二叉蚜在病叶上吸食 30min 即可获毒，在健苗上吸食 5～10min 即可传毒。获毒后 3～8 天带毒蚜虫传毒率最高，约可传 20 天，以后逐渐减弱，但不终生传毒。冬前感病小麦是翌年的发病中心。发病中心随带毒麦蚜扩散而蔓延，返青拔节期、抽穗期出现 2 次发病高峰。收获后，有翅蚜迁飞至糜子、谷子、高粱及禾本科杂草等植物越夏，秋麦出苗后迁回麦田传毒并以有翅成蚜、无翅若蚜在麦苗基部越冬，有些地区也产卵越冬。冬、春麦混种区 5 月上旬冬麦上有翅蚜向春麦迁飞。晚熟麦、糜子和自生麦苗是麦蚜及病毒越夏场所，冬麦出苗后飞回传毒。春麦区的虫源、毒源有可能来自部分冬麦区，成为春麦区初侵染源。

冬麦播种早，发病重；阳坡重、阴坡轻；旱地重、水浇地轻；粗放管理重，精耕细作轻，瘠薄地重。发病程度与麦蚜虫口密度有直接关系。冬麦区早春麦蚜扩散是传播小麦黄矮病毒的主要时期。小麦拔节孕穗期遇低温，抗性降低易发生黄矮病。该病流行与毒源基数多少有重要关系，如自生苗等病毒寄主量大，麦蚜虫口密度大易造成黄矮病大流行。

【防治措施】

（1）选育抗、耐病品种。

（2）治蚜防病。及时防治蚜虫是预防黄矮病流行的有效措施。拌种可用种子质量 0.5% 的灭蚜松或 0.3% 乐果乳剂拌种。喷药可用 40% 乐果乳油 1 000～1 500 倍液或 50% 灭蚜松乳油 1 000～1 500 倍液、2.5% 氯氟氰菊酯或敌杀死、氯氰菊酯乳油 2 000～4 000 倍液。也可喷 1.5% 乐果可湿性粉剂每亩 1.5kg，抗蚜威每亩 4～6g。毒土法可用 40% 乐果乳剂 50g 对水 1kg，拌细土 15kg 撒在麦苗基叶上，可减少越冬虫源。

（3）加强栽培管理，及时消灭田间及附近杂草。冬麦区适期迟播，春麦区适当早播，确定合理的种植密度，加强肥水管理，提高植株抗病力。

三十二、小麦梭条斑花叶病毒病

【病原】 病毒粒体线状，病株根、叶组织含有典型的风轮状内含体。品种间抗病性差异明显。

【症状特点】 该病在冬小麦上发生严重。小麦染病后冬前不表现症状，春季小麦返青期才出现症状，染病株在小麦 4~6 叶后的新叶上产生褪绿条纹，少数心叶扭曲畸形，后褪绿条纹增加并扩散。病斑联合成长短不等、宽窄不一的不规则条斑，形似梭状，老病叶渐变黄、枯死。病株分蘖少、萎缩、根系发育不良，重病株明显矮化。

【发病规律】 小麦梭条斑花叶病毒病又称小麦黄花叶病。主要分布于四川、陕西、江苏、浙江、湖北和河南等地。梭条斑花叶病毒主要靠病土、病根残体、病田水流传播，也可经汁液摩擦接种传播。不能经种子、昆虫传播。传播媒介是一种习居于土壤的禾谷多黏菌。冬麦播种后，禾谷多黏菌产生游动孢子，侵染麦苗根部，在根细胞内发育成原质团，病毒随之侵入根部进行增殖，并向上扩展。小麦越冬期病毒呈休眠状态，翌春表现症状。小麦收获后随禾谷多黏菌休眠孢子越夏。病毒能随其休眠孢子在土中存活 10 年以上。土温 15℃左右，土壤湿度较大，有利于禾谷多黏菌游动孢子活动和侵染。高于 20℃或干旱，侵染很少发生。播种早发病重，播种迟发病轻。

【防治措施】

（1）选用抗、耐病品种。

（2）轮作倒茬，与非寄主作物油菜、大麦等进行多年轮作可减轻发病。冬麦适时迟播，避开传毒介体的最适侵染时期。增施基肥，提高苗期抗病能力。

（3）加强管理，避免通过带病残体、病土等途径传播。

三十三、小麦土传花叶病毒病

【病原】 病毒粒体为直棒状二分体。该病毒形态明显区别于弯曲的线条状的小麦梭条斑花叶病毒。致死温度为 60~65℃，在低温干燥的组织中可存活 10 个月左右。

【症状特点】 主要为害冬小麦，多发生在生长前期。冬前侵染麦苗，表现斑驳不明显。翌春，新生小麦叶片症状逐渐明显，现长短和宽窄不一的深绿和浅绿相间的条状斑块或条状斑纹，表现为黄色花叶，有的条纹延伸到叶鞘或颖壳上。病株穗小粒少,但多不矮化。该病症状与小麦梭条斑花叶病相近。山东沿海、河南南部及淮河流域发生较重。

【发病规律】山东、河南、江苏、浙江、安徽、四川、陕西等地均有分布。病毒主要由习居在土壤中的禾谷多黏菌传播,可在其休眠孢子中越冬。该病毒不能经种子及昆虫媒介传播,在田间主要靠病土、病根茬及病田的流水传播蔓延。其侵染循环同小麦梭条斑花叶病毒病。侵染温度 12.2~15.6℃,侵入后当气温 20~25℃时病毒增殖迅速,经 14 天潜育即显症。

【防治措施】

(1) 选用抗病或耐病的品种。

(2) 轮作,与豆科、薯类、花生等进行两年以上轮作。

(3) 加强肥水管理,施用农家肥要充分腐熟,提倡施用酵素菌沤制的堆肥。

(4) 严禁大水漫灌,禁止用带菌水灌麦,雨后及时排水。

(5) 零星发病区采用土壤菌法或用 40~60℃高温处理 15cm 深土壤数分钟。

三十四、小麦干热风害

【症状】小麦生育后期经常遇到的生理性病害。麦株的芒、穗、叶片和茎秆等部位均可受害。从顶端到基部失水后青枯变白或叶片卷缩萎凋,颖壳变为白色或灰白色,籽粒干瘪,千粒重下降,影响小麦的产量和质量。病因在小麦灌浆至成熟阶段,遇有高温、干旱和强风是发生干热风害的主要原因。在此阶段,遇 2~5 天的气温高于 32℃,相对湿度低于 30%,风速每秒大于 2~3m 的天气时,小麦蒸发量大,体内水分失衡,籽粒灌浆受抑或不能灌浆,造成小麦提早枯熟。

【防治措施】

(1) 提倡施用酵素菌沤制的堆肥,增施有机肥和磷肥,适当控制氮肥用量,改良土壤结构,蓄水保墒。

(2) 加深耕作层,熟化土壤,使根系深扎,增强抗干热风能力。

(3) 在干热风害经常出现的麦区,选择抗逆性强的早熟品种。

(4) 抗旱剂拌种。每亩用抗旱剂 1 号 50g,加入 1~1.5L 水中拌 12.5kg 麦种,拌匀后晾干播种。

(5) 适时早播,培育壮苗,促小麦早抽穗。适时浇好灌浆水、麦黄水,补充蒸腾掉的水分,使小麦早成熟。

（6）喷施液肥、植物生长调节剂等。

三十五、小麦茎基腐病

【病原】由多种病原真菌引起的土传病害。据报道，目前世界各地小麦茎基腐病多由假禾谷镰刀菌、黄色镰刀菌、禾谷镰刀菌等引起。一些研究还发现燕麦镰刀菌、锐顶镰刀菌、尖孢镰刀菌和木贼镰刀菌等可以从一些地区小麦植株上分离到。另外，根腐离蠕孢也可引起小麦茎基部褐变的症状。

【症状特点】小麦茎基腐病是由多种土传真菌引起的一种小麦病害。一般病菌先侵染小麦茎秆基部，出现褐色病斑，以后病斑逐渐扩大至整个节间，茎秆输导组织不能向上供应植株所需的养分，造成小麦叶片发黄，后期植株折倒、枯死。镰刀菌还能侵染小麦叶片，在叶片上出现褐色病斑，有的病斑轮纹状，与小麦纹枯病、云纹斑症状很相似，后期会导致叶片发黄干枯。

【发病规律】小麦茎基腐病又称"酱油秆病"。分布于河北、江苏、安徽、山东、贵州、云南、陕西、甘肃。基腐病病菌一般在小麦基部第 1 节间或第 2 节间上侵染。田间基部第 1 或第 2 节间已经腐烂的植株，过一段时间会枯死；基部节间出现褐色病斑的植株，上部节间仍能继续生长，但后期成穗的希望不大。一旦天气转好，阳光充足，温度升高，田间湿度降低，田间病情也会稳定下来。

【防治措施】

（1）农业防治。①选用抗病良种。②适期播种。春性强的品种不要过早播种，防止冬前过旺。③合理密植，播种量不要过大。④麦田防止大水漫灌，水位高的河滩地或老灌区地要开沟排水。⑤合理施肥，氮肥不能过量，防止徒长。

（2）药剂防治。播种前药剂拌种。用药量为种子质量 0.02% 的 4.8% 适麦丹水悬乳剂或 0.03% 的 15% 三唑酮可湿性粉剂或 0.015% 的 12.5% 烯唑醇可湿性粉剂拌种。在分蘖盛期进行调查，掌握病情，重点放在早播田，连作杂草多，施氮量高，感病品种田，在分蘖末期病株率达 5% 时，用药防治。可用药剂如下：①10% 苯醚甲环唑水分散颗粒剂每亩 40~60g。②10% 己唑醇乳油每亩用药 40~60g。③每亩用 5% 井冈霉素水剂 100~150mL。④15% 三唑酮可湿性粉剂每亩 65~100g。⑤40% 多菌灵胶悬剂每亩 50~100g。⑥70% 甲基硫菌灵可湿性粉剂每亩 50~75g。

三十六、小麦冻害

【症状】小麦经历连续低温天气而导致的麦穗生长停滞。冻害较轻麦田麦株主茎及大分蘖的幼穗受冻后，仍能正常抽穗和结实；但穗粒数明显减少。冻害较重的，主茎、大分蘖幼穗及心叶冻死，其余部分仍能生长；冻害严重的麦田小麦叶片、叶尖像被开水烫过一样地硬脆，后青枯或青枯成蓝绿色，茎秆、幼穗皱缩死亡。

【病因】一是不利天气的影响。冬小麦在没有经过抗寒锻炼的情况下，较正常年份提早10多天进入越冬阶段，未经过糖分的积累和脱水过程，导致小麦发生严重冻害。二是栽培品种抗寒性差。三是栽培管理不当。例如，播种过深或过浅对小麦出苗及出苗后的抗寒力影响很大。四是未及时浇冻水。冻水有防冻保护麦苗安全过冬的作用。

【发病规律】小麦春季冻害分为早春冻害和晚霜冻害。晚霜冻害是晚霜引致突然降温，对小麦形成低温伤害。暖冬年份，播种早、播种量偏大的春性品种受害重。北方的小麦冻害，其受害程度与降温幅度、持续时间、降温陡度有关。降温幅度和陡度越大，低温持续时间长，受害重。对地势高、风坡面小麦受害重。进入拔节后，抗寒性明显下降。突然降温后麦株体温下降到0℃以下时，细胞间隙的水首先结冰。如温度继续降低，细胞内也开始结冰，造成细胞脱水凝固而死。

【防治措施】

（1）选用抗寒小麦品种。

（2）提高播种质量，播种深度掌握在3~5cm。

（3）适时浇好小麦冻水。日均温3~10℃时开始浇；当沙土地相对湿度低于60%，壤土地低于70%，黏土地低于80%时，要进行浇水。浇水量不宜过大，使土壤持水量达到80%。

（4）早春补水。当早春干土层厚度大于3cm时，要及时补水，改善土壤墒情，解除干土层威胁，减轻冻害降低死苗率。培育冬前壮苗，冬春镇压。在返青期每亩用浓度为200mg/kg的多效唑喷施；在拔节至孕穗期，晚霜来临前浇水或液面喷水。在霜冻即将出现的夜晚熏烟，防止发生霜冻。

（5）冬、春小麦提倡采用地膜覆盖技术。

（6）提倡使用植物增产调节剂和多功能高效液肥等。

第二节　虫害

一、麦二叉蚜

【形态特征】无翅孤雌蚜体卵圆形，长 2mm，宽 1mm；淡绿色，背中线深绿色。中额瘤稍隆起，额瘤稍高于中额瘤。触角黑色。体背光滑，腹部第 6 至 8 节背有模糊瓦纹。腹管色淡，顶端黑色，长圆筒形。尾片及尾板灰褐色，尾片长圆锥形，中部稍收缩，有微弱小刺瓦纹及长毛 5~6 根。尾板末端圆，有毛 8~19 根。有翅孤雌蚜体长卵形；长 1.8mm，宽 0.73mm。头、胸黑色，腹部淡色，有灰褐色微弱斑纹。腹部第 2 至第 4 节缘斑甚小，连同气门片和缘瘤均灰褐色。触角黑色，第 3 节有小圆形次生感觉圈 4~10 个，一般 5~7 个。腹管淡绿色，略有瓦纹，短圆筒形。前翅中脉分为 2 叉。

【为害症状】麦苗被害后，叶片枯黄生长停滞，分蘖减少；后期麦株受害后，叶片发黄，麦粒不饱满，严重时，麦穗枯白不能结实，甚至整株枯死，损失严重。此外，还是麦类黄矮病病毒的媒介昆虫，其传毒能力强。麦二叉蚜大发生的年份，往往小麦黄矮病流行，造成更为惨重的损失。

【生活习性】喜在幼苗阶段为害，不耐强光照，多在植株底部、叶片背面，但也可上升到旗叶鞘内为害，受害部位呈现褐色或黄色斑。不喜氮素肥料，瘠薄田发生重。

【发生特点】1 年发生 10 代以上，以无翅孤雌成虫或若蚜在小麦根际及土缝内越冬。在北方较冷的麦区多以卵在麦苗枯叶上、土缝内或多年发生禾本科杂草上越冬；在南方则以无翅成蚜、若蚜在麦苗基部叶鞘、心叶内或附近土缝中越冬，天暖时仍能活动取食；华南地区冬季无越冬期。关中地区越冬蚜一般于 2 月中下旬开始为害，3—4 月大量繁殖达到为害盛期，并产生有翅蚜扩散蔓延。小麦抽穗后多迁至早秋作物，如春播玉米、高粱等作物及禾本科杂草上；7—9 月在夏播玉米、高粱、糜子或自生麦苗、马唐等杂草上为害；10 月秋播麦苗出土后，又迁到麦苗上为害至 11月后进入越冬。麦二叉蚜最适温度、相对湿度分别为 15~22℃ 和 35%~67%，30℃ 以上滞育。耐干旱，相对湿度 35%~75% 适宜其发生，在低于60% 时，繁殖速率和耐高温能力还有提高。因此冬季及早春干旱，温度偏高的年份往往大发生。

【防治措施】

（1）清除田内外杂草，早春耙耱镇压，适时冬灌。

（2）选育推广抗蚜耐蚜丰产品种，冬麦区适当迟播，春麦区适当早播。

（3）合理选用农药，保护利用或助迁天敌。

（4）小麦黄矮病流行区，播种时选用60%吡虫啉悬乳剂100~200g，加水7~10kg，与100kg小麦种子搅拌均匀，再摊开晾干后播种。

（5）穗期选用10%吡虫啉可湿性粉剂或3%啶虫脒微乳剂2 500倍液、50%抗蚜威可湿性粉剂1 000倍液、48%毒死蜱（乐斯本）乳油1 500倍液、20%杀灭菊酯乳油或2.5%溴氰菊酯乳油2 500倍液等。

二、禾谷缢管蚜

【形态特征】 无翅孤雌蚜宽卵形，体长1.9mm，宽1.1mm。橄榄绿至墨绿色，常被白色薄粉，腹管基部周围常有淡褐或锈色斑。额瘤高于稍隆起的中额瘤。触角黑色，长为体长的0.7倍。腹管灰黑色，长圆筒形，顶部收缩，有瓦纹，顶端黑色。尾片及尾板灰黑色。尾片圆锥形，中部收缩，具曲毛4根，有微刺构成的瓦纹。有翅孤雌蚜体长卵形，长2.1mm，宽1.1mm。头、胸黑色，腹部绿至深绿色。腹部第2~4节有大型绿斑；腹管后斑大，围绕腹管向前延伸，与很小的腹管前斑相合；第7节缘斑小，第7、第8腹节背中有横带。节间斑灰黑色，腹管黑色。触角第3节有小圆形至长圆形次生感觉圈19~28个，分散于全长，第4节有次生感觉圈2~7个。

【为害症状】 嗜食小麦茎秆、叶鞘，甚至根颈部，可上到穗部及穗茎为害。

【生活习性】 不喜光照，一般分布在根际附近或茎部叶鞘内。喜高湿，年降水量在250mm以下的地区不能发生。

【发生特点】 1年发生10~30代不等。寄主植物有小麦、玉米、高粱等早秋作物，还有燕麦草、雀麦草及莎草科、香蒲科杂草。在陕北地区为全周期，以卵在桃、杏、李等树木上越冬；关中及陕南地区为不全周期，以无翅孤雌成蚜或若蚜在麦苗根基部越冬。关中地区越冬蚜于翌春3月上旬开始活动，在小麦上繁殖数代；小麦黄熟期，迁至春播玉米、高粱等早秋作物及燕麦草、雀麦等杂草上，而后为害夏播玉米，或在自生麦苗上生活。秋季小麦出苗后，又迁回小麦上为害并越冬。

【防治措施】 同麦二叉蚜。

三、麦长管蚜

【形态特征】无翅孤雌蚜体长卵形，长 3.1mm，宽 1.4mm；草绿或橙红色。额瘤明显外倾。触角细长，黑色，第 3 节基部有圆形次生感觉圈 1~4 个。体表光滑，腹部两侧有不甚明显的灰绿色斑，腹部第 6 至第 8 节及腹面具明显横网纹。腹管黑色，长圆筒形。尾片长圆锥形，近基部 1/3 处收缩，有圆突，构成横纹，有曲毛 6~8 根。尾板末端圆形，有长短毛 6~10 根。有翅孤雌蚜体椭圆形，长 3.0mm，宽 1.2mm。头、胸部褐色骨化，腹部色淡，各节有断续褐色背斑，第 1 至第 4 节具圆形绿斑。触角与体等长，黑色，第 3 节有圆形感觉圈 8~12 个。腹管长圆筒形。尾片长圆锥形，有长毛 8~9 根。尾板毛 10~17 根。前翅中脉 3 分叉。

【为害症状】麦长管蚜嗜食穗部，耐湿喜光，抽穗前多分布在植株上部叶片正面，叶部受害后呈现褐色斑点或斑块。

【发生特点】为迁飞性害虫，春、夏季（3—6 月）随小麦生育期逐渐推迟，由南向北逐渐迁飞，北方麦收后在禾本科杂草上繁殖，秋季（8~9 月）再南迁。1 月 0℃等温线（大致沿淮河）以北不能越冬，淮河流域以南以成蚜、若蚜在麦田越冬。华南地区冬季可继续繁殖。在南、北各麦区，其生活史周期型属不全周期型。3 月中下旬，有翅蚜开始迁入活动，抽穗后虫量渐增，至灌浆期虫口直线上升，群集穗部为害，以后随着小麦的逐渐成熟及多种天敌的作用，虫口衰退下来。小麦收获后，在春播玉米、高粱及鹅观草、燕麦草等杂草上生活。夏季高温阶段往往在冷凉山区的杂草上发生。麦长管蚜最适温度、相对湿度分别为 12~20℃和 40%~80%，28℃以上滞育。

【防治措施】同麦二叉蚜，但以穗期防治为重点。

四、麦蛾

【形态特征】成虫体长 5~6mm，翅展 12~15mm。头、胸及足银白色而微带淡黄褐色。头顶和颜面密布灰褐色鳞毛，下唇须灰褐色，第 2 节较粗，第 3 节末端尖细，略向上弯曲，但不超过头顶；触角线状。翅灰白色，有光泽，前翅端部颜色较深，翅后缘毛很长。卵长 0.5~0.6mm，初产时乳白色，后变淡红色。老熟幼虫长 5~6mm；乳白色。头黄褐色。腹足退化，趾钩只有 1~3 个。前胸气门前毛片上有 3 根毛。雄虫第 8 腹节背面有 1 对紫色斑。蛹长 5~6mm；黄褐色。腹部末端腹面两侧各有 1 个角状凸起，背中央有 1 个向上的角状刺。钩刺每侧 4 个（背腹各 2 对）。

【为害症状】幼虫孵化后在籽粒内为害，随收获而入仓，幼虫老熟后多从籽粒顶部咬1个羽化孔，被害种皮呈透明状。

【生活习性】成虫喜阴暗环境，具弱趋光性；每雌平均产卵133粒；雌蛾在田间一般就近选择寄主产卵；初孵幼虫多从籽粒胚部及种皮裂开处入侵，除玉米外，一般1籽1虫。成虫多在早晨羽化，羽化后1天交尾，交尾多在早晨及黄昏，交尾后1~2天开始产卵，每雌产卵量63~124粒。幼虫4龄，可转粒为害。

【发生特点】温暖地区1年发生4~6代，寒冷地区1年发生2~3代，炎热地区或仓库内可增加到12代。以老熟幼虫在粮粒中越冬。陕西关中地区越冬幼虫于4月中旬化蛹，4月下旬至5月上旬羽化为成虫，部分成虫在仓内产卵繁殖，部分飞到田间在大、小麦穗缝隙间产卵。幼虫孵化后在籽粒内为害，随收获而入仓，在仓内繁殖2~3代后，8—9月又有部分成虫飞往田间，产卵于稻谷或玉米穗部，又随收获而带回。

【防治措施】

（1）小麦入仓前暴晒，减少入仓小麦所带虫量。

（2）科学保管，避免小麦储藏期间大量感虫。

（3）仓内用药剂熏蒸。

五、麦茎蜂

【形态特征】成虫体长约8.5mm，细长，黑色，具闪光。触角黑色细长，22节。胸部黑色，后胸小盾片黄色；翅茶褐色，前翅外缘色较浅。腹部黑色，雄体第2、第3、第5节背板后方有鲜黄色横斑，第2、第3节横斑中部凹入；雌体第3、第5、第6节背板后侧角处有一鲜黄色近三角形斑，第7节后缘黄色。卵肾形，白色，几乎透明，长约1.1mm。幼虫老熟时体长16~18mm，黄白色；头淡黄色，圆形；触角圆锥状，4节；体多皱褶，足退化，腹部末端呈管状，有助于在寄主植物茎内活动。蛹细长，约10mm，污白色。

【为害症状】幼虫在麦茎内钻蛀为害，引起断茎。

【生活习性】成虫产卵于麦茎内壁上，产卵部位随小麦发育不同而有不同，一般多在穗节及穗下第2节上。幼虫孵化后先蛀入穗节为害，然后逐节下行，取食髓及韧皮部，破坏输导组织，影响养分、水分的输送，造成籽实瘦瘪。幼虫老熟后转至基部第1、第2节茎内，用口器环截内壁，碰之截处折断，在断口处以虫粪堵之，做薄茧越夏并越冬。

【发生特点】1年发生1代，以老熟幼虫在麦茬内越冬。秦岭山区越冬幼虫于 5 月中旬开始化蛹，蛹期 7~10 天，5 月下旬成虫出现，6 月上中旬为产卵盛期。幼虫最早于 6 月初孵化，为害期 30~40 天，7 月开始结薄茧越夏，幼虫期长达 10 个月。

【防治措施】

（1）麦收后及时深翻土壤，收集麦茬沤肥或烧毁，抑制成虫出土。

（2）合理轮作倒茬。

（3）发生严重的田块可于 5 月下旬成虫发生高峰期喷药防治。

六、小麦叶蜂

【形态特征】雌成虫体长约 9mm，雄成虫稍短；除胸部背面部分锈黄色外，余均黑色，腹背闪蓝色光。触角线状 9 节，第 3 节最长。前胸背板、中胸前盾片前叶、两侧叶及翅基片锈黄色，小盾片黑色。翅几乎透明，前翅微显淡褐色，后翅无色，翅痣及翅脉黑褐色；后翅无色，足黑色。卵微呈肾形，淡绿色，表面光滑，长约 1.5mm，宽 0.5mm。老熟幼虫体长 20mm 左右，体圆筒形；灰绿色，体背色深；头部黄褐色，有网状花纹及黄褐色小斑点；每侧有一大型圆黑色眼斑，侧眼生于其中；触角锥状，5 节；体背呈黑绿色，背中有一明显绿纵线；体多皱褶，胸部每节具 4 小节，腹部每节具 6 小节，气门生于前胸及 1~8 腹节。蛹长约 9mm，初化蛹时淡黄绿色，羽化时变成黑色。

【为害症状】3 龄后夜出蚕食麦叶，为害严重时可将叶片吃光，仅留主脉，使麦粒灌浆不足，严重影响产量。

【生活习性】幼虫喜食小麦叶，也为害大麦、燕麦、青稞等。个别年份发生重，对小麦造成一定为害，大发生时，群众往往将其误认为黏虫。幼虫共 5 龄，具假死性。1~2 龄幼虫日夜在麦叶上取食，3 龄后畏强光，白天常潜伏在麦丛或附近土表下，傍晚开始为害麦叶至翌日上午 10：00 下移躲藏。4 龄后食叶量大增，可将整株麦叶吃光。成虫活动时间为上午 9：00 至下午 15：00，飞翔力不强，有假死习性。雌虫多产卵于叶背主脉两侧的组织中，在叶面呈现长 2mm，宽 1mm 的凸起，剥查虫卵。每叶上产卵 1~2 粒或 6~7 粒，连成一串，卵期 10 天左右。

【发生特点】1 年发生 1 代，以蛹在土中 20cm 左右处结茧越冬。翌年 2~3 月间羽化为成虫。4 月中旬是幼虫为害最盛期。小麦抽穗时，幼虫老熟入土滞育越夏，9—10 月蜕皮化蛹越冬。冬季温暖，土内水分充足，3 月雨量少，春季温暖，麦叶蜂发生为害重；若冬季严寒、土壤干旱、3 月降水多、春季冷湿，麦叶蜂发生则少。此外，沙性土壤比黏性土壤中发生重。

【防治措施】

（1）秋播前深耕翻土，破坏化蛹越冬场所。

（2）水旱轮作，可彻底根治为害。

（3）结合防治其他小麦害虫如黏虫、小麦吸浆虫或小麦蚜虫等，在三龄幼虫前，喷洒50%辛硫磷乳油，或用48%乐斯本乳油1 500倍液。

七、麦红吸浆虫

【形态特征】雌成虫体长2.0~2.5mm，翅展约5mm，体橘红色，密被纤毛。翅薄，透明，上有4条脉纹，生疏毛。足细长，灰黄色。触角长，14节，基部2节橘黄色；鞭节灰色，除第1节外，其余各节呈哑铃状，哑铃部生3圈刚毛，毛短。产卵管伸出时不超过腹长之半，产卵管末端腹瓣呈圆瓣状。雄成虫体型较小，长约2mm，翅展约4mm，色较暗。触角鞭节每节有2等长的结，外观有26节，每节生一圈刚毛。卵长卵形，淡红色。幼虫橘黄色，体长3.0~3.5mm，体表有鳞片凸起。腹部气管在背部两侧，第八对气门着生在第8节背面两侧，不突出于体外。蛹橘红色，长约2mm。从前胸背板处伸出1对长管（呼吸管），其前端长有1对细毛。

【为害症状】幼虫吸食麦粒浆液，使籽粒空瘪，严重时造成绝收。

【生活习性】成虫畏强光和高温，以早晨和傍晚活动最盛，大风大雨或晴天中午常藏匿于植株下部。雄虫多在麦株下部活动，而雌虫多在高出麦株10cm左右处飞舞，并可借助风力扩散蔓延。成虫羽化的当天即可交尾产卵，已扬花的麦穗由于颖壳闭合，很少着卵。卵多散产于外颖背上方，也有少数产于小穗间和小穗柄等处。单雌每次产卵1~3粒，一生可产卵50~90粒。幼虫孵化后从内外颖缝隙侵入，贴附于子房或刚灌浆的麦粒上吸食浆液。被害小麦的千粒重随虫量增加有规律的下降。越冬幼虫破茧上升土表后若遇长期干旱，仍可入土结茧潜伏。

【发生特点】小麦吸浆虫1年发生1代，以老熟幼虫在土中结圆茧越夏、越冬。早春气候适宜时，越冬幼虫破茧上升土表化蛹、羽化。由于幼虫有多年休眠习性，部分幼虫仍继续处于休眠状态，以致有隔年或多年羽化的现象。在黄淮地区，越冬幼虫翌年春季小麦返青拔节期开始破茧上升，4月中旬小麦孕穗期，幼虫陆续在约3cm的土层中做土室化蛹。4月下旬小麦抽穗期时，成虫盛发产卵于尚未扬花的麦穗上。小麦扬花灌浆期往往又与幼虫孵化为害期相吻合。至小麦渐近黄熟，吸浆虫幼虫陆续老熟，遇降雨离穗落地入土，在土下 6~10cm 深处结圆茧休眠。麦红吸浆虫成虫发生盛期常年相对稳定在 4 月下旬至 5 月上旬。

【防治措施】

（1）合理轮作倒茬，避免小麦连作，麦茬及时耕翻暴晒等。

（2）选种抗虫品种是从根本上控制吸浆虫为害最经济有效的措施。

（3）小麦吸浆虫发生严重时，药剂防治仍是最重要的手段。于小麦吸浆虫化蛹盛期，选用 50% 辛硫磷乳油、40% 甲基异柳磷乳油、80% 敌敌畏乳油等 1 500 mL/hm^2，加水 15~30kg 喷拌于 300kg 细土中制成毒土，于 16：00 以后均匀撒于麦田；或者于成虫羽化期采用上述药剂喷雾或熏蒸。

八、麦黄吸浆虫

【形态特征】雌成虫体长约 20mm，翅展约 4.5mm，鲜黄色。产卵管伸出时，长于整个身体，产卵管末端瓣呈尖瓣状。触角哑铃部着生刚毛较多，较不整齐。雄成虫黄色较暗；触角鞭节每节膨大部分着生两圈刚毛。抱器基节光滑，端节端部有小而不明显的齿，腹瓣末端深凹分裂为两瓣。幼虫体长 2.0~2.5mm，黄绿色，入土后为鲜黄色；体表光滑，腹部气管在体之两侧，腹末端有 1 对近几丁质化的圆形突起，在其两侧着生毛突 1 对。前胸"Y"形骨片，中间呈弧形浅凹。蛹鲜黄色，头部前有 1 对较长毛。

【为害症状】同麦红吸浆虫。

【生活习性】麦黄吸浆虫的生活习性与麦红吸浆虫大致相似，只是成虫发生较麦红吸浆虫稍早，在春麦区为害青稞较重。

【发生特点】基本同麦红吸浆虫。

【防治措施】同麦红吸浆虫。

九、绿麦秆蝇

【形态特征】成虫体长雄 3.0~3.5mm，雌 3.7~4.5mm；越冬代绿色，其他各代黄绿色。胸部背面有 3 条纵带，越冬代纵带深褐色至黑色，其他世代土黄至黄褐色；中间一条纵带基部较宽，直达小盾片端，两侧纵带 2 分叉。腹部也有 3 条纵带，色泽与胸背纵带相同。翅无色透明有闪光，翅脉黄色；平衡棒黄色。卵白色，长约 1.03mm，宽 0.22mm，两端瘦削略似香蕉形。老熟幼虫体长 6.0~6.5mm；越冬代幼虫绿色，其他各代淡黄色。前气门突着生于第二体节近末端两侧，各有 6~8 个气门小孔，突出呈横向扇形排列。后气门着生于腹部末端气门突的中间，各有 4 个气门小孔，排列成方形。蛹长 5mm 左右，体扁，越冬代绿色，其他世代黄绿色。

【为害症状】初孵幼虫从叶鞘或茎节间蛀入麦茎或幼嫩的叶及穗基部，呈螺旋状向下蛀食，在不同时间造成枯心苗、烂穗、白穗等。小麦灌浆期，幼虫可蛀入小穗内为害，遇雨易霉烂。

【生活习性】成虫白天活动，春、秋天气晴朗，上午 10：00 后开始活动；夏季温度高，中午多潜伏不动。成虫有弱趋光性，趋糖蜜，常在荞麦、豌豆、苜蓿等花上取食花蜜。雌虫产卵多在叶片基部，喜在叶片光滑的品种上产卵。幼虫取食时头向下，将化蛹时才掉转方向至叶鞘上部外层化蛹。

【发生特点】1 年发生 4 代，以第一代及第四代幼虫为害小麦。以幼虫在麦苗内越冬，春季 2~3 月越冬幼虫化蛹，4 月上中旬越冬代成虫产卵。第一代幼虫 4 月中旬开始为害，5 月上旬开始化蛹，第一代成虫发生于 5 月中旬至 6 月上旬。小麦收后，成虫飞至苜蓿及杂草丛中栖息；落粒小麦出土后，在麦苗上产卵，可完成 2 代。8 月在甘薯、荞麦地有成虫发生，10 月秋播小麦出苗后，成虫飞至麦苗上产卵，幼虫孵化后在苗上为害并越冬。

【防治措施】

（1）深翻土地，精耕细作；适时早播，适当浅播；合理密植，避免或减轻受害。

（2）选种抗虫良种。

（3）常年发生较重的地区，冬麦区在 3 月中下旬，春麦区在 5 月中旬喷洒 25%速灭威可湿性粉剂 600 倍液等进行防治。

第三节　小麦病虫害综合防控

一、防治目标

通过及时有效防治，将小麦病虫总体为害损失率控制在 5%以下。其中小麦条锈病、白粉病病叶率控制在 5%以下；赤霉病病穗率控制在 3%以下；纹枯病病情指数控制在 10 以下；全蚀病发病率控制在 10%以下；麦蜘蛛虫量控制在单行 600 头/m 以下；穗蚜平均百穗蚜量控制在 500 头以下。

二、防治技术要点

播种期选好优良抗病品种，做好药剂拌种和土壤处理，重点防治地下害虫和苗期病害；返青至拔节期，重点查治麦蜘蛛，普防纹枯病；孕穗至抽穗扬花期，重点预防赤霉病，挑治白粉病、锈病、叶枯病，监测麦蚜；灌浆期重点防治条锈病、白粉病、叶枯病和穗蚜等。小麦主要病虫草害推荐使用农药及其安全使用标准见表1；小麦生产中禁止使用的化学农药种类见表2。

三、防治方法

1. 播种期防治

（1）种子处理。应根据当地主要病虫种类，选择对路种衣剂或拌种剂，按推荐剂量进行种子包衣或药剂拌种。用50%利克菌按种子质量的0.3%拌种，防治小麦纹枯病。用12.5%全蚀净悬浮剂按0.2%~0.3%的比例拌种，对全蚀病防效可达90%以上。

（2）土壤处理。每亩用40%辛硫磷乳油或40%甲基异柳磷乳油0.3kg，对水1~2kg，拌细土25kg制成毒土，犁地前均匀撒施地面，随犁地翻入土中，使用辛硫磷或甲基异硫磷的微胶囊制剂效果更好。70%甲基托布津可湿性粉剂或50%多菌灵可湿性粉剂每亩2~3kg，加土20kg，混匀后施入播种沟内，防治小麦全蚀病。

2. 冬前和越冬期防治

冬前应重点搞好麦田化学除草，同时加强对地下害虫的查治。

（1）对部分苗期受地下虫为害较重的麦田，例如，蛴螬、金针虫等，每亩可用40%甲基异柳磷乳油或50%辛硫磷乳油500mL加水750kg，顺垄浇灌；或每亩用50%辛硫磷乳油或48%毒死蜱乳油0.25~0.3L，对水10倍，拌细土40~50kg，结合锄地施入土中。

（2）越冬前是小麦纹枯病的第一个盛发期，每亩可用12.5%烯唑醇（禾果利）可湿性粉剂20~30g，或15%三唑酮可湿性粉剂100g，对水50kg，均匀喷洒在麦株茎基部进行防治。

（3）麦田化学除草。于11月中上旬至12月上旬，日平均气温10℃以上时及时防除麦田杂草。对野燕麦、看麦娘、黑麦草等禾本科杂草，每亩用6.9%精噁唑禾草灵（骠马）水乳剂60~70mL或10%精恶唑禾草灵（骠马）乳油30~40mL加水30kg喷雾防治；对播娘蒿、荠菜、猪殃殃等阔叶类杂草，每亩可用75%苯磺隆（阔叶净、巨星）干悬浮剂1.0~1.8g、10%苯磺隆可湿性粉剂10g或20%使它隆乳油50~60mL，对水30~40kg喷雾防治。

3. 返青至拔节期防治

重点防治麦田草害和纹枯病，挑治麦蚜、麦蜘蛛，补治小麦全蚀病。

（1）早控草害。返青期是麦田杂草防治的有效补充时期，对冬前未能及时除草、而杂草又重的麦田，此期应及时进行化除。播娘蒿、荠菜发生较重田块，每亩用苯磺隆有效成分1.0g对水30kg喷雾；猪殃殃、野油菜、播娘蒿、荠菜、繁缕发生较重地块，每亩用48%麦草畏乳油20mL+72%2,4-D丁酯乳油20mL对水喷施；泽漆、猪殃殃、婆婆纳、播娘蒿、荠菜、繁缕较重地块，每亩可用20%二甲四氯钠盐水剂150mL+20%氯氟吡氧乙酸（使它隆）乳油25~35mL喷雾；对硬草、看麦娘等禾本科杂草和阔叶杂草混生田块，每亩用36%禾草灵乳油145~160mL+20%溴苯腈乳油100mL或6.9%精噁唑禾草灵（骠马）水剂50mL+20%溴苯腈乳油100mL加水喷雾。

（2）小麦纹枯病。2月下旬至3月上旬，当发病麦田病株率达到15%时，每亩用12.5%烯唑醇（禾果利）可湿性粉剂20~30g，或用15%三唑酮可湿性粉剂100g，或用25%丙环唑乳油30~35mL，对水50kg喷雾，隔7~10天再施一次药，连喷2~3次。注意加大水量，将药液喷洒在麦株茎基部，以提高防效。

（3）小麦全蚀病。小麦感病后，分蘖减少，成穗率低，千粒穗下降。发病越早，减产幅度越大。拔节前显病的植株，往往早期枯死，拔节期显病的植株，减产50%左右；灌浆期显病的植株，减产20%左右。每亩用15%三唑酮可湿性粉剂100g，加水喷浇麦田，对小麦全蚀病有较好的防治效果。

（4）蚜虫、麦蜘蛛。当小麦单行有麦蜘蛛600头/m或麦长腿蜘蛛300头/m以上时，每亩可用1.8%阿维菌素乳油8~10mL，对水40kg喷雾防治。当苗期蚜虫百株虫量达到200头以上时，每亩可用50%抗蚜威可湿性粉剂10~15g，或用10%吡虫啉可湿性粉剂20g，对水喷雾进行挑治。

4. 抽穗—扬花期防治

早控条锈病、白粉病，科学预防赤霉病；重点防治麦蜘蛛。

（1）小麦条锈病、白粉病、叶枯病。每亩可用15%三唑酮可湿性粉剂80~100g，或用12.5%烯唑醇（禾果利）可湿性粉剂40~60g，或用25%丙环唑乳油30~35g，或用30%戊唑醇悬浮剂10~15mL，加水50kg喷雾防治，间隔7~10天再喷药一次。

（2）小麦赤霉病。小麦抽穗扬花期若天气预报有3天以上连阴雨天气，应抓住下雨间隙期每亩可用50%多菌灵可湿性粉剂100g，或多菌灵胶悬剂、微粉剂80g加水50kg喷雾。如喷药后24h内遇雨，应及时补喷。尤其是地势低洼，土质黏重，排水不良，土壤湿度大的麦田更应注意赤霉病的防治。种植高感品种麦田，应连续喷药2~3次。

（3）麦蜘蛛。当小麦单行有麦蜘蛛 600 头/m 时，应选择晴天中午前或下午 15：00 后无风天气，每亩用 1.8%虫螨克乳油 8~10mL 或 20%甲氰菊酯乳油 30mL、40%马拉硫磷乳油 30mL 或 1.8%阿维菌素乳油 8~10mL，加水 50kg 喷雾防治。

5. 灌浆期防治

灌浆期是多种病虫重发、叠发、为害高峰期，必须做到杀虫剂、杀菌剂混合施药，一喷多防，重点控制穗蚜，兼治锈病、白粉病和叶枯病（表 1 和表 2）。

表 1　小麦主要病虫草害推荐使用农药及其安全使用标准

病虫种类	使用药剂	使用方法	使用剂量	安全使用期
地下害虫	50%辛硫磷乳油	拌种	20mL/10kg	播种期
	5%毒死蜱颗粒剂	土壤撒施	100~150g/亩	
纹枯病	2.5%灭菌唑 FS	包衣	20mL/10kg	
	2.5%咯虫腈 FS	包衣	10~20mL/10kg	
	2 %戊唑醇 WG	包衣	10~20g/10kg	
	12.5%烯唑醇 WP	拌种	10g/10kg	
		喷雾	2 000 倍液	返青、拔节期
	25%菌核净 WP	喷雾	1 000 倍液	
	20%丙环唑 EC	喷雾	2 000 倍液	
白粉病	12.5% 烯唑醇 WP	喷雾	2 000 倍液	抽穗前后，收获前 20 天停止使用
	15%三唑酮 WP	喷雾	1 000 倍液	
	25%丙环唑 EC	喷雾	2 000 倍液	
	43%戊唑醇 SE	喷雾	4 000 倍液	
锈病	40%氟硅唑 EC	喷雾	4 000 倍液	发病初期，收获前 20 天停止使用
	25%腈菌唑 WP	喷雾	2 000 倍液	
	12.5%烯唑醇 WP	喷雾	2 000 倍液	
	43%戊唑醇 SC	喷雾	4 000 倍液	
赤霉病	50%多菌灵 WP	喷雾	800 倍液	扬花末期，收获前 20 天停止使用

（续表）

病虫种类	使用药剂	使用方法	使用剂量	安全使用期
蚜虫	10%吡虫啉 WP	喷雾	2 000 倍液	收获前 20 天停止使用
	3%啶虫脒 EC	喷雾	2 000 倍液	
	5%氯氰菊酯 EC	喷雾	3 000 倍液	收获前 7 天停止使用
	2.5%溴氰菊酯 EC	喷雾	2 000 倍液	
红蜘蛛	10%浏阳霉素 EC	喷雾	2 000 倍液	拔节至抽穗期，收获前 20 天停止使用
	15%哒螨灵 EC	喷雾	15~20mL/亩	
	2%灭扫利 EC	喷雾	20~30mL/亩	
黑胚病	12.5%烯唑醇 WP	喷雾	1 500 倍液	扬花后 5~10 天，收获前 20 天停止使用
禾本科杂草	60%丁草胺 EC+25%绿麦隆 WP	土壤喷雾	50mL+150g/亩	小麦播后苗前
	6.9% 精恶唑禾草灵 EW	喷雾	60~70mL/亩	杂草二叶-分蘖期
阔叶杂草	40% 唑草酮 DF	喷雾	4~5g/亩	返青期
	20%使它隆 EC	喷雾	150~60mL/亩	
	10%苯磺隆 WP	喷雾	10~15g/亩	
	75% 苯磺隆 DF	喷雾	1~1.3g/亩	
	20%二甲四氯 AC	喷雾	250~300mL/亩	

注：WP——可湿性粉剂；EC——乳油；FS——悬浮种衣剂；AC——水剂；DF——干悬浮剂；EW——浓乳剂；SC——悬浮剂

（1）小麦蚜虫。当穗蚜百株达 500 头时，每亩可用 50%抗蚜威可湿性粉剂 10~15g、10%吡虫啉可湿性粉剂 20g、40%毒死蜱乳油 50~75mL、3%啶虫脒 20mL 或 4.5%高效氯氰菊酯 40mL，加水 50kg 喷雾，也可用机动弥雾机低容量（亩用水 15kg）喷防。

（2）小麦白粉病、锈病、蚜虫等病虫混合发生区，可采用杀虫剂和杀菌剂各计各量，混合喷药，进行综合防治。每亩可用 15%三唑酮可湿性粉剂 100g、12.5%烯唑醇（禾果利）可湿性粉剂 40~60g、25%丙环唑乳油 30~35g、30%戊唑醇悬浮剂 10~15mL+10%吡虫啉可湿性粉剂 20g 或 40%毒死蜱乳油 50~75mL，加水 50kg 喷雾。上述配方中再加入磷酸二氢钾 150g 还可以起到补肥增产的作用，但要现配现用。

表 2 小麦生产中禁止使用的化学农药种类

农药种类	农药名称	禁用原因
无机砷杀虫剂	砷酸钙、砷酸铅	高毒
有机砷杀菌剂	甲基胂酸锌、甲基胂酸铁铵、福美甲胂、福美胂	高残留
有机锡杀菌剂	三苯基醋酸锡、三苯基氯化锡、毒菌锡、氯化锡	高残留
有机汞杀菌剂	氯化乙基汞、醋酸苯汞	剧毒高残留
有机杂环类	敌枯双	致畸
氟制剂	氟化钙、氟化钠、氟乙酸钠、氟乙酰胺、氟铝酸钠、氟硅酸钠	剧毒、高毒、易药害
有机氯杀虫剂	DDT、六六六、林丹、艾氏剂、狄氏剂、五氯酚钠、氯丹、毒杀芬、硫丹	高残留
有机氯杀螨剂	三氯杀螨醇	高残留
卤代烷类熏蒸杀虫剂	二溴乙烷、二溴氯丙烷	致癌、致畸
有机磷杀虫剂	甲拌磷、乙拌磷、久效磷、对硫磷、甲基对硫磷、甲胺磷、氧化乐果、治螟磷、蝇毒磷、水胺硫磷、磷胺、内吸磷、甲基异柳磷、甲基环硫磷、杀扑磷	高毒
氨基甲酸酯杀虫剂	克百威（呋喃丹）、涕灭威、灭多威	高毒
二甲基甲脒类杀虫杀螨剂	杀虫脒	慢性毒性致癌
取代苯类杀虫杀菌剂	五氯硝基苯、五氯苯甲醇、苯菌灵	国外有致癌报导或二次药害
二苯醚类除草剂	除草醚、草枯醚	慢性毒性
其他	乙基环硫磷、灭线磷、螨胺磷、克线丹、磷化铝、磷化锌、磷化钙、硫丹、阿维菌素	药害、高毒

第二章 玉米

玉米是我国主要粮食作物品种，其种植面积约占全国农作物总面积的1/4，产量则达到了全国农作物总产量的1/3。玉米产量和品质一直是广大科研工作者所追求的目标。而病虫害一直是限制玉米高产、稳产的重要因素，随着气候的变化，栽培耕作措施的不断改变，新品种的不断更新，玉米病虫害发生种类和为害程度也在不断地改变。

河南省玉米常见的主要病害有大小叶斑病、矮花叶病和黑粉病；主要虫害有玉米螟、黏虫、地老虎、棉铃虫、玉米蚜、蓟马等。病虫害的发生因年度、地区不同，发生程度及为害状况也不一样。

第一节 玉米病害

一、玉米丝黑穗病

【病原】玉米丝黑穗病属真菌性病害，病原菌为丝轴黑粉菌，属担子菌亚门孢堆黑粉菌属。冬孢子黄褐色至暗紫色、赤褐色，球形或近球形，表面有细刺。冬孢子间混杂有球形或近球形的不育细胞。表面光滑近无色。冬孢子从孢子堆中散落后，不能立即萌发，必须经过秋、冬、春长时间感温的过程，使其后熟，然后方可萌发。冬孢子萌发温度范围为25~30℃，低于17℃或高32.5℃均不能萌发，萌发最适 pH 值4.0~6.0，中性或偏酸性环境利于冬孢子萌发，偏碱性环境抑制萌发。缺氧时不易萌发。病菌发育温度范围为23~36℃，最适温度为28℃。

【症状特点】该病属苗期侵入的系统侵染性病害，一般在穗期表现典型症状，主要为害玉米的雌穗和雄穗。一旦发病，往往无收成。很多品种或自交系在苗期症状并不明显，直到抽雄或出穗后才在雄花和果穗上表现出明显的症状，多数病株果穗较短，基部粗，顶端尖，椭圆形，不吐花丝，扒开包叶，可看到果穗变成一个黑粉团。后期有些苞叶破裂，就会散出黑粉。黑粉一般黏结成块，内部杂有丝状物，因此称丝黑穗病。有些品种或自交系在幼苗长出 6~7 片叶时就表现出明显的症状，病苗矮化，节间缩短，有的植株弯曲、叶子密集、色浓绿或叶片上有黄白条纹，个别重病株分蘖增多而簇生，鞘破裂呈畸形。病株果穗有的不吐花丝，形状短胖，基部较粗，顶端较尖，苞叶完整，但果穗内部充满黑粉状物，即病原菌的冬孢子。后期苞叶破裂，露出黑粉，黑粉多黏结成块，不易飞散。黑粉间夹着有丝状的玉米维管束残余。还有的病果穗失去原形，严重畸形，成"刺猬头"状。雄穗发病有 2 种症状类型：①雄穗上单个小穗变为菌瘿。此时花器畸形，不形成雄蕊。颖片因受刺激而变为叶状，雄花基部膨大，内藏黑粉。②整个雄穗变成一个大菌瘿，外面包被白色薄膜，薄膜破裂后，黑粉外露。黑粉常黏结成块，不易分散。早期发病的植株多数果穗和雄穗都表现症状。晚期发病的仅果穗表现症状，雄穗正常。

【发病规律】丝轴黑粉菌主要通过土壤和粪肥传播，外侵染源为土壤和粪肥中越冬的冬孢子，病原菌主要以冬孢子散落在土壤中越冬，有些混入粪肥或附在种子表面越冬。在土温 13~35℃时，病菌皆可侵染，而 16~25℃是适宜的侵染范围，22℃时侵染率最高。土壤含水率在 15.5%时侵染率高，过干过湿都会减少侵染。冬孢子萌发产生有分隔的担孢子，担孢子萌发生成侵染丝。玉米在三叶期以前为病菌主要侵入时期，特别是幼苗出土前期。病原菌从胚芽或胚根侵入后，很快扩展到茎部且沿生长点生长。花芽开始分化时，菌丝则进入花器原始体，侵入雌穗和雄穗，最后破坏雄花和雌花。由于玉米生长锥生长较快，菌丝扩展较慢，未能进入植株茎部生长点，这就造成有些病株只在雌穗发病而雄穗无病的现象。冬孢子在玉米雌穗吐丝期成熟后落到土壤中，成为翌年主要侵染源。土壤菌量、玉米品种抗性和玉米发芽到 3 叶期前持续时间是发病数量的主要因素。长期连作致使土壤含菌量迅速增加。即便第一年田间病株只有 1%，连续种植不抗病品种，土壤中含菌量每年可大约增长 10 倍。3 年就可使病害发生率达到 25%~100%。感病品种的大量种植，是导致丝黑穗病严重发生的因素之一。玉米播种至出苗期间的土壤温、湿度与发病关系极为密切。春玉米、套播玉米、夏玉米相比，春玉米发病最重，套播玉米次之，夏玉米最轻。春玉米中，早播病重，晚播病轻。播种过深、种子生活力弱的情况下发病较重。主要是因为土壤温度低，拉长了玉米出苗和幼苗发育初期这个易感病阶段。

【防治措施】防治玉米丝黑穗病，应以选用抗病品种为基础，结合农业措施与药剂处理进行综合防治。

（1）选用抗病品种。种植抗病品种是长期控制玉米丝黑穗病的最根本、最简单、最高效的措施。

（2）轮作倒茬。为了减少土壤中玉米丝黑穗病菌，有条件的地方可以通过与大豆、蔬菜、马铃薯、油料等作物轮作倒茬的方法防治玉米丝黑穗病，重病地块应实行 3 年以上轮作。

（3）药剂拌种。方法有拌种、浸种和种衣剂处理三种。三唑类杀菌剂拌种防治玉米丝黑穗病效果较好。大面积防效可稳定在 60% 以上。用有效成分占种子重量 0.2%~0.3% 的三唑酮拌种，用 50% 多菌灵可湿性粉剂按种子质量的 0.3%~0.7% 拌种或 50% 甲基硫菌灵可湿性粉剂按种子质量的 0.5%~0.7% 拌种，也可用 20% 萎锈灵 1kg，加水 5kg，拌玉米种 75kg，堆闷 4h，效果很好。黑龙江省农业科学院农药应用研究中心试验结果表明，用烯唑醇微粉种衣剂按 1：（200~300）包衣，可有效防治玉米丝黑穗病。

（4）适期播种。丝黑穗病菌以胚芽侵染为主，从种子萌发到七叶期对玉米幼根和幼芽都能侵染，侵染高峰从临近出苗至三叶期，所以要在土壤温度稳定在 10℃ 以上时再播种，防止倒春寒导致土温下降，种子出苗缓慢，增长玉米丝黑穗病菌侵染种子的时间，并且不要覆土，以促进种子早出苗、出壮苗。

（5）加强田间管理。通过农业措施减少菌源，如在病株散粉前及时拔除病株，带到非玉米种植区深埋。禁用带病秸秆作饲料和积肥。施用有病植株残体的粪肥要经过充分腐熟，高温发酵，并用药剂喷洒。丝黑穗病高发田要停止秸秆还田。

二、玉米大斑病

【病原】玉米大斑病病原菌属半知菌类，丛梗孢目，暗色孢科。有性世代分生孢子梭形，褐绿色，直立或向一方略弯，中央最宽，向两端渐窄，顶细胞椭圆形至长椭圆形，基细胞尖锥形，脐点明显。

玉米大斑病菌分玉米专化型和高粱专化型，两者的主要区别是：玉米专化型对玉米表现专化的致病性。菌落一般为灰色至白绿色，菌丝体繁茂。高粱专化型对高粱表现专化的致病性，菌落呈暗橄榄色，气生菌丝致密稀少。在分生孢子的形成方式和形态方面，两个专化型没有区别。

【症状特点】玉米大斑病主要为害玉米叶片，也能为害苞叶和叶鞘，最明显的症状是在叶片上形成大型的梭状病斑。发病初期在植株下部叶片上出现水渍样小病斑点，多为灰绿色，逐渐向上扩展至叶片两端，几天后病斑沿叶脉迅速扩大，或几个病斑连接变为大型不规则枯斑，病斑灰褐色或黄褐色。多雨潮湿天气，病斑上可密生灰黑色霉层。玉米整个生长过程中玉米大斑病均可发生，在高发年份里发病迅速，造成大量叶片枯萎后导致植株死亡，或是雌穗出现秃尖，造成黑色籽粒、降低粒重，严重影响玉米质量及产量。通常情况下在玉米生长的中后期，尤其是抽穗后期发病较为严重。

【发病规律】玉米大斑病的病原菌以其休眠菌丝体在病株残体内越冬，成为第二年发病的初次侵染来源，其分生孢子还可在病株残体上越冬，这也是侵染来源之一。在田间侵入玉米植株后，经 10~14 天便可在病斑上产生分生孢子。以后分生孢子随气流传播，进行重复侵染，蔓延扩大。埋入田间土壤里的病株残体，有一部分病原菌可以存活，玉米种子上也可能带有少量病原菌。

玉米出穗以后如果氮肥不足，则往往发病严重。春玉米播种过晚，一般发病较早。连作地一般发病较重，轮作地发病轻。间作套种的玉米比单作玉米发病轻。生长后期比前期发病重。密植玉米比稀植玉米发病重。肥沃地发病轻，瘠薄地发病重。玉米生长期追肥的田块、发病轻，不追肥的田块发病重。地势低洼、种植密度过大的地块发病较重。有机肥施用量不足的地块发病重。玉米孕穗期和抽穗期间氮肥不足，发病较重。

【防治措施】防治玉米大斑病，应采用以抗病品种为主的综合防治措施。同时结合栽培技术、栽培环境、田间管理、科学施肥等环节进行及时防治。

（1）积极推广抗病品种。不同玉米品种对大斑病的抗性有显著差异，种植优良抗病品种是控制玉米大斑病的主要措施。

（2）改善耕作栽培习惯。及时清理病残体，消灭侵染来源，是一项行之有效的措施。合理轮作，可防止病原菌的积累，减少侵染来源。合理间作套种，合理密植，能改变田间小气候，降低田间湿度，增加田间的光照与透气性，利于植株良好生长，而不利于病害的发生。适期播种，在气温较低的北方和南方山区，早播可以避过雨季，减轻发病。增施有机肥，特别要注意增施穗期氮肥，以增强植株的抵抗力，达到高产稳产的目的。

（3）药剂防治。摘除植株基部黄叶、病叶后，喷施杀菌剂。在发病初期，可选用 70%甲基硫菌灵可湿性粉剂 1 000 倍液、50%多菌灵可湿性粉剂 500 倍液、25%吡唑醚菌酯乳油 1 500 倍液、50%异菌脲可湿性粉剂 1 500 倍液等喷雾。7~10 天喷一次，连喷 2~3 次。

三、玉米小斑病

【病原】玉米小斑病又称玉米斑点病、玉米南方叶枯病等，是玉米主要的叶部病害之一。病原菌为半知菌亚门平脐蠕孢菌属玉蜀黍平脐蠕孢菌。该菌子囊座呈黑色，近球形，子囊顶端钝圆，基部具短柄。每个子囊内的子囊孢子数目不等，一般为3个左右，子囊孢子呈长线形。无性态的分生孢子梗散生在病叶上的病斑两侧，从表皮细胞或叶片组织的气孔伸出，单生或者束生，橄褐色至褐色，伸直或弯曲，基部细胞大，顶端略细且颜色较浅，下部色深较粗，孢痕明显，生在顶点或折点上，一般有6~8个隔膜。分生孢子从孢子梗的顶端或侧方生出，长椭圆形，多弯向一侧，具隔，脐点明显。

【症状特点】玉米小斑病在玉米的各个生育时期都可以发生，以玉米抽雄后发病最重。该病主要发生在叶片上，但也可侵染叶鞘、苞叶和果穗。叶片上的病斑较小，但病斑数量多。初侵染时为水渍状半透明的小斑点，后逐渐扩大形成不同形状的黄褐色病斑。在高温高湿条件下，病斑表面密生一层灰色的霉状物，即病原菌分生孢子梗和分生孢子。

受病原生理小种和寄主抗性不同，小斑病在叶片上症状主要有3种：①病斑两端呈纺锤形或近长方形，较大，不受叶脉限制，灰色或黄褐色，边缘褐色或无明显边缘。病斑上有时出现轮纹，轮纹黄褐色或灰褐色，边缘深褐色。苗期发病时，病斑周围或两端形成暗绿色浸润区，病斑数量多时，叶片很快萎蔫死亡。②病斑较小，梭形或椭圆形，黄褐色或褐色。多限于叶脉之间，黄褐色，边缘褐色或紫褐色，多数病斑连片以后，病叶变黄枯死。③病斑为黄褐色坏死小斑点，病斑一般不扩大，边缘紫褐色或深褐色，周围有黄色晕圈，表面霉层极少，通常表现在抗病品种上，而果穗染病后，病部产生不规则的灰黑色霉区，轻者降低千粒重，重者导致果穗腐烂或下垂掉落、种子发黑霉变等。

【发病规律】玉米小斑病病原菌以菌丝体或分生孢子在病残体及含有未腐烂的病残体的粪肥上越冬，成为下一年玉米小斑病发生的初侵染源。越冬的分生孢子借风雨、气流传播到玉米的叶片上，在适宜条件下可萌发产生芽管，芽管从表皮细胞直接侵入，少数从气孔侵入，整个侵入过程24h即可完成，侵入后5~7天可形成典型的病斑。遇到适宜发病的温湿度条件，病斑上重新产生新的分生孢子，并随风雨、气流传播进行再侵染。条件适宜时，在一个生长季节小斑病可进行多次再侵染，这样经过多次反复再侵染造成重发生流行趋势。小斑病的发生与气象条件密切相关，当7—8月气温达25℃以上时最适于该病流行，6 月的雨量和气温也起很大作用，因为此时的气温和雨量利于菌源的积累。这期间若降雨日多、雨量多、湿度大，小斑病会严重发生。

玉米小斑病的发生与流行程度受种植品种、气候条件、耕作制度和栽培措施等影响。凡是田间湿度增大、植株生长不良时都利于小斑病的发生。

【防治措施】玉米小斑病主要靠气流传播，并可发生多次侵染，而且越冬菌源又很广泛，单用一种防治方法很难奏效。故应采取以选用抗病品种为主、以栽培技术和药剂防治为辅的综合防治措施，才能有效地控制玉米小斑病的发生。

（1）根据当地实际，选用适合的抗病品种。

（2）清除田间病残体，合理轮作。田间病株残体上潜伏或附着的病菌是玉米小斑病的主要初侵染来源，玉米收获后应彻底清除田间病残株，带出田外集中烧毁或高温沤肥，切忌随意丢弃在田间地头。

（3）加强栽培管理。适时早播、合理密植、改良蓄墒、勤中耕、伏旱灌水、低洼地及时排水，调节农田小气候使之不利发病。及时拔除重病株，烧毁或深埋，避免传播。科学施肥，施足底肥，尤其是以农家肥为主的有机肥，氮、磷、钾应合理配比施用，及时进行追肥，在拔节及抽穗期追施复合肥，及时中耕松土、合理浇水并注意排水，促进健壮生长，可提高植株抗病力，具有明显的防病增产作用。

（4）药剂防治。在玉米心叶末期到抽雄期，可用 50%多菌灵可湿性粉剂 500 倍液、75%百菌清可湿性粉剂 800 倍液、40%克瘟散乳油 800~1 000 倍液、65%代森锰锌可湿性粉剂 500~800 倍液、20%草酸青霉水剂稀释 50 倍液或 80%甲基硫菌灵 800~1 000 倍液喷雾。每 7 天喷 1 次，连续喷 2~3 次，对控制小斑病情有较好的效果。若喷后 24h 内遇雨，应当在雨后立即补喷。喷药前先摘除底部病叶，防治效果会更好。

四、玉米弯孢菌叶斑病

【病原】引起玉米弯孢菌叶斑病的致病菌属半知菌亚门暗色孢科弯孢菌属真菌。主要有新月弯孢菌、苍白弯孢菌、斑点弯孢菌、棒弯孢菌、画眉草弯孢、不等弯孢菌等。其中以新月弯孢菌为主要致病菌，造成的损失也最严重。该菌在 PDA 培养基上，菌落圆形、平展，菌丝放射状，气生菌丝绒絮状，初灰白色，后期褐色，菌落背面墨绿色。分生孢子梗褐色至深褐色，单生或簇生，直或弯曲，上部常呈膝状。分生孢子淡褐色，直或弯曲，多为 3

隔，从基部起第三个细胞较大，梭形、棍棒形或近椭圆形，少数呈"Y"形（三角形）。

【症状特点】 玉米弯孢菌叶斑病发生在玉米成株期，主要为害叶片，有时也为害叶鞘和苞叶。典型症状：初生褪绿小斑点，逐渐扩展为圆形至椭圆形褪绿透明斑，中间枯白色至黄褐色，边缘暗褐色晕圈，成熟病斑一般长 2~5mm，宽 1~2mm，大的可达 7mm×3mm。湿度大时，病斑正反两面有灰黑色霉状物。该病症状变异较大，在一些自交系和杂交种上，有的只有一些白色或褐色小点，病斑分 3 种类型：抗病型、中间型和感病型。

【发病规律】 玉米弯孢菌叶斑病属于成株期病害，在黄淮和华北地区，田间发病始于 7 月底至 8 月初，发病高峰期在玉米抽雄后，即 8 月中下旬至 9 月上中旬。夏播玉米一般在喇叭口期开始发病，为害盛期为 7 月底至 9 月上旬。玉米植株病残体，是重要的初侵染来源，病原菌以菌丝和分生孢子在植株残体上越冬，遗留于田间的玉米病叶和秸秆上的病菌是主要初侵染源。分生孢子借气流可以传播 60m 以上，但主要集中在 10m 范围内。分生孢子经 2h 即可萌发，4h 达最高萌发率，萌发最适温度为 28~32℃，最适 pH 值范围为 5~7，相对湿度在 90% 以上才可以萌发，萌发孢子遇超过 30s 的干燥即丧失侵染能力，在 15~35℃ 可侵染玉米，25℃ 左右侵染率最高。经研究，花粉粒及叶面物质都可促进孢子萌发，且随浓度增加，促进作用明显。

【防治措施】

（1）调整品种结构，选用抗、耐病良种。因地制宜地推广种植抗、耐病品种，适当早播，使作物品种布局合理，是经济有效的防治措施。

（2）清洁田地，减少菌源。玉米收获后，及时清除病株和落叶，集中处理或结合深耕埋入深土层中，或者轮作换茬，以减少初侵染源，也可有效地控制玉米弯孢菌叶斑病。

（3）加强栽培管理。增施有机肥，培肥地力，合理施用化肥，适时追肥浇水，雨后及时排出田间积水，合理密植，创造有利于玉米生长发育的田间生态环境，提高植株抗病力。

（4）药剂防治。在田间病株率达 10% 时及时喷雾防治，可用 75% 百菌清可湿性粉剂 500 倍液、80% 炭疽福美可湿性粉剂 600 倍液、50% 多菌灵可湿性粉剂或 70% 甲基硫菌灵可湿性粉剂 500 倍液，每亩对水 50kg，间隔 5~7 天，连喷 3 次，有良好的防治效果。

五、玉米瘤黑粉病

【病原】玉米瘤黑粉病的病原菌为玉米瘤黑粉菌，属于担子菌亚门。冬孢子没有休眠期，在自然条件下，分散的冬孢子不易长期存活，但集结成块的冬孢子无论在地表或土内存活期都很长。干燥后在自然状态下也能存活较长时间，但在饲料青贮时几周内就会丧失活力。在 10~40℃ 范围内均可以萌发，最适温度为 25~30℃，萌发率可达 40%~64.7%。冬孢子萌发时，产生有隔的担子。担子顶端或分隔处形成梭形的担孢子，担孢子萌发形成侵入丝或以芽殖方式生出次生担孢子，次生担孢子也能萌发形成侵入丝，侵入寄主。

玉米瘤黑粉菌属于异宗配合的真菌。在其生活史中，有两种不同形态的细胞，即单倍体细胞（担孢子）和双核菌丝体。单倍体细胞没有致病性，在特定培养基上芽殖产生类似酵母的菌落，在离体条件下易生长，在侵染初期是专性寄生的，若无寄主植物，只能存活极短的时间。不同遗传型的单倍体细胞融合形成双核菌丝，能在寄主体内迅速发育，刺激寄主组织形成肿瘤，然后通过细胞核融合，产生双倍体的冬孢子。

【症状特点】玉米瘤黑粉病在玉米整个生长期均可发生，植株的气生根、茎、叶、叶鞘、雄花及雌穗等幼嫩组织均可发病，被侵染的组织因病菌代谢物的刺激而形成瘤。幼苗达 30cm 时即可发病，多在玉米茎基部形成病瘤，使病苗扭曲矮缩，叶鞘及心叶破裂紊乱，严重时引起幼苗死亡。一般苗期发病较少，主要在抽穗前 10~14 天易感染病，抽穗后发病较重，故抽雄后病株常迅速增加。病部的典型特征是产生肿瘤，病瘤初呈银白色，有光泽，内部白色，肉质多汁，并迅速膨大，常能冲破苞叶而外露，表面变暗，略带淡紫红色，内部则变灰至黑色，失水后当外膜破裂时，散出大量黑粉，即病菌的冬孢子。果穗发病可部分或全部变成较大肿瘤，叶上发病则形成密集成串小瘤，一般叶片、叶鞘上的病瘤较小，茎和果穗上的病瘤较大，直径可达 10~15cm，一株玉米可产生多个病瘤，雄穗受害部位多长出囊状或角状小瘤，雌穗受害部位多在上半部，仅个别小花受侵染产生病瘤，其他的仍能结实，有的整穗受侵染而完全不能结实。成株期发病，叶和叶鞘上的病瘤常为黄、红、紫、灰杂色疮痂病斑，成串密生或呈粗糙的皱褶状，在叶基近中脉两侧最多，一般形成冬孢子前就干枯，所以多不生黑粉，茎上大型病瘤常生于各节的基部，多为腋芽，受侵染后病菌扩展，组织增生，突出叶鞘而成。一般同一植株上可多处生瘤，有的在同一位置有数个病瘤堆聚在一起。

开封地区重大农作物病虫识别与防治

【发病规律】病菌以冬孢子在土壤、地表、病残体和粪肥中越冬，成为翌年的初侵染源，种子上黏附的冬孢子对远距离传播有一定作用。春季条件适宜时，冬孢子萌发产生担孢子和次生担孢子，随风雨传播落到玉米幼嫩组织上，遇水滴很快萌发，由表皮直接侵入或由伤口侵入幼嫩组织内部，在玉米的整个生育期可进行多次再侵染，在抽穗期前后一个月内为玉米瘤黑粉病的盛发期。除担孢子和次生担孢子萌发产生侵入丝侵入寄主外，冬孢子也可萌发产生芽管侵入寄主。玉米多年连作，田间会积累大量冬孢子，则发病严重，玉米收获后立即翻耕，有利于降低病原菌数量和成活率，因而较不翻地发病轻。玉米品种间抗病性有明显差异，杂交种较自交系抗病，马齿形玉米较抗病，早熟种较晚熟种发病轻，甜玉米易感病，果穗苞叶紧密、苞叶长而厚的较抗病，而苞叶短小、包裹不严的则感病，而且春播比夏播易感病。施用动物粪便增加发病率，而磷酸化肥可以降低发病率。单独增加钾肥可增加发病率，这是因为降低了木髓中的糖分，增加了氮的含量。一般山区和丘陵地带比平原地区发病重、发病早、病瘤大。玉米瘤黑粉病的冬孢子无明显休眠期，其萌发和侵入都需要较高的温度和湿度，如玉米生长期高温多雨，尤其是温湿度变化剧烈等气候条件都会严重降低植株抗性，加重病害发生。玉米瘤黑粉病不仅由幼嫩分生组织直接侵入，还可由伤口侵入，如去雄、冰雹、玉米虫害及机械损伤造成的伤口都有利于病害发生。另外偏施氮肥，种植密度过大，寄主组织生长柔嫩，也会加重病害发生。

【防治措施】贯彻"预防为主，综合防治"的植保方针，以选用抗病品种为基础，以提高玉米种子包衣质量为关键，采取适期播种、科学处理病株等生态化学综合配套农业控制措施。

（1）农业防治。选择种植抗病性强的玉米品种是减轻该病为害的途径之一。对发病较重的田块应进行轮作换茬，可以有效减少初侵染源，降低发病率，一般病田要实行2~3年的轮作。苗期结合田间管理拔除病株，中后期发病的植株，在病瘤未成熟前及时把病株铲除，带出田外深埋或焚烧掉。适期播种，播种深度深浅适宜，培育壮苗，合理密植，保持合理的群体结构，改善通风透光条件，以减少病虫害的发生。根据玉米需肥规律和土壤肥力，均衡施肥，避免偏施氮肥，防止植株贪青徒长；增施磷、钾肥，适当施用含锌和含硼的微量元素对该病有明显的防治效果。

（2）化学防治。对带菌的种子，可用杀菌剂处理，如选用50%多菌灵可湿性粉剂或15%三唑酮乳油等杀菌剂按种子质量的0.3%~0.4%进行药剂拌种，可杀灭种子所带病菌，促进幼苗健康生长。在玉米抽雄前，每亩可选用

50%福美双可湿性粉剂 500～800 倍液、75%百菌清可湿性粉剂 800～1 000倍液或 15%三唑酮可湿性粉剂 80～100g，对水 30～40kg 进行全田喷雾，可减轻病害的为害。玉米种植集中区，可结合防治其他病虫害及时开展统防统治，效果更好。

六、玉米穗粒腐病

【病原】玉米穗粒腐病的致病菌十分复杂，研究发现串珠镰孢菌、禾谷镰孢菌、赤霉菌、蠕孢菌、粉红聚端孢菌、曲霉菌、青霉菌等在内的 20 多种病原菌都能引起病害发生。国外主要以禾谷镰孢菌和赤霉菌为优势种，而国内主要以串珠镰孢菌为优势种，禾谷镰孢菌为次优势种。引起玉米穗粒腐病的病原菌种类众多，但是由于各地气候条件、土壤状况、耕作制度及品种差异等影响微生物区系的生物因素不同，病原菌类群不完全相同，但禾谷镰孢菌为优势致病菌的观点在国内外基本是一致的。

【症状特点】玉米穗粒腐病的病原菌主要是在发病的种子和残留在田间的植株病残体上越冬，成为翌年的初侵染源。主要传播途径是气流传播，病菌孢子借助风雨，从玉米的伤口和花丝侵入，通过气流和雨水进行传播和扩散。该病发病初期，花丝腐烂，苞叶褪绿青枯，继之变白干枯，病部苞叶呈云纹状。后期穗轴腐烂，颜色变成淡红色。籽粒胚部相继受害，逐渐蔓延到顶部，病部呈红褐色、逐渐变暗褐色，导致籽粒坏死。病株一般在田块中央植株密集的地方普遍，边缘植株的果穗只有因鸟虫的损伤才会引起穗粒腐。引起该病的病原菌不同，其症状也存在一定程度的差异。由串珠镰孢菌引起的穗粒腐病表现为只有个别或者局部的籽粒感病，病粒易破碎，病粒上覆有一层粉红色霉状物，有时候也会长出橙黄色的点状黏质物。由禾谷镰孢菌引起的穗粒腐病受害早的果穗全部腐烂，病穗的苞叶与果穗黏结在一起，之间生有一层淡紫色至浅粉红色的霉层，有时候病部还会出现蓝黑色的小粒点。果穗顶部变为粉红色，籽粒间生有红色至灰白色菌丝。其他病原菌引起的症状也各有差异。

【发病规律】玉米穗粒腐病通常发生在玉米生长后期，主要为害穗部，一般从果穗的顶部或基部发病，造成大片或者整个果穗腐烂，病粒皱缩、无光泽、不饱满。从吐丝到收获的过程中均有可能发病，发病盛期为吐丝到吐丝后的 3 周内。此外，病菌也可以由根部开始侵染，然后经过茎传到玉米果穗。

外在气候条件对发病起决定性的作用，乳熟至蜡熟时期高温多湿或低温寡照，均为发病的有利条件。地势低洼、排水不畅、光照不足或通风不良，长期种植玉米的重茬田块，植株的长势差，易发病重，反之则轻。另外栽培管理不当，种植密度过高，氮肥施用量过大，造成田间郁蔽，形成田间小气候，也有利于病原菌滋生，使病害加重。玉米繁制种时，未进行种子处理，使带菌种子进入田间，可造成病害大发生。鸟类和昆虫的蛀食以及玉米籽粒的破裂和人为造成的籽粒破裂均可促进病原菌的侵染，并由此向周围扩展。

玉米穗粒腐病不但引起玉米产量的损失，而且病原菌所产生的毒素对人畜具有严重的毒性。人畜食用过含有毒素的食品后会表现出一系列疾病。据报道真菌毒素有十几种，其中以黄曲霉毒素、伏马菌素、串珠镰孢菌素、呕吐毒素、玉米赤霉烯酮、赭曲霉毒素等对人畜的为害最为严重。

【防治措施】

（1）选用抗病品种，轮作抗性品种。玉米品系或杂交种间对玉米穗腐病抗性差异显著，种植抗病品种是最经济有效的防治措施。种植品种定期轮换，实行 2~3 年轮作或集中烧毁或深埋病残体，减少侵染来源。

（2）加强栽培管理。适时早播，施足基肥，适时追肥，促进玉米植株生长健旺，防止生育后期脱肥，可减轻发病为害程度。合理密植，注意低洼地及时排水，降低田间湿度。加强田间中耕除草。及时防治病虫鸟害，重点防治玉米螟，玉米螟是穗粒腐病菌的侵染媒介。搞好田间卫生，及时清除田间相关病害病残体，减少初侵菌源。

（3）药剂防治。播种前用 2 000 倍甲醛溶液浸种 1h 或用 50%多菌灵可湿性粉剂 1 000 倍液浸种 24h 杀死病菌，然后用清水冲洗即可播种。在玉米大喇叭口期每亩用 20%井冈霉素可湿性粉剂或 40%多菌灵可湿性粉剂 200g 制成药土于"喇叭口"期点心叶，防治玉米穗腐病，防效可达 85%以上，同时可混入杀螟丹粉剂等杀虫剂兼防螟虫。抽穗期用 50%多菌灵可湿性粉剂或 50%甲基硫菌灵可湿性粉剂 1 000 倍液喷雾，每亩对水 50kg，重点喷果穗及下部茎叶，隔 7 天再喷 1 次。发病初期往穗部喷洒 5%井冈霉素水剂 1 000 倍液、50%多菌灵悬浮剂 700~800 倍液或 50%苯菌灵可湿性粉剂 1 500 倍液喷施。视病情防治 1~2 次。

七、玉米粗缩病

【病原】 引发玉米粗缩病的病毒主要有 4 种，分别是玉米粗缩病毒、水稻黑条矮缩病毒、马德里约柯托病毒和南方水稻黑条矮缩病毒，均属于呼肠孤病毒科斐济病毒属。玉米粗缩病毒、水稻黑条矮缩病毒通过带毒的灰飞虱在水稻、玉米、小麦等禾谷类作物以及寄主杂草中传播，产生相同或相似的病状。玉米粗缩病毒分布在欧洲、中东地区及北美洲，马德里约柯托病毒主要分布在阿根廷、巴西和乌拉圭等南美国家，而分布在我国的主要是水稻黑条矮缩病毒。

【症状特点】 玉米粗缩病病毒宿主范围较广，主要有玉米、小麦、水稻等粮食作物和狗尾草、稗草等杂草，主要由灰飞虱以持续性方式传播。灰飞虱在田间杂草上越冬获毒，第二年春天将病毒传播至小麦和玉米上。玉米出苗后即可感病，五叶期到六叶期症状显现。植株感病后，节间缩短变粗，严重矮化；叶部典型症状是在叶背出现白色蜡泪状脉突，手感粗糙，叶片浓绿对生，宽短硬直，状如君子兰；顶叶簇生，叶心卷曲变小；常不能抽穗或雌穗极小或变形，雄花少或无花粉；根粗少，不发次生根，且有根纵裂；后期感染植株矮化不明显。苗期感病植株株高仅为正常株高的 $1/3 \sim 1/2$，不能抽穗结实，往往提早枯死。

【发病规律】 毒源、介体、玉米感病品种是玉米粗缩病的暴发流行 3 个必要条件。传毒昆虫灰飞虱发生数量多，发生时期与寄主作物感病阶段相吻合，就可能造成该病流行。春季带毒的灰飞虱把病毒传播到返青小麦上，没有带毒的灰飞虱在小麦感病株上获得病毒后也把病毒传到返青小麦上，然后再传到玉米上。第二、第三、第四代灰飞虱主要在水稻、玉米及田间杂草上越夏，秋季冬小麦出苗后，灰飞虱迁至麦田及越冬杂草上传毒越冬，形成全年病害循环。病毒在灰飞虱体内可增殖和越冬，但不能经卵传给下一代。玉米二叶一心期极易感病，拔节后抗病能力增强。玉米出苗至五叶期如与传毒昆虫迁飞高峰期相遇就容易发病，迁飞高峰后约 21 天出现玉米粗缩病发病高峰。冬季温暖干燥有利于灰飞虱安全越冬；夏季少雨有利于灰飞虱若虫羽化；夏季降雨偏多以及气温偏低利于灰飞虱生长繁殖。北方玉米区和黄淮玉米区，春玉米 4 月中旬以后播种的发病重，且播期越晚，感病越重。夏玉米以麦套玉米、蒜茬玉米感病重，直播感病轻，夏直播的以早播的感病重，晚播感病轻。套种田、杂草多的玉米田发病重。在灰飞虱严重和中度发生年份，播期是影响夏玉米粗缩病的关键因素。

【防治措施】 目前，对玉米粗缩病的防治应运用"避、除、抗、防"开展综合防治。

（1）预警监测，早防普防。加强对灰飞虱发生动态监测，重点做好一代灰飞虱成虫的监测预报，及早部署普遍防治，压低虫口基数，减少传毒概率，减轻玉米粗缩病的发生。

（2）调整播期。灰飞虱一代成虫发生高峰与早播玉米感病生育期吻合，是玉米粗缩病发生重的主要原因。适当调整播期、改变种植模式，采用早播或麦后直播、适当晚播的种植模式，可避免或减轻病害，提高玉米产量。春玉米应提前到 4 月上旬播种，黄淮地区夏播玉米 6 月 10 日以后播种，避开灰飞虱一代成虫发生高峰。套种田，重病田最好麦后毁茬播种或麦收后灭茬直播，躲过 5 月中旬至 6 月上旬一代灰飞虱成虫、若虫盛发传毒期。轻病田于麦收前 5~7 天套播，尽量缩短小麦和玉米的共生期，避开越冬成虫发生高峰期。

（3）加强田间管理。路边田间杂草不仅是翌年农田杂草的种源基地，也是玉米粗缩病传毒介体灰飞虱的越冬越夏寄主。小麦收获后，应及早深耕灭茬，铲除田间杂草消灭毒源。另外，促苗早发、及时间苗、定苗，发现病株及时拔除，带出田外埋掉，减少毒源。合理施肥、浇水，加强田间管理，促进玉米生长，缩短感病期，减少传毒机会。

（4）药物防治。麦收后，每亩田块选用 25% 噻嗪酮 30~40g 加 10% 吡虫啉可湿性粉剂加水喷洒收割后的麦田及沟边、地头。可在玉米七叶期前使用2.5% 吡虫啉 1 000 倍液及 10% 病毒王可湿性粉剂 600 倍混合液喷雾防治，间隔 6~7 天喷 1 次，连喷 2~3 次，可起到很好的防治效果。

八、玉米纹枯病

【病原】玉米纹枯病是由立枯丝核菌、玉蜀黍丝核菌和禾谷丝核菌 3 种土壤习居菌侵染引起的土传病害，其中立枯丝核菌是我国引起玉米纹枯病的主要病原菌。

【症状特点】玉米纹枯病从苗期至生长后期均会发病，但主要发生在抽雄期至灌浆期，主要侵害叶鞘，其次是叶片、果穗、苞叶及茎秆。最初多由近地面的 1~3 节叶鞘发病，后侵染叶片并向上蔓延。在叶片和叶鞘上形成典型的呈暗绿色水浸状的同心形、椭圆形或不规则形病斑，中间灰色，边缘浅褐色，然后病斑扩大或多个病斑汇合成云纹状斑块，包围整个叶鞘直至使叶鞘腐败，并引起叶枯。病斑向上扩展至果穗，苞叶上同样产生灰褐色云纹状病斑，果穗干缩，内部籽粒、穗轴均变褐色腐烂。发病严重时，能侵入坚实的茎秆，茎秆被害，病斑褐色，不规则，后期茎秆质地松软，组织解体，露出纤维束，易倒伏。病害发展后期，环境高温多雨时，病斑上长出稠密白色菌丝体，病部组织内或叶鞘与茎秆间常产生褐色不规则颗粒状菌核，成熟的菌核多为扁圆型，大小不等，一般似萝卜种子大小；菌核在 29~33℃ 时形成最多，极易脱离寄主，遗落田间。

【发病规律】 病原以遗落田间的菌核在土壤中和以菌丝、菌核在病残株上越冬。翌年或下季，温湿度适宜的条件下，菌核萌发产生菌丝或以病株上存活的菌丝接触寄主茎基部表面引起发病。发病后，菌丝又从病斑处伸出，很快向上和左右邻株蔓延，形成第二次和多次再侵染病斑。病株上的菌核落在土壤中，成为二次侵染源。形成病斑后，病原气生菌丝伸长，向上部叶鞘发展，病原常透过叶鞘而为害茎秆，形成下陷的黑色斑块。湿度大时，病斑上亦可长出担孢子，担孢子借风力传播造成再次侵染。也可以侵害与病部接触的其他植株。

纹枯病的流行还与气候、品种、种植密度、肥水条件、耕作制度和地势等因素有关，其中气候因素对纹枯病的发展有重要影响。玉米纹枯病发生的最低温度为13～15℃，最适温度为20～26℃，最高温度为29～30℃。病害发生期内，多雨高湿，病情发展快，少雨低湿则明显抑制病害发展。高肥水条件下，特别是偏施氮肥的地块，玉米生长旺盛，加之种植密度过大，增加了田间湿度，株间通风透光不良，容易诱发病害。地势低洼，排水不良的田块发病重。不同玉米品种（系）间对纹枯病的抗性有一定差异，一般生育期长的品种比生育期短的品种纹枯病发生重。连作重茬田纹枯病发生重，与非寄主作物轮作发病轻。

【防治措施】

（1）选用抗病品种。选择抗病品种，是玉米纹枯病防治最经济有效的措施。不同类型和品种间纹枯病抗性差异较大，通常生长期长的中晚熟品种，由于病菌侵染机率和周期相应长，往往病害发生也较重。

（2）改善耕作栽培环境，实行合理轮作。玉米收获后，清除遗留田间的病残体，并进行深翻土地，将带有菌核和病残株的表土层翻压在下面，消灭越冬菌源，以减少次年初侵染源。优化种植结构，有计划地实行轮作倒茬，避免重茬、迎茬种植，有条件地区可以采用和花生、大豆等矮秆作物间作套种或宽窄行栽培方式，以改善田间通风、透光条件，促进玉米健壮生长。搞好田间灌排系统的建设，做到旱时能灌，涝时能排。对地势低洼的田块，搞好清沟排水工作，降低田间湿度。施足底肥，特别是要增施农家肥，优化配方施肥，避免偏施氮肥，适当增施钾肥，适期适量合理追肥，保证玉米全生育期的营养供应。

（3）药剂防治。玉米属高秆作物，药械防治操作困难，因此要及时尽早防治。使用化学药剂重点防治玉米基部，保护叶鞘。现阶段在农业生产上普遍应用的农药有井冈霉素、硫菌灵、核净、多菌灵、代森锌等，而以井冈霉素的防治效果为最好。井冈霉素在玉米不同生育期和病害不同严重程度下施药均有一定的防治效果，但其防治效果不同，防治该病的适期应掌握在病害进入盛发期前，受害叶鞘位较低（不超过第八叶叶鞘）时。

九、玉米茎腐病

【病原】玉米茎腐病又称玉米茎基腐病、玉米青枯病，是典型的土传病害。根据致病原菌的种类又可分为真菌性玉米茎腐病和细菌性玉米茎腐病。真菌性玉米茎腐病主要致病原菌为镰孢属的禾谷镰孢菌、串珠镰孢菌、半裸镰孢菌、尖孢镰孢菌等，细菌性玉米茎腐病致病菌原主要为腐霉属的肿囊腐霉菌、禾生腐霉菌、瓜果腐霉菌等。

【症状特点】玉米茎腐病一般从灌浆期开始发病，乳熟后期至蜡熟期为发病高峰期。真菌性茎腐病常造成玉米植株突然成片萎蔫死亡，从始见病叶到全株显症一般经历一周左右，历期短的仅需 1~3 天，长的可持续 15 天以上，因枯死植株呈青灰色或黄枯色，故又称青枯病。病菌自根系侵入，在植株体内蔓延扩展，病茎地上部第 1、第 2 节间有纵向扩展的褐色不规则病斑，剖茎检查，内部组织腐解，维管束游离呈丝状，茎秆变软，一掐即瘪，易折倒。果穗下垂，苞叶青干，呈松散状，穗柄柔韧，不易掰离，穗轴柔软，籽粒干瘪，脱粒困难。

【发病规律】玉米茎腐病的发生和流行与品种、生长环境、气候因素等有密切关系。早熟品种比中晚熟品种发病重，在相同条件下，春播玉米发病重于夏播玉米，而且春玉米播期越早发病越重。如果灌浆至乳熟期连续阴雨，光照不足，茎基部叶鞘间雨后积水湿度大，容易发病。高温多雨年份，尤其在玉米灌浆期到蜡熟期，若暴雨后突然转晴，土壤湿度大，气温剧升，往往会导致青枯病大流行。一般水田玉米重于旱地玉米，低洼地玉米重于坡地玉米，连作地玉米重于轮作地玉米。另外，玉米青枯病的发生还与栽培管理措施有一定的关系，增施钾肥能提高其抗病能力，特别是氮、磷、钾肥配合施用发病最轻；种植密度大发病加重，产量降低。

【防治措施】

（1）针对当地生产实际，选用抗病品种。

（2）药剂拌种。真菌性茎腐病高发区可采用种子进行包衣处理或进行药剂拌种，播种前用 25% 三唑酮拌种，或播种时，每亩用硫酸锌 1.5~2.0kg 做种肥，能够有效降低植株发病率，提高植株抗病性。用井冈霉素或农用链霉素拌种可有效防治玉米细菌性茎腐病。

（3）农业防治。①发病初期及时摘除病叶，拔除重病折倒植株并深埋处理。茎基部发病时可及时将四周的土扒开，降低湿度，减少侵染源，待发病盛期过后再培好土。②推广配方施肥技术，氮、磷、钾合理配合使用，避免偏施氮肥，适当增施有机肥，提高植株抗病能力。③加强玉米生长后期中耕和除草工作，雨后及时排除田间积水，增强根系吸收能力和通透性。④合理密植，保持玉米田良好的通风透光性和正常长势。⑤玉米秸秆还田后，深翻土壤，减少侵染源。发病严重地区，应避免在收获时将秸秆粉碎还田。

（4）药剂防治。真菌性茎腐病可在玉米生长中后期发现零星病株时，可选用甲霜灵 400 倍液或 50%多菌灵 500 倍液灌根，每株灌药液 500mL。也可用 65%代森锰锌 1 000 倍液或 50%多菌灵、70%甲基硫菌灵 500 倍液，每隔 7~10 天喷 1 次，连喷 2~3 次。细菌性茎腐病可在玉米喇叭口期喷洒 25%叶枯灵可湿性粉剂+60%瑞毒铜或 58%甲霜灵锰锌可湿性粉剂 600 倍液有预防效果；或于发病初期剥开叶鞘，用熟石灰 1kg，对水 5~10kg 涂刷在病部；发病后马上用 5%菌毒清水剂 600 倍液或农用链霉素 4 000~5 000 倍液喷雾，防效较好。另外，在玉米生育期内，及时用 50%辛硫磷乳油 1 500 倍液喷雾防治玉米螟、棉铃虫等害虫，以减少伤口，可减轻细菌性茎腐病的发生。

十、玉米锈病

【病原】玉米锈病是一种通过气流传播的真菌病害，其病原菌有 4 种：①玉米柄锈菌，属于担子菌亚门冬孢菌纲锈菌目，引起普通型锈病。②多堆柄锈菌，引起南方型锈病。③玉米壳锈菌，引起热带型锈病。④禾柄锈菌，引起秆锈病。其中，玉米柄锈菌和多堆柄锈菌是引起我国玉米锈病的主要病原菌。

玉米柄锈菌。夏孢子近球形或椭圆形，呈淡褐色至金黄褐色，壁薄，表面布满短且稠密的细刺，柄柱状，顶端稍宽，向下则缓慢地狭窄，无色，着生在夏孢子柄的顶端，易分离。夏孢子后期外壁明显加厚，深褐色，有 3~4 个芽孔，分布不均。冬孢子黑褐色到黑色，呈敞开状，椭圆形至棍棒形，着生在冬孢子柄顶端或歪生，具长柄，通常冬孢子柄的顶端粗，向下逐渐均匀地削细，多为双胞，端圆，分隔处稍缢缩，柄浅褐色，柄与孢子等长或略长。玉米柄锈菌引起普通型锈病。单细胞的冬孢子多为长椭圆形或豆形，顶端略增厚，弧圆形或加厚的圆锥形。冬孢子与冬孢子柄结合稳固，不脱落。

多堆柄锈菌。夏孢子单胞，大多为椭圆形或卵形，少数近圆形，表面具微刺，淡黄色至金黄色，上有细凸起，有 4 个发芽孔。冬孢子堆黑褐色到黑色，近椭圆形，前端截成钝圆或渐尖，基部钝圆或渐狭，表面光滑，柄无色或淡色，有时歪生不脱落，其长度显著地短于孢子本身。冬孢子常散生在夏孢子堆周围，而且被植物表皮所覆盖的时间较长，所以多呈密闭而非敞开状。

【症状特点】 玉米锈病是通过气流传播大区域发生和流行的真菌病害。主要侵害玉米叶片，严重时叶鞘、苞叶和雄花也可受害。发病初期在叶片基部或上部主脉及两侧出现淡黄色长形、针尖般大小的小疱斑，叶面和叶背均可发生，这些病斑是病原菌未成熟的夏孢子堆，随着病菌的发育和成熟，疱斑扩展为圆形至长圆形，明显隆起，颜色加深至黄褐色，终致表皮破裂散出铁锈色粉状物，即病原菌夏孢子。夏孢子散生于叶片的两面，以叶面居多。玉米生长的后期，在叶片的背面，尤其是在靠近叶鞘或中脉及其附近，形成细小的黑色疱斑，此为病原菌有性态的冬孢子堆，疱斑破裂散出黑褐色粉状物，即病原菌冬孢子。但在南方温暖地区，如广东、海南、云南元江县等，病菌冬孢子堆不一定产生。玉米锈病发生严重时叶片上密布孢子堆，甚至多个孢子堆汇合连片，影响叶片的光合作用，造成叶片干枯，植株早衰，灌浆不足，籽粒秕瘦，导致玉米产量减产或籽粒失去商品价值。严重时造成叶片从受害部位折断，全秆干枯，致使果穗营养不良，出现小穗秕粒甚至不结实，锈病严重地块可减产20%～30%。

【发病规律】 一般田间叶片染病后，病部产生的夏孢子可借气流传播，进行世代重复侵染及蔓延扩展。在海南、广东、广西、云南等中国南方湿热地区，病原锈菌以夏孢子借气流传播侵染致病。由于冬季气温较高，夏孢子可以在当地越冬，并成为当地第二年的初侵染菌源。但在甘肃、陕西、河北、山东等中国北方省份，病原锈菌则以冬孢子越冬，冬孢子萌发产生的担孢子成为初侵染接种体，借气流传播侵染致病。发病后，病部产生的夏孢子作为再侵染接种体，除本地菌源外，北方玉米锈病的初侵染菌源还可以是来自南方通过高空远距离传播的夏孢子。玉米锈病在中国各地的发病时期不尽一致。在河南省，一般7月底开始发病，8月中旬大面积发生。

玉米锈病的发生与流行程度与种植品种、气候条件、栽培管理措施有着密切的关系。不同玉米品种对锈病的抗性有明显差异，通常早熟品种易发病，甜质型玉米的抗病性也较差，而马齿型品种则较抗病。此外，玉米叶色及叶片的多寡与玉米锈病的发病轻重也有关系，一般叶色黄、叶片少的品种发病重。除种植品种以外，温度和湿度条件是影响发病最重要的环境因素。玉米普通型锈病以温暖高湿天气适于发病，在气温16～23℃，相对湿度

100%时发病重，夏孢子在 13～16℃时萌发最好。另外，空气湿度对发病影响也很大，一般多雾天气利于孢子的存活、萌发、传播和侵染。氮肥多、密度大、郁闭重的地块玉米锈病加重发生。玉米南方型锈病则在高温高湿的环境加重发病，以 27℃最适发病，夏孢子以 24～28℃萌发最好，从孢子发芽侵入到产生新的夏孢子需经 7～10 天。

【防治措施】由于玉米锈病是一种气流传播的大区域发生和流行的病害，防治上必须采取以种植抗病品种为主、以农业防治和化学防治为辅的综合防治措施。

（1）针对当地生产实际，选用抗病品种种植。

（2）科学种植，合理轮作。可与非禾本科作物如花生、大豆、棉花进行轮作，以减少土壤中的含菌量。

（3）加强田间管理。科学管理，合理密植，适当早播，配方施肥，实施健身栽培，提高作物自身抵抗力，是减轻病害的重要环节。

（4）种子包衣。对玉米种子进行包衣，可用 25%三唑酮可湿性粉剂 60g 或 2%立克锈可湿性粉剂 50g，分别拌 50kg 种子。方法是：先用少许清水把药剂调成糊状，再与种子拌匀，随拌随用。

（5）药剂防治。玉米锈病的药剂防治关键是掌握防治时期，在感病品种面积大且阴雨连绵的情况下，要密切注意观察病害发生情况，做到早防早治，力求在零星病叶期及时防治，以达事半功倍的效果。在玉米锈病发病初期常用的化学药剂有 40%多硫悬浮剂 600 倍液，间隔 10 天喷 1 次，连续 2～3 次。在气温较高的季节，应早、晚施药，避开高温。25%三唑酮可湿性粉剂 1 500～2 000 倍液，间隔 10 天喷 1 次，连续 2～3 次。25%敌力脱乳油 3 000～4 000 倍液，间隔 10 天喷 1 次，连续 2～3 次，施药时应均匀、周到。12.5%烯唑醇可湿性粉剂 4 000～5 000 倍液，间隔 10 天喷 1 次，连续 2～3 次。以上这些药物，可根据实际混合使用，以提高防治效果。防治次数视防治效果而定。若喷后 24h 内遇雨，应当在雨后补喷。在孢子高峰期用药，可抑制孢子萌发，遏止病害蔓延势头，降低损失。可用 97%敌锈钠原液 250～300 倍液均匀喷雾，间隔 7～10 天，连喷 2～3 次。

十一、玉米矮花叶病毒病

【病原】玉米矮花叶病毒，属马铃薯 Y 病毒组。病毒粒体线状，大小750nm×（12～15）nm，在电镜下观察病组织切片有风轮状内含体。体外保毒期为 24h，致死温度 55～60℃，稀释限点 1 000～2 000 倍。病株组织里的病毒在超低温冰箱保存 5 年后仍具侵染能力。

【症状特点】1966 年在河南省辉县首次发现,玉米整个生育期均可感染。幼苗染病心叶基部细胞间出现椭圆形褪绿小斑点,断续排列成条点花叶状,并发展成黄绿相间的条纹症状,后期病叶叶尖的叶缘变红紫而干枯。发病重的叶片发黄,变脆,易折。病叶鞘、病果穗的苞叶也能出现花叶状。发病早的,病株矮化明显。

【发病规律】该病毒主要在雀麦、牛鞭草等寄主上越冬,是该病重要初侵染源,带毒种子发芽出苗后也可成为发病中心。传毒主要靠蚜虫的扩散而传播。传毒蚜虫有玉米蚜、桃蚜、棉蚜、禾谷缢管蚜、麦二叉蚜、麦长管蚜等 23 种蚜虫,均以非持久性方式传毒,其中玉米蚜是主要传毒蚜虫,吸毒后即传毒,但丧失活力也较快;病汁液摩擦也可传毒;染病的玉米种子也有一定传毒率,一般在 0.05%左右。除侵染玉米外,还可侵染马唐、虎尾草、白茅、画眉草、狗尾草、稗、雀麦、牛鞭草、苏丹草等。病毒通过蚜虫侵入玉米植株后,潜育期随气温升高而缩短。该病发生程度与蚜量关系密切。生产上有大面积种植的感病玉米品种和对蚜虫活动有利的气候条件,即天气凉爽、降雨不多时,蚜虫迁飞到玉米田吸食传毒,大量繁殖后辗转为害,易造成该病流行。近年我国玉米矮花叶病毒病北移大面积发生。一是主推玉米品种和骨干自交系不抗病,自然界毒源量大,气候适于介体繁殖、迁飞等;二是种子带毒率高,初侵染源基数大。种子带毒率增高,使田间初侵染源基数增大,在抗病品种尚缺乏情况下,遇玉米苗期气候适宜,介体蚜虫大量繁殖,病毒病即迅速传播。

【防治方法】

(1)因地制宜,合理选用抗病品种。

(2)在田间尽早识别并拔除病株,是防治该病关键措施之一。

(3)适期播种和及时中耕锄草,可减少传毒寄主,减轻发病。

(4)在传毒蚜虫迁入玉米田的始期和盛期,及时喷洒 50%氧化乐果乳油 800 倍液、50%抗蚜威可湿性粉剂 3 000 倍液或 10%吡虫啉可湿性粉剂 2 000 倍液。

十二、玉米圆斑病

【病原】玉米圆斑病病原为炭色长蠕孢,属半知菌亚门真菌。分生孢子梗暗褐色,顶端色浅,单生或 2~6 根丛生,正直或有膝状弯曲,两端钝圆,基部细胞膨大,有隔膜 3~5 个,大小为 (64.4~99) μm×(7.3~9.9) μm。

分生孢子深橄榄色，长椭圆形，中央宽，两端渐窄，孢壁较厚，顶细胞和基细胞钝圆形，多数正直，脐点小，不明显，具隔膜4~10个，多为5~7个，大小为（33~105）μm×（12~17）μm。该菌有小种分化。

【症状特点】 圆斑病为害玉米果穗、苞叶、叶片和叶鞘。果穗染病从果穗尖端向下侵染，果穗籽粒呈煤污状，籽粒表面和籽粒间长有黑色霉层，即病原菌的分生孢子梗和分生孢子。病粒呈干腐状，用手捻动籽粒即成粉状。苞叶染病现不整形纹枯斑，有的斑深褐色，一般不形成黑色霉层，病菌从苞叶伸至果穗内部，为害籽粒和穗轴。叶片染病初生水浸状浅绿色至黄白色小斑点，散生，后扩展为圆形至卵圆形轮纹斑。病斑中部浅褐色，边缘褐色，外围生黄绿色晕圈，大小为（5~15）mm×（3~5）mm。有时形成长条状线形斑，病斑表面也生黑色霉层。叶鞘染病时初生褐色斑点，后扩大为不规则形大斑，也具同心轮纹，表面产生黑色霉层。

【发病规律】 该病传播途径与大小斑病相似。由于穗部发病重，病菌可在果穗上潜伏越冬。翌年带菌种子的传病作用很大，有些染病的种子不能发芽而腐烂在土壤中，引起幼苗发病或枯死。此外遗落在田间或秸秆垛上残留的病株残体，也可成为翌年的初侵染源。条件适宜时，越冬病菌孢子传播到玉米植株上，经1~2天潜育萌发侵入。病斑上又产生分生孢子，借风雨传播，引起叶斑或穗腐，进行多次再侵染。玉米吐丝至灌浆期，是该病侵入的关键时期。

【防治方法】

（1）根据当地实际，选用适合抗病品种。

（2）严禁从病区调种，在玉米出苗前彻底处理病残体，减少初侵染源。

（3）药剂拌种。对感病品种可在播种前用种子质量0.3%的15%三唑酮可湿性粉剂拌种。

（4）药剂防治。在玉米吐丝盛期，即50%~80%果穗已吐丝时，向果穗上喷洒25%三唑酮可湿性粉剂500~600倍液或50%多菌灵、70%代森锰锌可湿性粉剂400~500倍液，间隔7~10天1次，连续防治2次。

十三、玉米干腐病

【病原】 病原为玉米狭壳柱孢、大孢狭壳柱孢和干腐色二孢，均属半知菌亚门真菌。玉米狭壳柱孢菌分生孢子器直径150~300μm，产孢细胞大小为（10~20）μm×（2~3）μm；分生孢子隔膜0~2个，大小为（15~34）μm×（5~8）μm。大孢狭壳柱孢菌分生孢子器直径200~300μm，产孢细胞大小为（8~15）μm×（3~4）μm；分生孢子0~3个分隔，大小为（44~82）μm×

(7.5~11.5) μm，着生于玉米茎秆、种子及叶片上。干腐色二孢子囊壳黑褐色，子囊孢子 8 个排成双行，椭圆形，无色单胞，大小为（20~23）μm×（6~9）μm。

【症状特点】该病是玉米重要病害之一，玉米地上部均可发病，但茎秆和果穗受害重。茎秆、叶鞘染病多在近基部的 4~5 节或近果穗的茎秆产生褐色或紫褐色至黑色大型病斑，后变为灰白色。叶鞘和茎秆之间常存有白色菌丝，严重时茎秆折断，病部长出很多小黑点，即病原菌的分生孢子器。叶片染病多在叶片背面形成长条斑，长 5cm，宽 1~2cm，一般不生小黑点。果穗染病多表现早熟、僵化变轻。剥开苞叶可见果穗下部或全穗籽粒皱缩，苞叶和果穗间、粒行间常生有紧密的灰白色菌丝体。病果穗变轻易折断。严重的籽粒基部或全粒均有少量白色菌丝体，散生很多小黑点。纵剖穗轴，穗轴内侧、护颖上也有小黑粒点，这些是识别该病的重要特征。

【发病规律】病菌以菌丝体和分生孢子器在病残组织和种子上越冬。翌春遇雨水，分生孢子器吸水膨胀，释放出大量分生孢子，借气流传播蔓延。玉米生长前期遇有高温干旱，气温 28~30℃，雌穗吐丝后半个月内遇多雨天气极有利于发病。

【防治方法】

（1）列入检疫对象的地区及无病区要加强检疫，防止该病传入。病区要建立无病留种田，供应无病种子。重病区应实行大面积轮作，不连作。

（2）收获后及时清洁田园，以减少菌源。

（3）药剂拌种。播前用 200 倍液福尔马林浸种 1h 或用 50%多菌灵或 50%甲基硫菌灵可湿性粉剂 100 倍液浸种 24h 后，用清水冲洗晾干后播种。

（4）药剂防治。抽穗期发病初喷洒 50%多菌灵或 50%甲基硫菌灵可湿性粉剂 1 000 倍液或 25%苯菌灵乳油 800 倍液，重点喷果穗和下部茎叶，间隔 7~10 天，防治 1~2 次。

十四、玉米全蚀病

【病原】病原为禾顶囊壳玉米变种和禾顶囊壳菌水稻变种在玉米上的一个生理小种，均属子囊菌亚门真菌。病组织在 PDA 培养基上，生出灰白色绒毛状纤细菌丝，沿基底生长，后渐变成灰褐色至灰黑色。经诱发可产生简单的附着枝，一种似菌丝状，无色透明；另一种为扁球形，似球拍状，有柄，浅褐色，表面略具皱纹。苗期接种对玉米致病力最强；也能侵染高粱、谷子、小麦、大麦、水稻等，不侵染大豆和花生。该菌在 5~30℃均能生长，最适温为 25℃，最适 pH 值为 6。

【症状特点】 该病是玉米根部土传病害。苗期染病地上部症状不明显，间苗时可见种子根上出现长椭圆形栗褐色病斑，抽穗灌浆期地上部开始显症，叶尖、叶缘变黄，逐渐向叶基和中脉扩展，之后叶片自下而上变为黄褐色枯死。严重时茎秆松软，根系呈栗褐色腐烂，须根和根毛明显减少，易折断倒伏。7—8 月土壤湿度大，根系易腐烂，病株早衰二十多天，影响灌浆，千粒重下降，严重威胁玉米生产。收获后菌丝在根组织内继续扩展，致根皮变黑发亮，并向根基延伸，呈黑脚或黑膏药状，剥开茎基，表皮内侧有小黑点，即病菌子囊壳。

【发病规律】 该菌是较严格的土壤寄居菌，只能在病根茬组织内于土壤中越冬。染病根茬上的病菌在土壤中至少可存活 3 年，罹病根茬是主要初侵染源。病菌从苗期种子根系侵入，后病菌向次生根蔓延，致根皮变色坏死或腐烂，为害整个生育期。该菌在根系上活动受土壤湿度影响，5—6 月病菌扩展不快，7—8 月气温升高，雨量增加，病情迅速扩展。沙壤土发病重于壤土，洼地重于平地，平地重于坡地。施用有机肥多的发病轻。品种间感病程度差异明显。

【防治方法】 主要靠综合防治。

（1）根据当地实际，选用适合的抗病品种。

（2）提倡施用酵素菌沤制的堆肥或增施有机肥，改良土壤。每亩施入充分腐熟有机肥 2 500kg，并合理追施氮、磷、钾速效肥。

（3）收获后及时翻耕灭茬，发病地区或田块的根茬要及时烧毁，减少菌源。

（4）与豆类、薯类、棉花、花生等非禾本科作物实行大面积轮作。

（5）适期播种，提高播种质量。

（6）药剂防治。穴施 3% 三唑酮复方颗粒剂，每亩 1.5kg。此外可用含多菌灵、克百威的玉米种衣剂按 1：50 进行包衣，对该病也有一定防效，且对幼苗有刺激生长作用。

第二节　虫害

一、玉米螟

属鳞翅目螟蛾科，俗称玉米钻心虫。主要分布于亚洲。我国除青藏高原玉米区未见报道外，广布于全国各玉米种植区。河南省主要为亚洲玉米螟。

【形态特征】成虫体长 10~13mm，翅展 24~35mm，虫体黄褐色。雌蛾前翅鲜黄色，翅基 2/3 部位有棕色条纹及一条褐色波纹，外侧有黄色锯齿状线，向外有黄色锯齿状斑，再外有黄褐色斑。雄蛾略小，翅色稍深；头、胸、前翅黄褐色，胸部背面淡黄褐色；前翅内横线暗褐色，波纹状，内侧黄褐色，基部褐色；外横线暗褐色，锯齿状，外侧黄褐色，再向外有褐色带与外缘平行；内横线与外横线之间褐色；缘毛内侧褐色，外侧白色；后翅淡褐色，中央有一条浅色宽带，近外缘有黄褐色带，缘毛内半淡褐色，外半白色。卵长约 1mm，扁椭圆形，鱼鳞状排列成卵块，初产乳白色，半透明，后转黄色，表具网纹，有光泽。

幼虫体长约 25mm，头和前胸背板深褐色，体背为淡灰褐色、淡红色或黄色等，第 1~8 腹节各节有 2 列毛瘤，前列 4 个，以中间 2 个较大，圆形，后列 2 个。蛹长 14~15mm，黄褐色至红褐色，1~7 腹节腹面具刺毛两列，臀棘显著，黑褐色。

【为害特点】玉米心叶期幼虫取食叶肉或蛀食未展开的心叶，造成"花叶"，抽穗后钻蛀茎秆，致雌穗发育受阻而减产，蛀孔处易倒折。穗期蛀食雌穗、嫩粒，造成籽粒缺损霉烂，品质下降。

【生活习性】年发生 1~6 代，以末代老熟幼虫在作物或野生植物茎秆或穗轴内越冬。翌春即在茎秆内化蛹。成虫羽化后，白天隐藏在作物及杂草间，傍晚飞行，飞翔力强，有趋光性，夜间交配，交配后 1~2 天产卵，雌蛾喜在将抽雄蕊的植株上产卵，产在叶背中脉两侧，少数产在茎秆上。平均每雌产卵 400 粒左右，每卵块 20~50 粒不等。幼虫孵化后先群集于玉米心叶喇叭口处或嫩叶上取食，被害叶长大时显示出成排小孔。玉米抽雄授粉时，幼虫为害雄花、雌穗并从叶片茎部蛀入，造成风折、早枯、缺粒、瘦秕等现象。

【防治方法】

（1）进行预测预报。

（2）农业防治。进行整个农田生态系多因素的综合协调管理。即作物、害虫与环境因素调控。农业防治具体方法有：①选用抗虫品种。②处理越冬寄主，压低虫源基数。即在越冬代化蛹前，把主要越冬寄主作物的秸秆处理完毕。如沤肥、用作饲料、燃料等，可消灭虫源，减轻一代螟虫为害。③因地制宜进行耕作改制。夏玉米 3 代发生区，尽可能减少春播玉米、高粱、谷子等播种面积，就能有效地减轻夏玉米受害。④设置早播诱虫田或诱虫带。

利用玉米螟成虫喜欢选择高大茂密玉米田产卵习性，有目的、有计划地种植早播玉米或谷子，诱集玉米螟成虫产卵，然后集中防治，可得到事半功倍之效。⑤在玉米螟为害严重的地区，于玉米打苞抽雄期，玉米螟多集中在尚未抽出的雄穗上为害，这时隔行人工去除 2/3 的雄穗，带出田外烧毁或深埋，可消灭 70%幼虫。

（3）物理防治。提倡利用害虫对环境条件中各种物理因素的行为和生理反应杀灭害虫。大面积推广灯光诱杀、辐射不育等，简便易行，效果好。①安装 200W 或 400W 高压汞灯，每盏灯有效防治面积 200～300 亩。②设置捕虫水池，修建直径 1.2m、高 0.12m 水池，水池下留一小放水孔，诱杀成虫。

（4）生物防治。主要有两种：一种是综合运用各种方法保护利用自然天敌；另一种是人工繁殖天敌。常用种类有赤眼蜂、螟虫长距茧蜂、玉米螟厉寄蝇、微孢子虫、白僵菌等。①释放赤眼蜂。放蜂时间根据预测预报确定玉米螟发生期，掌握在玉米螟产卵期放蜂。放蜂量和次数根据螟蛾卵量确定。一般每亩释放 1 万～2 万头，分 2 次释放。放蜂前要注意检查蜂的发育进度，掌握在蜂蛹后期，个别出蜂时释放，把蜂卡挂到田间一天后即见大量出蜂，雨季要抢晴放蜂，做到大面积连片放蜂，可提高防治效果。②释放螟虫长距茧蜂。每亩放蜂 700 头，寄生率 98%，防效明显。③利用白僵菌治螟。白僵菌可寄生玉米螟幼虫和蛹。在早春越冬幼虫开始复苏化蛹前，对残存的秸秆，逐垛喷撒白僵菌粉封垛。也可用每克含量 80 亿～100 亿孢子的白僵菌粉+滑石粉或草木灰按 1∶5 充分混匀，每亩 1～2kg 用机动喷粉器或手摇喷粉器喷粉，防效 80%～90%。④用 Bt 颗粒剂治螟。又称苏云金杆菌颗粒剂。于玉米心叶末期前撒入心叶里，每亩用 700g，防效可达 90%以上。生产上中午阳光太强时不宜施药；养蚕地区要注意防止蚕中毒。

（5）玉米螟性信息素防治一代玉米螟。当越冬代玉米螟化蛹率 50%，羽化率 10%左右时开始，直到当代成虫发生末期的 1 个月时间内，在长势好的麦田或菜地，每亩安放 1 个诱盆，作 1 个铁丝框，盖上塑料膜即可，用 3 根木杆或竹竿架起，使盆比作物高 10～20cm，把性诱芯挂在盆中间，盆中加水至 2/3 处，添加洗衣粉少量。

（6）药剂防治。在大发生时，是重要应急措施，把其消灭在造成为害以前。①在玉米心叶期，一、二代初孵幼虫分别在春、夏玉米心叶内取食为害时，施用颗粒剂。目前常用的有 1%辛硫磷颗粒剂、3%广灭丹颗粒剂，用量每亩 1～2kg，使用时加 5 倍细土或细河沙混匀撒入喇叭口。也可选用 0.1%

或 0.15%氯氟氰菊酯颗粒剂，拌 10~15 倍煤渣颗粒，每株用量 1.5g，防效优异。此外也可用 50%辛硫磷按 1∶100 配成毒土，每株撒 2g，效果很好，但残效期短于颗粒剂。在玉米螟于雄穗打苞期为害用上述方法不能奏效时，可喷洒 40%速灭杀丁乳油 4 000 倍液或 2.5%敌杀死乳油 4 000 倍液，也可用上述药液灌心。②在玉米穗期，一代和部分二代发生区玉米螟发生期推迟至穗期时或者二代发生区的春玉米和三代区的夏玉米穗期发生严重的，可在玉米抽丝 60%的盛期，用上述颗粒剂撒在雌穗着生节的叶腋或其上两叶和下一叶的叶腋及穗顶花丝上，主要保护雌穗，用药量较心叶期可适当增加。

二、玉米蚜

属同翅目蚜科。俗名麦蚰、腻虫、蚁虫。分布在全国各地。

【形态特征】无翅孤雌蚜体长卵形，体长 1.8~2.2mm；活虫深绿色，披薄白粉，附肢黑色，复眼红褐色。腹部第 7 节毛片黑色，第 8 节具背中横带，体表有网纹。触角、喙、足、腹管、尾片黑色。触角 6 节，长度为体长的 1/3。喙粗短，不达中足基节，端节为基宽 1.7 倍。腹管长圆筒形，端部收缩，腹管具覆瓦状纹。尾片圆锥状，具毛 4~5 根。有翅孤雌蚜长卵形，体长 1.6~1.8mm，头、胸黑色发亮，腹部黄红色至深绿色。触角 6 节，比虫体短。腹部 2~4 节各具 1 对大型缘斑，第 6、第 7 节上有背中横带，第 8 节中带贯通全节。其他特征与无翅型相似。卵椭圆形。

【为害特点】成蚜、若蚜刺吸植物组织汁液，引致叶片变黄或发红，影响生长发育，严重时植株枯死。玉米蚜多群集在心叶，为害叶片时分泌蜜露，产生黑色霉状物。在紧凑型玉米上主要为害雄花和上层 1~5 叶，下部叶受害轻，刺吸玉米的汁液，致叶片变黄枯死，常使叶面生霉变黑，影响光合作用，传播病毒并造成减产。

【生活习性】在长江流域年发生 20 多代，冬季以成、若蚜在大麦心叶或以孤雌成、若蚜在禾本科植物上越冬。翌年 3—4 月开始活动为害，4—5 月麦子黄熟期产生大量有翅迁移蚜，迁往春玉米、高粱、水稻田繁殖为害。该蚜虫终生营孤雌生殖，虫口数量增加很快，华北地区 5—8 月时为害严重，高温干旱年份发生多。玉米蚜苗期开始为害，6 月中下旬玉米出苗后，有翅胎生雌蚜在玉米叶片背面为害、繁殖，虫口密度升高以后，逐渐向玉米上部蔓延，同时产生有翅胎生雌蚜向附近株上扩散，到玉米大喇叭口末期时蚜量迅速增加，扬花期蚜量猛增，在玉米上部叶片和雄花上群集为害，条件适宜时为害持续到 9 月中下旬玉米成熟前。植株衰老后，气温下降，蚜量减少，后产生有翅蚜飞至越冬寄主上准备越冬。一般 8—9 月玉米生长中后期，均温低于 28℃，适其繁殖，此时如遇干旱、旬降水量低于 20mm，易造成猖獗为害。天敌有异色瓢虫、七星瓢虫、龟纹瓢虫、食蚜蝇、草蛉和寄生蜂等。

【防治方法】

（1）采用麦棵套种玉米栽培法比麦后播种要提早 10~15 天，能避开蚜虫繁殖的盛期，可减轻为害。

（2）在预测预报基础上，根据蚜量、天敌单位占蚜量的百分比及气候条件，确定用药种类和时期。

（3）用玉米种子质量 0.1%的 10%吡虫啉可湿粉剂浸拌种，播后 25 天防治苗期蚜虫、蓟马、飞虱效果优异。

（4）玉米进入拔节期，发现中心蚜株可喷撒 0.5%乐果粉剂或 40%乐果乳油 1 500 倍液。当有蚜株率达 30%~40%，出现"起油株"（指蜜露）时应进行全田普治，每亩可用 40%乐果乳油 50g 对水 500L 稀释后喷在 20kg 细砂土上，边喷边拌，然后把拌匀的毒砂均匀撒施。也可喷洒 25%爱卡士或 50%辛硫磷乳油 1 000 倍液，每亩用药量 50g。

三、玉米叶夜蛾（甜菜夜蛾）

属鳞翅目夜蛾科。又名甜菜夜蛾、玉米小夜蛾。广布全国各地。

【形态特征】 成虫体长 8~10mm，翅展 19~25mm。灰褐色，头、胸有黑点。前翅灰褐色，基线仅前段可见双黑纹；内横线双线黑色，波浪形外斜；剑纹为一黑条；环纹粉黄色，黑边；肾纹粉黄色，中央褐色，黑边；中横线黑色，波浪形；外横线双线黑色，锯齿形，前、后端的线间白色；亚缘线白色，锯齿形，两侧有黑点；缘线为 1 列黑点，各点内侧均衬白色。后翅白色，翅脉及缘线黑褐色。卵圆球状，白色，成块产于叶面或叶背，8~100 粒不等，排成 1~3 层，外面覆有雌蛾脱落的白色绒毛，因此不能直接看到卵粒。末龄幼虫体长约 22mm，体色变化很大，有绿色、暗绿色、黄褐色、褐色至黑褐色，背线有或无，颜色亦各异。较明显的特征为：腹部气门下线为明显的黄白色纵带，有时带粉红色，此带直达腹部末端，不弯到臀足上，是区别于甘蓝夜蛾的重要特征，各节气门后上方具一明显白点。蛹长 10mm，黄褐色，中胸气门外突。

【为害特点】 幼虫食叶成缺刻或孔洞，严重的把叶片吃光，仅剩下叶柄、叶脉，对产量影响很大。

【生活习性】 北京、陕西年发生 4~5 代，山东 5 代，湖北 5~6 代，江西

6～7代，世代重叠。江苏、河南、山东以蛹在土内越冬，江西、湖南以蛹在土中、少数未老熟幼虫在杂草上及土缝中越冬，冬暖时仍见少量取食。在亚热带和热带地区可周年发生，无越冬休眠现象。该虫间歇性猖獗为害，不同年份发生情况差异较大，近年为害情况呈上升趋势。

【防治方法】

（1）秋末初冬耕翻甜菜地可消灭部分越冬蛹。春季3—4月除草，消灭杂草上的初龄幼虫。

（2）卵块多产在叶背，其上有松软绒毛覆盖，易于发现，且1、2龄幼虫集中在产卵叶或其附近叶片上，结合田间操作摘除卵块，捕杀低龄幼虫。

（3）于3龄幼虫前可喷洒90%晶体敌百虫1 000倍液、20%杀灭菊酯乳油2 000倍液、5%定虫隆乳油3 500倍液、20%灭幼脲1号胶悬剂1 000倍液、44%速凯乳油1 500倍液、2.5%保得乳油2 000倍液或50%辛硫磷乳油1 500倍液。

四、玉米田棉铃虫

属鳞翅目夜蛾科。别名玉米穗虫、棉桃虫、钻心虫、青虫、棉铃实夜蛾等。

【形态特征】成虫体长14～18mm，翅展30～38mm，灰褐色。前翅有褐色肾形纹及环状纹，肾形纹前方前缘脉上具褐纹2条，肾纹外侧具褐色宽横带，端区各脉间生有黑点。后翅淡褐至黄白色，端区黑色或深褐色。卵半球形，0.44～0.48mm，初乳白后黄白色，孵化前深紫色。幼虫体长30～42mm，体色因食物或环境不同变化很大，由淡绿、淡红至红褐或黑紫色。绿色型和红褐色型常见。绿色型，体绿色，背线和亚背线深绿色，气门线浅黄色，体表面布满褐色或灰色小刺。红褐色型，体红褐或淡红色，背线和亚背线淡褐色，气门线白色，毛瘤黑色。腹足趾钩为双序中带，两根前胸侧毛连线与前胸气门下端相切或相交。蛹长17～21mm，黄褐色，腹部第5至7节的背面和腹面具7～8排半圆形刻点，臀棘钩刺2根，尖端微弯。

【为害特点】近年在一些栽培改制、复种面积扩大的地区，棉铃虫为害玉米有加重趋势，玉米雌穗常受棉铃虫幼虫为害。造成受害果穗不结实，减产严重。

【生活习性】内蒙古、新疆年发生3代，华北4代，长江流域以南5～7代，以蛹在土中越冬，翌春气温达15℃以上时开始羽化。华北4月中下旬开始羽化，5月上中旬进入羽化盛期。1代卵见于4月下旬至5月底，1代成虫见于 6 月初至 7 月初，6 月中旬为盛期，7 月为 2 代幼虫为害盛期，7 月下旬进入 2 代成虫羽化和产卵盛期，4 代卵见于 8 月下旬至 9 月上旬，所孵幼虫于 10 月上中旬老熟入土化蛹越冬。成虫昼伏夜出，对黑光灯趋性强，萎蔫的杨柳枝对成虫有诱集作用，卵散产在嫩叶或果实上，每雌可产卵 100~200 粒，多的可达千余粒。产卵期历时 7~13 天，卵期 3~4 天，孵化后先食卵壳，脱皮后先吃皮，低龄虫食嫩叶，2 龄后蛀果，蛀孔较大，外具虫粪，有转移习性，幼虫期 15~22 天，共 6 龄。老熟后入土，于 3~9cm 处化蛹。蛹期 8~10 天。该虫喜温喜湿，成虫产卵适温 23℃ 以上，20℃ 以下很少产卵，幼虫发育以 25~28℃ 和相对湿度 75%~90% 最为适宜。北方湿度对其影响更为明显，月降水量高于 100mm，相对湿度 70% 以上为害严重。

【防治方法】

（1）加强预测预报工作。

（2）农业防治。采用上草环法，将稻草或麦秸浸湿，做成直径 1.5~2cm 的草环，在棉铃虫成虫产卵前及幼虫 3 龄前，把做好的草环用 40% 氧乐氰乳油与 50% 敌敌畏 1:1 配成 500 倍液浸透，然后将药环套在玉米雌穗顶端。

（3）药剂防治。在玉米雌穗苞叶和花丝部分喷施 30% 触倒乳油 1 000~1 500 倍液，也可用 25% 氧乐氰乳油 1 000 倍液喷雾防治。

五、玉米铁甲

属鞘翅目铁甲科。分布于广东、广西、贵州、云南。

【形态特征】 成虫体长 5~6mm，蓝黑色。复眼黑色，球形，头、胸、腹及足均为黄绿色，鞘翅蓝黑色。前胸背板及鞘翅上部均生有长刺，前胸背板前方生 4 根，两侧各 3 根；鞘翅上每边周缘有 21 根刺。卵长 1mm，椭圆形，光滑，浅黄色。幼虫长约 7.5mm，扁平，乳白色，腹部末端有一对尾刺，腹部 2~9 节两侧各有 1 个浅黄色瘤状凸起，背部各节具"一"字形横纹。蛹长 0.5mm，长椭圆形，白色至焦黄色。

【为害特点】 幼虫潜入叶内取食叶肉，仅剩上下两层表皮，叶片干枯死亡；成虫取食叶肉现白色纵条纹，严重时一张叶片上有虫数十头，造成全叶变白干枯，大发生时可导致颗粒无收。

【生活习性】 1 年发生 1 代，少数 2 代，以成虫在玉米田附近山坡、沟边杂草、宿根甘蔗及小麦叶片上越冬。翌春气温升至 16℃ 以上时，成虫开始活动，一般 4 月上中旬成虫进入盛发期，成群飞至玉米田为害，把卵产在嫩叶组织里，卵期 7~16 天，幼虫孵化后即在叶内咬食叶肉直至化蛹，幼虫期 16~23 天，5 月化蛹，蛹期 9~11 天，6 月成虫大量羽化，多飞向山边越夏，少数成虫在秋玉米田产卵繁殖。

【防治方法】

（1）人工捕杀成虫。可在成虫活动初期以及尚未产卵前，于上午 9：00 前进行人工捕杀。

（2）药剂防治。产卵盛期及幼虫初孵化时，每亩喷洒 90% 晶体敌百虫 800 倍液、50% 敌敌畏乳油 1 500 倍液或 50% 杀螟硫磷乳油 1 000 倍液。

六、玉米蛀茎夜蛾

属鳞翅目夜蛾科。别名大菖蒲夜蛾、玉米枯心夜蛾。分布于东北、华北等地。

【形态特征】成虫体长 17~20mm，翅展 34~40mm，头部褐色至黑褐，前翅黄褐色或暗褐色，肾形纹白色至灰黄色，环形纹不明显，褐色，前翅顶端具椭圆形浅色斑 1 个，前缘具褐色弧形纹多个，近顶端生灰黄色短斜纹 3 条。后翅灰色。卵长 0.7mm，黄白色，扁圆馒头形，卵块为不规则形条状。末龄幼虫体长 28~35mm，头部深棕色，前胸盾板黑褐色，胸足浅棕色，腹部背面灰黄色，腹面灰白色，毛片、臀板黑褐色，臀板后缘向上隆起，上面具向上弯的爪状凸起 5 个，中间 1 个大，是该虫主要特征。蛹长 17~23mm，背面 4~7 腹节前端具不规则刻点，腹部末端钝，两侧各具浅黄色钩刺 2 个。

【为害特点】幼虫从近土表的茎基部蛀入玉米苗，向上蛀食心叶茎髓，致心叶萎蔫或全株枯死，每只幼虫连续为害几棵玉米幼苗后老熟，入土化蛹。一般每株只有 1 头幼虫。

【生活习性】黑龙江年发生一代，以卵在杂草上越冬，翌年 5 月中旬孵化，6 月上旬为害玉米苗，幼虫无假死性，6 月下旬幼虫老熟后在 2~10cm 土层中化蛹，7 月下旬羽化为成虫，8 月上旬至 9 月上旬在鹅观草、碱草上产卵越冬。低洼地或靠近草荒地受害重。

【防治方法】

（1）注意及时铲除地边杂草，定苗前捕杀幼虫。

（2）发现玉米苗受害时，用 75% 辛硫磷乳油 0.5kg 加少量水，喷拌 120kg 细土，也可用 2.5% 溴氰菊酯配成 45~50mg/kg 的毒土或毒砂，每亩撒施拌匀的毒土或毒砂 20~25kg，顺垄撒在幼苗根际处，使其形成 6cm 宽的药带，杀虫效果好。

七、玉米蓟马

为害玉米的蓟马主要有玉米黄呆蓟马、禾蓟马、稻管蓟马。

玉米黄呆蓟马属缨翅目蓟马科，别名玉米蓟马、玉米黄蓟马、草蓟马；禾蓟马属缨翅目蓟马科；稻管蓟马属缨翅目管蓟马科。分布在我国华北、新疆、甘肃、宁夏、江苏、四川、西藏、台湾等地。

【形态特征】 玉米黄呆蓟马成虫有多型现象，分为长翅型、米长翅型和短翅型，其中长翅型最多。

长翅型雌成虫体长 1.0~1.2mm，黄色略暗，胸、腹背（端部数节除外）有暗黑区域。触角 8 节，第 1 节淡黄色，第 2 至 4 节黄色，逐渐加黑，第 5 至 8 节灰黑色。第 3、第 4 节具叉状感觉锥，第 6 节有淡的斜缝（亦称伪节）。头、前胸背无长鬃。前翅淡黄，前脉鬃间断，绝大多数有 2 根端鬃，少数 1 根，脉鬃弱小，缘缨长，具翅胸节明显宽于前胸。第 8 节腹背板后缘有完整的梳，腹端鬃较长而暗。半长翅型的前翅长达腹部第 5 节。短翅型的前翅短小，退化成三角形芽状，具翅胸几乎不宽于前胸。卵长 0.3mm 左右，宽 0.13mm 左右，肾形，乳白至乳黄色。初孵若虫小如针尖，头、胸占身体的比例较大，触角较粗短。2 龄后乳青或乳黄，有灰斑纹。触角末端数节灰色。体鬃很短，仅第 9、第 10 腹节鬃较长。每 9 腹节上有 4 根背鬃略呈节瘤状。前蛹（3 龄）头、胸、腹淡黄色，触角、翅芽及足淡白，复眼红色。触角分节不明显，略呈鞘囊状，向前伸。体鬃短而尖，第 8 腹节侧鬃较长。第 9 腹节背面有 4 根弯曲的齿。蛹（第 4 龄）触角鞘背于头上，向后至前胸。翅芽较长，接近羽化时带褐色。

【为害特点】 主要是成虫对植物造成严重为害，叶背面呈现断续的银白色条斑，伴随有小污点，叶正面与银白色相对的部分呈现黄色条斑。受害严重时叶背如涂一层银粉，端半部变黄枯干，甚至毁种。

【生活习性】 玉米黄呆蓟马年发生代数不详，成虫在禾本科杂草根基部和枯叶内越冬，是典型的食叶种类。春季 5 月中下旬从禾本科植物上迁向玉米，在玉米上繁殖 2 代，第一代若虫于 5 月下旬至 6 月初发生在春玉米或麦类作物上，6 月中旬进入成虫盛发期，6 月 20 日为卵高峰期，6 月下旬是若虫盛发期，7 月上旬成虫发生在夏玉米上，该虫为孤雌生殖。成虫有长翅型、半长翅型和短翅型之分，行动迟钝，不活泼，阴雨时很少活动，受惊后亦不愿迁飞。成虫取食处，就是它产卵的场所。卵产在叶片组织内，卵背鼓出于叶面。初孵若虫乳白色。以成虫和 1、2 龄若虫为害，若虫在取食后逐渐变为乳青或乳黄色。3、4 龄若虫停止取食，掉落在松土内或隐藏于植株基部叶鞘、枯叶内。6 月中旬主要是成虫猖獗为害期，6 月下旬、7 月初若虫数量增加。该虫有转换寄主为害的习性。干旱对其大发生有利，降雨对其发生和为害有直接的抑制作用。

【防治方法】

（1）邻近麦田的玉米田要加强水肥管理，发现干旱时，适时浇水施肥，可减轻受害。

（2）虫口密度大或有可能大发生的地块及时喷洒 10%吡虫啉可湿性粉剂、10%溴虫腈乳油 2 000 倍液、40%氧化乐果乳油 1 500 倍液或 25%咪鲜胺乳油 1 500~2 000 倍液。

八、玉米异跗萤叶甲

属鞘翅目叶甲科。俗名玉米旋心虫、黄米虫、钻心虫等，是与麦茎叶甲很类似的害虫。分布北起吉林，南抵台湾、海南、广东、广西，西面沿河北、山西西斜，到达四川、西藏的墨脱。

【形态特征】成虫体长 5mm 左右，头黑褐色，复眼发达黑色。触角 11 节，丝状，基部 4 节黄褐色，其他均为黑褐色。前胸暗黄褐色，前缘色较浓，上生小刻点，无黑色斑纹。鞘翅翠绿色，具光泽。足暗黄色，腹部褐色。全体密生褐色细毛。卵长约 0.8mm，椭圆形，表面光滑，黄色。末龄幼虫体长 12mm，体黄色，11 节，头褐色，每节体背具黑褐色斑点排列，中间的斑较大，两侧生 2 小斑，斑上有刚毛，尾部半椭圆形或扁平状，背面中部凹下，黄褐色，上生细毛。裸蛹长 6mm，黄色。

【为害特点】幼虫从靠近地面的茎部或地下茎基部钻入，造成幼苗枯萎或死亡。

【生活习性】山西年发生一代，以卵在土中越冬。翌年 6 月中下旬幼虫开始为害，玉米苗高 10cm 左右，7 月上中旬进入为害盛期，幼虫从近地面的茎部或地下茎基部钻入。虫孔褐色，受害重的幼苗即死亡，幼虫有转株为害习性，每天上午 9：00 至下午 17：00 进行转株为害，白天多在植株内为害，7 月中旬后幼虫不再转株，多在一株内为害，一般每株有虫 1~6 条，7 月中下旬幼虫老熟，在土中 1~2m 处作土茧化蛹。蛹期 4~7 天，7 月下旬成虫陆续羽化。成虫喜在田间野蓟上取食。

【防治方法】

（1）播种前用 25%西维因可湿性粉剂或 20%敌百虫粉剂 1~1.5kg，拌细土 20kg，搅拌均匀后，在幼虫为害初期顺垄撒在玉米根周围，杀死转移为害的幼虫。

（2）发现田间出现花叶和枯心苗后或发现幼虫为害时，浇灌 40%辛硫磷乳油 1 000～1 500 倍液。

（3）用 90%晶体敌百虫 1 000 倍液或 80%敌敌畏乳油 1 500 倍液喷雾防治。

九、灰飞虱

属同翅目，飞虱科。分布在中国各省，长江中下游和华北发生多。

【形态特征】长翅型雌虫体长 3.3～3.8mm，短翅型体长 2.4～2.6mm，浅黄褐色至灰褐色，头顶稍突出，长度略大于或等于两复眼之间的距离，额区具黑色纵沟 2 条，额侧脊呈弧形。前胸背板、触角浅黄色。小盾片中间黄白色至黄褐色，两侧各具半月形褐色条斑纹，中胸背板黑褐色，前翅较透明，中间有 1 个褐翅斑。卵初产时乳白色略透明，后期变浅黄色，香蕉形，双行排成块。末龄若虫体长 2.7mm，前翅芽较后翅芽长，若虫共 5 龄。

【为害特点】成、若虫刺吸寄主汁液，引起黄叶或枯死。是感染玉米粗缩病的最主要昆虫。

【生活习性】湖北、四川、江苏、浙江、上海年发生 5～6 代，福建 7～8 代，北方 4～5 代，在福建、广西、广东、云南冬季 3 种虫态均可见，其他地区多以 3、4 龄若虫在麦田、绿肥田、河边等处禾本科杂草上越冬。翌年早春旬均温高于 10℃越冬若虫羽化。发育适温 15～28℃，冬暖夏凉易发生。天敌有稻虱缨小蜂等。

【防治方法】

（1）选用抗虫抗病品种，加强田间栽培管理，壮苗。

（2）保持田间、水沟、地头清洁，没有杂草；于春季卵孵化前火烧枯叶，彻底清除田边塘沟杂草。3 月开始调查越冬卵的数量。

（3）灰飞虱发生期，用药时从麦田四周开始，防止其逃逸。常用药剂有 50%马拉硫磷乳油、40%氧化乐果乳油、50%杀螟硫磷乳油、10%氯氰菊酯乳油、10%大功臣可湿性粉剂。专用药剂有 2%稻虱净可湿性粉剂、50%巴沙乳油。

十、黏虫

属鳞翅目，夜蛾科。除新疆未见报道外，遍布全国各地。

【形态特征】成虫体长 15~17mm，翅展 36~40mm。头部与胸部灰褐色，腹部暗褐色。前翅灰黄褐色、黄色或橙色，变化很多；内横线往往只现几个黑点，环纹与肾纹褐黄色，界限不显著，肾纹后端有 1 个白点，其两侧各有 1 个黑点；外横线为 1 列黑点。后翅暗褐色，向基部色渐淡。卵长约 0.5mm，半球形，初产白色渐变黄色，有光泽。卵粒单层排列成行成块。老熟幼虫体长 38mm。头红褐色，头盖有网纹，额扁，两侧有褐色粗纵纹，略呈八字形，外侧有褐色网纹。体色由淡绿至浓黑，变化甚大（常因食料和环境不同而有变化）；在大发生时背面常呈黑色，腹面淡污色，背中线白色，亚背线与气门上线之间稍带蓝色，气门线与气门下线之间粉红色至灰白色。腹足外侧有黑褐色宽纵带，足的先端有半环式黑褐色趾钩。蛹长约 19mm；红褐色；腹部 5~7 节背面前缘各有一列齿状点刻；臀棘上有刺 4 根，中央 2 根粗大，两侧的细短刺略弯。

【为害特点】幼虫食叶，大发生时可将作物叶片全部食光，造成严重损失。因其具有群聚性、迁飞性、杂食性、暴食性等特点，成为全国性重要农业害虫。

【生活习性】年发生世代数全国各地不一，从北至南世代数为：东北、内蒙古年发生 2~3 代，华北中南部 3~4 代，江苏淮河流域 4~5 代，长江流域 5~6 代，华南 6~8 代。黏虫属迁飞性害虫，其越冬分界线在北纬 33°一带。在 33°以北地区任何虫态均不能越冬；在湖南、江西、浙江一带，以幼虫和蛹在稻桩、田埂杂草、绿肥田、麦田表土下等处越冬；在广东、福建南部终年繁殖，无越冬现象。北方春季出现的大量成虫系由南方迁飞所至。成虫产卵于叶尖或嫩叶、心叶皱缝间，常使叶片成纵卷。初孵幼虫腹足未全发育，所以行走如尺蠖；初龄幼虫仅能啃食叶肉，使叶片呈现白色斑点；3 龄后可蚕食叶片成缺刻，5~6 龄幼虫进入暴食期。幼虫共 6 龄。老熟幼虫在根际表土 1~3cm 做土室化蛹。成虫昼伏夜出，傍晚开始活动。黄昏时觅食，半夜交尾产卵，黎明时寻找隐蔽场所。成虫对糖醋液趋性强，产卵趋向黄枯叶片。在麦田喜把卵产在麦株基部枯黄叶片叶尖处折缝里；在稻田多把卵产在中上部半枯黄的叶尖上，着卵枯叶纵卷成条状。每个卵块一般 20~40 粒，成条状或重叠，多者达 200~300 粒，每头雌虫一生可产卵 1 000~2 000 粒。初孵幼虫有群集性，1、2 龄幼虫多在麦株基部叶背或分蘖叶背光处为害，3 龄后食量大增，5~6 龄进入暴食阶段，食光叶片或把穗头咬断，其食量占整个幼虫期 90% 左右，3 龄后的幼虫有假死性，受惊动迅速卷缩坠地，畏光，晴天白昼潜伏在土缝中，傍晚后或阴天爬到植株上为害，幼虫发生量大食料缺乏时，常成群迁移到附近地块继续为害，老熟幼虫入土化蛹。适宜温度为 10~25℃，相对湿度为 85%。产卵适温 19~22℃，适宜相对湿度为 90%左右，气温低于 15℃或高于 25℃，产卵明显减少，气温高于 35℃即不能产卵。湿度直接影响初孵幼虫存活率的高低。成虫需取食花蜜补充营养，遇有蜜源丰富，产卵量高；幼虫取食禾本科植物的发育快，羽化的成虫产卵量高。成虫喜在茂密的田块产卵，生产上长势好生长茂密的密植田及多肥、灌溉好的田块，利于该虫大发生。天敌主要有步行甲、蛙类、鸟类、寄生蜂、寄生蝇等。

【防治方法】

（1）利用成虫多在禾谷类作物叶上产卵习性，在麦田插谷草把或稻草把，每亩 60~100 个，每 5 天更换新草把，把换下的草把集中烧毁。此外也可用糖醋盆、黑光灯等诱杀成虫，压低虫口。

（2）根据预测预报，掌握在幼虫 3 龄前及时喷撒 2.5%敌百虫粉，每亩喷 1.5~2.5kg。有条件的喷洒 90%晶体敌百虫 1 000 倍液或 50%马拉硫磷乳油 1 000~1 500 倍液、90%晶体敌百虫 1 500 倍液加 40%乐果乳油 1 500 倍液。提倡施用激素农药，每亩用 20%除虫脲胶悬剂 10mL，对水 12.5kg 喷洒。

十一、地老虎类

（一）小地老虎

属鳞翅目，夜蛾科。别名土蚕、地蚕、黑土蚕、黑地蚕。分布在全国各地。

【形态特征】成虫体长 16~23mm，翅展 42~54mm，深褐色，前翅由内横线、外横线将全翅分为 3 段，具有显著的肾状斑、环形纹、棒状纹和 2 个黑色剑状纹；后翅灰色无斑纹。卵长 0.5mm，半球形，表面具纵横隆纹，初产乳白色，后出现红色斑纹，孵化前灰黑色。幼虫体长 37~47mm，灰黑色，体表布满大小不等的颗粒，臀板黄褐色，具 2 条深褐色纵带。蛹长 18~23mm，赤褐色，有光泽，第 5~7 腹节背面的刻点比侧面的刻点大，臀棘为短刺 1 对。

【为害特点】1~2 龄幼虫取食心叶或嫩叶，玉米心叶出现许多半透明的小斑点；3 龄以上幼虫将玉米幼苗近地面的茎部咬断，使整株死亡，造成缺苗断垄，严重的甚至毁种。

【生活习性】年发生代数由北至南不等，黑龙江 2 代北京 3~4 代，江苏

5代，福州6代。在长江流域能以老熟幼虫、蛹及成虫越冬；在广东、广西、云南则全年繁殖为害，无越冬现象。成虫夜间活动、交配产卵，卵产在5cm以下矮小杂草上，尤其在贴近地面的叶背或嫩茎上，如小旋花、小蓟、藜、猪毛菜等，卵散产或成堆产，每雌平均产卵800～1 000粒。成虫对黑光灯及糖醋酒等趋性较强。幼虫共6龄，3龄前在地面、杂草或寄主幼嫩部位取食，为害不大；3龄后昼间潜伏在表土中，夜间出来为害，动作敏捷，性残暴，能自相残杀。老熟幼虫有假死习性，受惊缩成环形。

小地老虎喜温暖及潮湿的条件，最适发育温区为13～25℃，在河流湖泊地区或低洼内涝、雨水充足及常年灌溉地区，如属土质疏松、团粒结构好、保水性强的壤土、黏壤土、沙壤土均适于小地老虎的发生。尤在早春菜田及周缘杂草多，可提供产卵场所；蜜源植物多，可为成虫提供补充营养的情况下，将会形成较大的虫源，发生严重。

【防治方法】

（1）做好预测预报工作。对成虫的测报可采用黑光灯或蜜糖液诱蛾器，在华北地区春季自4月15日至5月20日设置，如平均每天每台诱蛾5～10头以上，表示进入发蛾盛期，蛾量最多的一天即为高峰期，过后20～25天即为2～3龄幼虫盛期，为防治适期；诱蛾器如连续两天在30头以上，预兆将有大发生的可能。对幼虫的测报采用田间调查的方法，如定苗前有幼虫0.5～1头/m^2，或定苗后有幼虫0.1～0.3头/m^2（或百株蔬菜幼苗上有虫1～2头），即应防治。

（2）早春清除菜田及周围杂草，防止小地老虎成虫产卵是关键一环；如已被产卵，并发现1～2龄幼虫，则应先喷药后除草，以免个别幼虫入土隐蔽。清除的杂草，要远离菜田，沤粪处理。

（3）诱杀。①黑光灯诱杀成虫。②糖醋液诱杀成虫：糖6份、醋3份、白酒1份、水10份、90%敌百虫1份调匀，或用泡菜水加适量农药，在成虫发生期设置，均有诱杀效果。某些发酵变酸的食物，如甘薯、胡萝卜、烂水果等加入适量药剂，也可诱杀成虫。③毒饵诱杀幼虫（参见蝼蛄）。④堆草诱杀幼虫：在菜苗定植前，小地老虎仅以田中杂草为食，因此可选择小地老虎喜食的灰菜、刺儿菜、苦荬菜、小旋花、苜蓿、艾篙、白茅、鹅儿草等杂草堆放诱集小地老虎幼虫，或人工捕捉，或拌入药剂毒杀。

（4）小地老虎1～3龄幼虫期抗药性差，且暴露在寄主植物或地面上，是药剂防治的适期。喷洒2.5%溴氰菊酯或10%除虫菊酯乳油、5%锐劲特悬浮剂、50%辛硫磷乳油。

亦可考虑利用苏云金杆菌、六索线虫、斯氏线虫等防治小地老虎。

（二）黄地老虎

属鳞翅目，夜蛾科。别名土蚕、地蚕、切根虫、截虫。分布除广东、海南、广西未见报道外，其他省区均有分布。

【形态特征】成虫体长14～19mm，翅展32～43mm，灰褐至黄褐色。额部具钝锥形凸起，中央有一凹陷。前翅黄褐色，全面散布小褐点，各横线为双条曲线但多不明显，肾纹、环纹和剑纹明显，且围有黑褐色细边，其余部分为黄褐色；后翅灰白色，半透明。卵扁圆形，底平，黄白。幼虫体长33～45mm，头部黄褐色，体淡黄褐色，体表颗粒不明显，体多皱纹而淡，臀板上有2块黄褐色大斑，中央断开，小黑点较多，腹部各节背面毛片，后两个比前两个稍大。蛹体长16～19mm，红褐色。第5～7腹节背面有很密的小刻点9～10排，腹末有粗刺1对。

【为害特点】参见小地老虎。

【生活习性】东北、内蒙古年发生2代，西北2～3代，华北3～4代。一年中春秋两季为害，但春季为害重于秋季。一般以4～6龄幼虫在2～15cm深的土层中越冬，以7～10cm最多，翌春3月上旬越冬幼虫开始活动，4月上中旬在土中作室化蛹，蛹期20～30天。华北5—6月为害最重，黑龙江6月下旬至7月上旬为害最重。成虫昼伏夜出，具较强趋光性和趋化性。习性与小地老虎相似，幼虫以3龄以后为害最重。

【防治方法】参见小地老虎。

（三）大地老虎

属鳞翅目，夜蛾科。别名黑虫、地蚕、土蚕、切根虫、截虫。分布北起黑龙江、内蒙古，南至福建、江西、湖南、广西、云南。

【形态特征】成虫体长20～22mm，翅展45～48mm，头部、胸部褐色，下唇须第2节外侧具黑斑，颈板中部具黑横线1条。腹部、前翅灰褐色，外横线以内前缘区、中室暗褐色，基线双线褐色达亚中褶处，内横线波浪形，双线黑色，剑纹黑边窄小，环纹具黑边圆形褐色，肾纹大具黑边，褐色，外侧具1黑斑近达外横线，中横线褐色，外横线锯齿状双线褐色，亚缘线锯齿形浅褐色，缘线呈1列黑色点，后翅浅黄褐色。卵半球形，卵长1.8mm，高1.5mm，初淡黄后渐变黄褐色，孵化前灰褐色。老熟幼虫体长41～61mm，黄褐色，体表皱纹多，颗粒不明显。头部褐色，中央具黑褐色纵纹1对，额（唇基）三角形，底边大于斜边，各腹节2毛片与1毛片大小相似。气门长卵形黑色，臀板除末端2根刚毛附近为黄褐色外，几乎全为深褐色，且全布满龟裂状皱纹。蛹长 23~29mm，初浅黄色，后变黄褐色。

【**为害特点**】参见小地老虎。

【**生活习性**】年发生 1 代，以幼虫在田埂杂草丛及绿肥田中表土层越冬，长江流域 3 月初出土为害，5 月上旬进入为害盛期，气温高于 20℃ 则滞育越夏，9 月中旬开始化蛹，10 月上中旬羽化为成虫。每雌可产卵 1 000 粒，卵期 11~24 天，幼虫期 300 多天。

【**防治方法**】参见小地老虎。

十二、蛴螬

蛴螬是鞘翅目金龟甲总科幼虫的总称。金龟甲按其食性可分为植食性、粪食性、腐食性三类。植食性种类中以鳃金龟科和丽金龟科的一些种类发生普遍、为害最重。

【**形态特征**】蛴螬体肥大弯曲近 "C" 形，体大多白色，有的黄白色。体壁较柔软，多皱。体表疏生细毛。头大而圆，多为黄褐色或红褐色，生有左右对称的刚毛，常为分种的特征。胸足 3 对，一般后足较长。腹部 10 节，第 10 节称为臀节，上生有刺毛，其数目和排列也是分种的重要特征。

【**为害特点**】幼虫终生栖居土中，喜食刚刚播下的种子、根、块根、块茎以及幼苗等，造成缺苗断垄。

【**生活习性**】蛴螬年发生代数因种、因地而异。这是一类生活史较长的昆虫，一般 1 年 1 代，或 2~3 年 1 代，长则 5~6 年 1 代。如大黑鳃金龟 2 年1 代，暗黑鳃金龟、铜绿丽金龟 1 年 1 代，小云斑鳃金龟在青海 4 年 1 代，大栗鳃金龟在四川甘孜地区则需 5~6 年 1 代。蛴螬共 3 龄。1、2 龄期较短，3 龄期最长。蛴螬终生栖生土中，其活动主要与土壤的理化特性和温湿度等有关。在一年中活动最适的土温平均为 13~18℃，高于 23℃，即逐渐向深土层转移，至秋季土温下降到其活动适宜范围时，再移向土壤上层。因此，蛴螬对果园苗圃、幼苗及其他作物的为害主要在春秋两季最重。

【**防治方法**】

（1）应做好测报工作，调查虫口密度，掌握成虫发生盛期及时防治成虫，可参考大黑鳃金龟、铜绿丽金龟、苹毛丽金龟等成虫的防治措施。

（2）避免施用未腐熟的厩肥，减少成虫产卵；秋、春耕时，随犁拾虫；在蛴螬发生严重地块，合理控制灌溉，或及时灌溉，促使蛴螬向土层深处转移，避开幼苗最易受害时期。

（3）用50%辛硫磷乳油每亩200~250g，加水10倍，喷于25~30kg细土上拌匀成毒土，顺垄条施，随即浅锄，或以同样用量的毒土撒于种沟或地面，随即耕翻，或混入厩肥中施用，或结合灌水施入；或用5%辛硫磷颗粒剂，或用5%地亚农颗粒剂，每亩2.5~3kg处理土壤，都能收到良好效果，并兼治金针虫和蝼蛄。

（4）用50%辛硫磷乳油与水和种子按1∶30∶（400~500）的比例拌种；或用25%辛硫磷胶囊剂、35%克百威种衣剂包衣亦能兼治金针虫和蝼蛄等地下害虫。

（5）每亩用辛硫磷胶囊剂150~200g拌谷子等饵料5kg左右，撒于种沟中，兼治蝼蛄、金针虫等地下害虫。

十三、华北蝼蛄

属直翅目，蝼蛄科。别名单刺蝼蛄、大蝼蛄、拉拉蛄、地拉蛄、土狗子、地狗子。分布在北纬32°以北地区。

【形态特征】雌成虫体长45~66mm，雄成虫39~45mm，体黄褐色，头暗褐色，卵形，复眼椭圆形，单眼3个，触角鞭状。前胸背板盾形，其前缘内弯，背中间具1块心形暗红色斑。前翅黄褐色平叠在背上，长15mm，覆盖腹部不足一半；后翅长30~35mm，纵卷成筒状。前足发达，中、后足小，后足胫节背侧内缘具距1~2个或无，区别于东方蝼蛄。卵长1.6~1.8mm，椭圆形，黄白色至黄褐色。

【为害特点】成若虫均在土中活动，取食播下的种子、幼芽或将幼苗咬断致死，受害的根部呈乱麻状。由于蝼蛄的活动将表土层窜成许多隧道，使苗根脱离土壤，致使幼苗因失水而枯死，严重时造成缺苗断垄。

【生活习性】3年左右完成1代。北京、山西、河南、安徽以8龄以上若虫或成虫越冬，翌春成虫开始活动，6月开始产卵，6月中下旬孵化为若虫，进入10—11月以8~9龄若虫越冬。黄淮海地区20cm土温达8℃的3—4月即开始活动，交配后在土中15~30cm处做土室，雌虫把卵产在土室中，产卵期1个月，产3~9次，每雌平均产卵量为288~368粒，雌虫守护到若虫3龄后，成虫夜间活动，有趋光性。

【防治方法】

（1）施用充分腐熟有机肥。

（2）灯光诱杀。设置黑光灯诱杀成虫。

（3）当田间有蝼蛄0.3~0.5头/m² 时，即为中等发生；高于0.5头为严重发生，应该进行防治。播种时施用毒谷，参考蛴螬防治法。

（4）药剂处理。土壤或药剂处理种子，参考蛴螬。

（5）生长期被害，也可用50%辛硫磷2 000倍液浇灌。

十四、东方蝼蛄

属直翅目，蝼蛄科。别名非洲蝼蛄、小蝼蛄、拉拉蛄、地拉蛄、土狗子、地狗子、水狗。国内从1992年改为东方蝼蛄，分布在全国各地。

【形态特征】成虫体长30～35mm，灰褐色，腹部色较浅，全身密布细毛。头圆锥形，触角丝状。前胸背板卵圆形，中间具1块明显的暗红色长心脏形凹陷斑。前翅灰褐色，较短，仅达腹部中部。后翅扇形，较长，超过腹部末端。腹末具1对尾须。前足为开掘足，后足胫节背面内侧有4个距，区别于华北蝼蛄。卵初产时长2.8mm，孵化前4mm，椭圆形，初产乳白色，后变黄褐色，孵化前暗紫色。若虫共8～9龄，末龄若虫体长25mm，体形与成虫相近。

【为害特点】参见华北蝼蛄。

【生活习性】在北方地区2年发生1代，在南方1年1代，以成虫或若虫在地下越冬。清明后上升到地表活动，在洞口可顶起一小虚土堆。5月上旬至6月中旬是蝼蛄最活跃的时期，也是第一次为害高峰期，6月下旬至8月下旬，天气炎热，转入地下活动，6—7月为产卵盛期。9月气温下降，再次上升到地表，形成第二次为害高峰，10月中旬以后，陆续钻入深层土中越冬。蝼蛄昼伏夜出，以17：00—23：00活动最盛，特别在气温高、湿度大、闷热的夜晚，大量出土活动。早春或晚秋因气候凉爽，仅在表土层活动，不到地面上，在炎热的中午常潜至深土层。蝼蛄具趋光性，并对香甜物质具有强烈趋性，如半熟的谷子、炒香的豆饼、麦麸以及马粪等有机肥。成、若虫均喜松软潮湿的壤土或沙壤土，20cm表土层含水量20%以上最适宜，小于15%时活动减弱。当气温在12.5～19.8℃，20cm土温为15.2～19.9℃时，对蝼蛄最适宜，温度过高或过低时，则潜入深层土中。

【防治方法】参见华北蝼蛄。

十五、沟金针虫

属鞘翅目，叩头虫科。别名沟叩头虫、沟叩头甲、土蚰蜒、芨芨虫、钢丝虫。分布在我国的北方。

【形态特征】老熟幼虫体长20～30mm，细长筒形略扁，体壁坚硬而光滑，具黄色细毛，尤以两侧较密。体黄色，前头和口器暗褐色，头扁平，上唇呈三叉状凸起，胸、腹部背面中央呈一条细纵沟。尾端分叉，并稍向上弯曲，各叉内侧有 1 个小齿。各体节宽大于长，从头部至第 9 腹节渐宽。

【为害特点】幼虫在土中取食播种下的种子、萌出的幼芽、农作物的根部，致使作物枯萎致死，造成缺苗断垄，甚至全田毁种。

【生活习性】2~3 年 1 代，以幼虫和成虫在土中越冬。在河南南部，越冬成虫于 2 月下旬开始出蛰，3 月中旬至 4 月中旬为活动盛期，白天潜伏于表土内，夜间出土交配产卵。雌虫无飞翔能力，每雌产卵 32~166 粒，平均产卵 94 粒；雄成虫善飞，有趋光性。卵发育历期 33~59 天，平均 42 天。5 月上旬幼虫孵化，在食料充足的条件下，当年体长可至 15mm 以上，到第三年 8 月下旬，幼虫老熟，于 16~20cm 深的土层内作土室化蛹，蛹期 12~20 天，平均约 16 天。9 月中旬开始羽化，当年在原蛹室内越冬。由于沟金针虫雌成虫活动能力弱，一般多在原地交尾产卵，故扩散为害受到限制，因此在虫口高的田内防治一次后，在短期内种群密度不易回升。

【防治方法】参见蛴螬。在测报调查时，沟金针虫数量达 1.5 头/m² 时，即应采取防治措施。在播种前或移植前施用 3% 米乐尔颗粒剂，每亩 2~6kg，混干细土 50kg 均匀地撒在地表，深耙 20cm，也可撒在定植穴或栽植沟内，浅覆土后再定植，防效可达 6 周。

十六、双斑萤叶甲

属鞘翅目，叶甲科。别名双斑长跗萤叶甲。分布北起黑龙江、内蒙古，南至台湾、广东、广西、云南，东接朝鲜北境，西达宁夏、甘肃，折入四川、云南。

【形态特征】成虫体长 3.6~4.8mm，宽 2~2.5mm，长卵形，棕黄色，具光泽。触角 11 节，丝状，端部色黑，长为体长 2/3；复眼大，卵圆形；前胸背板宽大于长，表面隆起，密布很多细小刻点；小盾片黑色呈三角形；鞘翅布有线状细刻点，每个鞘翅基半部具 1 近圆形淡色斑，四周黑色，淡色斑后外侧多不完全封闭，其后面黑色带纹向后突伸成角状，有些个体黑带纹不清或消失。两翅后端合为圆形，后足胫节端部具 1 长刺；腹管外露。卵椭圆形，长 0.6mm，初棕黄色，表面具网状纹。幼虫体长 5~6mm，白色至黄白色，体表具瘤和刚毛，前胸背板颜色较深。蛹长 2.8~3.5mm，宽 2mm，白色，表面具刚毛。

【为害特点】双斑萤叶甲为害盛期在玉米喇叭口期至抽穗期，以成虫蚕食下表皮及叶肉，仅剩上表皮，呈不规则白斑，对果穗形成期的光合作用影响较大。玉米雌穗抽出时，为害花丝，造成授粉不良，发生严重时还蚕食果穗顶部裸露幼粒。

【生活习性】河北、山西年发生 1 代，以卵在表土下越冬，翌年 5 月上中旬孵化，幼虫一直生活在土中食害禾本科作物或杂草的根，经 30~40 天在土中作土室化蛹。蛹期 7~10 天，初羽化的成虫在地边杂草上生活，然后迁入谷田，7 月上旬开始增多，8 月下旬至 9 月上旬进入成虫发生高峰期。成虫于 8 月中下旬羽化后经取食补充营养才交尾，产卵前期 20 多天，9 月上旬进入交尾产卵盛期，9 月下旬谷子成熟期，迁入菜田。成虫能飞善跳，白天在谷叶和穗部活动，受惊迅速跳跃或起飞，飞行距离 3~5m 或更远，喜在9：00—11：00 和 16：00—19：00 飞翔或取食，无风天尤其活跃，早晚或中午藏在叶子背面、穗码间或土缝内及枯叶下，多在 10：00、17：00 交尾，历时 30min，卵散产或几粒粘在一起产在表土中，春季湿润、秋季干旱年份发生重。

【防治方法】

（1）及时铲除田边、地埂、渠边杂草，秋季深翻灭卵，均可减轻为害。

（2）在成虫盛发期和产卵之前及时喷洒 20%速灭杀丁乳油 2 000 倍液，可有效控制其对谷穗的为害，发生严重时可喷洒 50%辛硫磷乳油 1 500 倍液。

十七、草地螟

属鳞翅目，螟蛾科。分布北起黑龙江、内蒙古、新疆，南限未过淮河，最南采到江苏北部、河南许昌，西至西藏。

【形态特征】成虫体长 8~12mm，翅展 24~26mm；体、翅灰褐色，前翅有暗褐色斑，翅外缘有淡黄色条纹，中室内有一个较大的长方形黄白色斑；后翅灰色，近翅基部较淡，沿外缘有两条黑色平行的波纹。卵椭圆形，大小为 0.5mm×1mm，乳白色，有光泽，分散或 2~12 粒覆瓦状排列成卵块。老熟幼虫体长 19~21mm，头黑色有白斑，胸、腹部黄绿或暗绿色，有明显的纵行暗色条纹，周身有毛瘤。蛹长 14mm，淡黄色。土茧长 40mm，宽3~4mm。

【为害特点】以幼虫为害，初龄幼虫多集中于嫩梢上，取食叶肉，3 龄后食量大增，食叶成缺刻，常常是吃光一块地，再集体迁移至另一块地。

【生活习性】分布于我国北方地区，年发生 2~4 代，以老熟幼虫在土内吐丝作茧越冬。翌春 5 月化蛹及羽化。成虫飞翔力弱，喜食花蜜，卵散产于叶背主脉两侧，常 3~4 粒在一起，以距地面 2~8cm 的茎叶上最多。初孵幼虫多集中在枝梢上结网躲藏，取食叶肉，3 龄后食量剧增，幼虫共 5 龄。

【防治方法】

（1）鉴于草地螟幼虫的严重为害性，一要严密监测虫情，加大调查力度，增加调查范围、面积和作物种类，发现低龄幼虫达到防治指标田，要立即组织开展防治。二要认真抓好幼虫越冬前的跟踪调查和普查。

（2）此虫食性杂，应及时清除田间杂草，可消灭部分虫源，秋耕或冬耕还可消灭部分在土壤中越冬的老熟幼虫。

（3）药剂防治。在幼虫为害期喷洒 50% 辛硫磷乳油 1 500 倍液或 2.5% 保得乳油 2 000 倍液。

十八、东亚飞蝗

属直翅目，蝗总科。分布在中国北起河北、山西、陕西，南至福建、广东、海南、广西、云南，东达沿海各省，西至四川、甘肃南部。黄淮海地区常发。

【形态特征】 雌成虫体长 39.5~51.2mm，雄成虫 33.5~41.5mm。体黄褐色或绿色。触角丝状，多呈浅黄色，有复眼 1 对单眼 3 个。复眼后具淡色条纹，前下方生暗色斑纹。前胸背板马鞍状，隆线发达。前翅发达，常超过后足胫节中部，具暗色斑纹和光泽。后翅无色透明。后足腿节内侧基半部黑色，近端部有黑色环，后足胫节红色。在田间受环境条件影响，往往形成群居型和散居型两大类。卵粒长约 6.5mm，浅黄色，圆柱形，一端略尖，另一端稍圆微弯曲。卵块褐色圆柱形，长 53~67mm，略弯，上部稍细，卵块上覆有海绵状胶质物，4 行卵粒排在下部。若虫又称蝗蛹，体型与成虫相似，共 5 龄。

【为害特点】 成、若虫咬食植物的叶片和茎，大发生时成群迁飞，把成片的农作物吃成光秆。中国史籍中的蝗灾，主要是东亚飞蝗。先后发生过800 多次。

【生活习性】 北京以北年发生 1 代；渤海湾、黄河下游、长江流域年发生 2 代，少数年份发生 3 代；广西、广东、台湾年发生 3 代，海南可发生 4代。东亚飞蝗无滞育现象，全国各地均以卵在土中越冬。山东、安徽、江苏等 2 代区，越冬卵于 4 月底至 5 月上中旬孵化为夏蛹，经 35~40 天羽化为夏蝗，夏蝗寿命 55~60 天，羽化后经 10 天交尾 7 天后产卵，卵期 15~20 天，7月上中旬进入产卵盛期，孵出若虫称为秋蛹，又经 25~30 天羽化为秋蝗。生活15~20天又开始交尾产卵，9月进入产卵盛期后开始越冬。个别高温干旱的年份，于8月至9月下旬又孵出3代蝗蛹，多在冬季冻死，仅有个别能羽化为成虫产卵越冬。成虫产卵时对地形、土壤性状、土面坚实度、植被等有明显的选择性。每只雌蝗一般产4~5个卵块，每块均含卵约65粒，飞蝗成虫几乎全天取食，一生可食约267g食物。飞蝗喜欢栖息在地势低洼、易涝易旱或水位不稳定的海滩或湖滩及大面积荒滩或耕作粗放的夹荒地上，生有低矮芦苇、茅草或盐蒿、莎草等嗜食植物的。遇有干旱年份，这种荒地随天气干旱水面缩小而增大时，利于蝗虫生育，宜蝗面积增加，容易酿成蝗灾，因此每遇大旱年份，要注意防治蝗虫。天敌有寄生蜂、寄生蝇、鸟类、蛙类等。

【防治方法】

（1）注意兴修水利，疏通河道，排灌配套，做到旱涝保丰收；提倡垦荒种植，大搞植树造林，创造不利于蝗虫发生的生态条件，使蝗虫失去产卵的适生场所。坚决贯彻执行"改治并举、根除蝗害"的方针。做到从根本上控制蝗灾。

（2）做好蝗虫预测预报，准确掌握蝗情。当每10m² 有飞蝗5头时，应及时防治。用45%马拉硫磷乳油进行地面超低容量喷雾，每亩用药75~100g，也可选用5%氯氰菊酯乳油或2.5%敌杀死等菊酯类杀虫剂每亩用50g进行超低容量喷雾。飞机防治时，选用10%氯氰菊酯乳油。

十九、斜纹夜蛾

属鳞翅目，夜蛾科。别名莲纹夜蛾、莲纹夜盗蛾。分布在全国各地。

【形态特征】成虫体长14~20mm，翅展35~40mm，头、胸、腹均深褐色，胸部背面有白色丛毛，腹部前数节背面中央具暗褐色丛毛。前翅灰褐色，斑纹复杂，内横线及外横线灰白色，波浪形，中间有白色条纹，在环状纹与肾状纹间，自前缘向后缘外方有3条白色斜线，故名斜纹夜蛾。后翅白色，无斑纹。前后翅常有水红色至紫红色闪光。卵扁半球形，直径0.4~0.5mm，初产黄白色，后转淡绿，孵化前紫黑色。卵粒集结成3~4层的卵块，外覆灰黄色疏松的绒毛。老熟幼虫体长35~47mm，头部黑褐色，背线、亚背线及气门下线均为灰黄色及橙黄色。从中胸至第9腹节在亚背线内侧有三角形黑斑1对，其中以第1、第7、第8腹节的最大。胸足近黑色，腹足暗褐色。蛹长15~20mm，赭红色，腹部背面第4至第7节近前缘处各有一个小刻点。臀棘短，有一对强大而弯曲的刺，刺的基部分开。

【为害特点】 初孵幼虫群集取食，3 龄前仅食叶肉，残留上表皮及叶脉，呈白纱状后转黄，易于识别。4 龄后进入暴食期，多在傍晚出来为害。幼虫以食叶为主，也取食花蕾、花及果实，严重时可将全田作物吃光。

【生活习性】 在我国华北地区年发生 4~5 代，长江流域 5~6 代，福建 6~9 代，在广东、广西、福建、台湾可终年繁殖，无越冬现象。长江流域多在 7—8 月大发生，黄河流域多在 8—9 月大发生。成虫夜间活动，飞翔力强，一次可飞数十米远，高达 10m 以上，成虫有趋光性，并对糖醋酒液及发酵的胡萝卜、麦芽、豆饼、牛粪等有趋性。成虫需补充营养，取食糖蜜的平均产卵 577.4 粒，未能取食者只能产数粒。卵多产于高大、茂密、浓绿的边际作物上，以植株中部叶片背面叶脉分叉处最多。卵发育历期，22℃约 7 天，28℃约 2.5 天。幼虫共 6 龄，发育历期 21℃约 27 天，26℃约 17 天，30℃约 12.5 天。老熟幼虫在 1~3cm 表土内筑土室化蛹，土壤板结时可在枯叶下化蛹。蛹发育历期，28~30℃约 9 天，23~27℃约 13 天。斜纹夜蛾的发育适温较高（29~30℃），因此各地严重为害时期皆在 7—10 月。

【防治方法】

（1）采用黑光灯或糖醋盆等诱杀成虫。

（2）3 龄前为点片发生阶段，可结合田间管理，进行挑治，不必全田喷药。4 龄后夜出活动，因此施药应在傍晚前后进行。药剂可选用 15%菜虫净乳油 1 500 倍液、2.5%天王星或 20%灭扫利乳油 3 000 倍液、5.7%氟氯氰菊酯乳油 4 000 倍液、10%吡虫啉可湿性粉剂 2 500 倍液、5%定虫隆乳油 2 000 倍液、20%米满胶悬剂 2 000 倍液、44%速凯乳油 1 000~1 500 倍液、4.5%高效氯氰菊酯乳油 3 000 倍液等，10 天 1 次，连用 2~3 次。

二十、白星花金龟

属鞘翅目，花金龟科。别名白纹铜花金龟、白星花潜、白星金龟子、铜克螂。分布全国各地。

【形态特征】 成虫体长 17~24mm，宽 9~12mm。椭圆形，具古铜或青铜色光泽，体表散布众多不规则白绒斑；唇基前缘向上折翘，中凹，两侧具边框，外侧向下倾斜；触角深褐色；复眼突出；前胸背板具不规则白绒斑，后缘中凹；前胸背板后角与鞘翅前缘角之间有一个三角片甚显著，即中胸后侧片；鞘翅宽大，近长方形，遍布粗大刻点，白绒斑多为横向波浪形；臀板短宽，每侧有 3 个白绒斑呈三角形排列；腹部 1~5 腹板两侧有白绒斑；足较粗壮，膝部有白绒斑；后足基节后外端角尖锐；前足胫节外缘 3 齿，各足跗节顶端有 2 个弯曲爪。

【为害特点】 以成虫群集在玉米雌穗上，从花丝处逐渐钻进苞叶内，取食正在灌浆的籽粒，尤其是苞叶短小的品种，为害更重。

【生活习性】 年发生 1 代。成虫于 5 月上旬开始出现，6—7 月为发生盛期。成虫白天活动，有假死性，对酒醋味有趋性，飞翔力强，常群聚为害玉米花丝，产卵于土中。

【防治方法】

（1）由于为土栖昆虫，生活、为害于地下，具隐蔽性，并且主要在作物苗期猖獗，一旦发现严重受害，往往已错过防治适期。为此，对此类害虫必须加强预测预报工作。调查的时间一般从秋后到播种前进行。调查的方法是分别按不同土质、地势、水肥条件、茬口等选择有代表性地块，采取双对角线或棋盘式定点，每 1hm² 取 3 个样点，每点查 1m²，掘土深度 30~50cm，细致检查土中蛴螬及其他土栖害虫种类、发育期、数量、入土深度等，分别记入调查表中，统计每 1m² 中蛴螬平均头数。

（2）农业技术措施防治。①对于蛴螬发生严重的地块，在深秋或初冬翻耕土地，不仅能直接消灭一部分蛴螬，并且将大量蛴螬暴露于地表，使其被冻死、风干或被天敌啄食、寄生等，一般可压低虫量 15%~30%，明显减轻第二年的为害。②合理安排茬口。前茬为豆类、花生、甘薯和玉米的地块，常会引起蛴螬的严重为害，这与蛴螬成虫的取食与活动有关。③避免施用未腐熟的厩肥。金龟子对未腐熟的厩肥有强烈趋性，常将卵产于其内，如施入田中，则带入大量虫源。而腐熟的有机肥可改良土壤的透水、通气性状，提供土壤微生物活动的良好条件，使根系发育快，苗齐苗壮，增强作物的抗虫性，并且由于蛴螬不喜食腐熟的有机肥，也可减轻其对作物的为害。④合理施用化肥。碳酸氢铵、腐植酸、氨水、氨化过磷酸钙等化学肥料，散发出氨气对蛴螬等地下害虫具有一定的驱避作用。⑤合理灌溉。土壤温湿度直接影响着蛴螬的活动，对于蛴螬发育最适宜的土壤含水量为 15%~20%，土壤过干过湿，均会迫使蛴螬向土壤深层转移，如持续过干或过湿，则使其卵不能孵化，幼虫致死，成虫的繁殖和生活力严重受阻。因此，在蛴螬发生区，在不影响作物生长发育的前提下，对于灌溉要合理地加以控制。

（3）化学防治。选用 50% 辛硫磷乳油 1 000 倍液、25% 爱卡士乳油 1 000 倍液、40% 乐果乳油 1 000 倍液、30% 敌百虫乳油 500 倍液或 80% 敌百虫可溶性粉剂 1 000 倍液喷洒或灌杀。

二十一、桃蛀螟

属鳞翅目，螟蛾科。又名桃斑螟，俗称桃蛀心虫、桃蛀野螟。分布北起黑龙江、内蒙古，南至台湾、海南、广东、广西、云南南缘，东接俄罗斯东境、朝鲜北境，西面自山西、陕西西斜至宁夏、甘肃后，折入四川、云南、西藏。

【形态特征】成虫体长 12mm，翅展 22~25mm，黄至橙黄色，体、翅表面具许多黑斑点似豹纹：胸背有 7 个；腹背第 1 和第 3~6 节各有 3 个横列，第 7 节有时只有 1 个，第 2、第 8 节无黑点，前翅 25~28 个，后翅 15~16 个，雄第 9 节末端黑色，雌不明显。卵椭圆形，长 0.6mm，宽 0.4mm，表面粗糙布细微圆点，初乳白渐变橘黄色、红褐色。幼虫体长 22mm，体色多变，有淡褐、浅灰、浅灰蓝、暗红等色，腹面多为淡绿色。头暗褐色，前胸盾片褐色，臀板灰褐色，各体节毛片明显，灰褐色至黑褐色，背面的毛片较大，第 1~8 腹节气门以上各具 6 个，成 2 横列，前 4 后 2。气门椭圆形，围气门片黑褐色凸起。腹足趾钩不规则的 3 序环。蛹长 13mm，初淡黄绿后变褐色，臀棘细长，末端有曲刺 6 根。茧长椭圆形，灰白色。

【为害特点】以幼虫取食玉米心叶，为害果穗，还可钻蛀穗轴和茎秆，被害部位可见颗粒状的虫粪。常与玉米螟、棉铃虫混合发生，发生严重时整个穗轴没有产量。

【生活习性】辽宁年发生 1~2 代，河北、山东、陕西 3 代，河南 4 代，长江流域 4~5 代，均以老熟幼虫在玉米、向日葵、蓖麻等残株内结茧越冬。在河南 1 代幼虫于 5 月下旬至 6 月下旬先在桃树上为害，2~3 代幼虫在桃树和高粱上都能为害。第 4 代则在夏播高粱和向日葵上为害，以 4 代幼虫越冬，翌年越冬幼虫于 4 月初化蛹，4 月下旬进入化蛹盛期，4 月底至 5 月下旬羽化，越冬代成虫把卵产在桃树上。6 月中下旬 1 代幼虫化蛹，1 代成虫于 6 月下旬开始出现，7 月上旬进入羽化盛期，2 代卵盛期跟着出现，这时春播高粱抽穗扬花，7 月中旬为 2 代幼虫为害盛期。2 代羽化盛期在 8 月上中旬，这时春高粱近成熟，晚播春高粱和早播夏高粱正抽穗扬花，成虫集中在这些高粱上产卵，第 3 代卵于 7 月底 8 月初孵化，8 月中下旬进入 3 代幼虫为害盛期。8 月底 3 代成虫出现，9 月上中旬进入盛期，这时高粱和桃果已采收，成虫把卵产在晚夏高粱和晚熟向日葵上，9 月中旬至 10 月上旬进入 4 代幼虫发生为害期，10 月中下旬气温下降则以 4 代幼虫越冬。成虫羽化后白天潜伏在高粱田经补充营养才产卵，把卵产在吐穗扬花的高粱上，卵单产，每雌可产卵169粒，初孵幼虫蛀入幼嫩籽粒中，堵住蛀孔在粒中蛀害，蛀空后再转一粒，3龄后则吐丝结网缀合小穗，在隧道中穿行为害，严重的把整穗籽粒蛀空。幼虫老熟后在穗中或叶腋、叶鞘、枯叶处及高粱、玉米、向日葵秸秆中越冬。雨多年份发生重。

【防治方法】

（1）冬前玉米要脱粒，并及时处理高粱、玉米、向日葵等寄主的秸秆、穗轴及向日葵盘。

（2）在成虫发生盛期，利用频振式杀虫灯、黑光灯诱杀成虫。

（3）在产卵盛期喷洒50%辛硫磷乳油1 000倍液、2.5%溴氰菊酯乳油3 000倍液。提倡喷洒苏云金杆菌75~150倍液或青虫菌液100~200倍液。

二十二、大青叶蝉

属同翅目，叶蝉科。别名青叶跳蝉、青叶蝉、大绿浮尘子等。分布在全国各地。

【形态特征】成虫体长7~10mm，雄较雌略小，青绿色。头橙黄色，左右各具1小黑斑，单眼2个，红色，单眼间有2个多角形黑斑。前翅革质，绿色微带青蓝，端部色淡近半透明；前翅反面、后翅和腹背均黑色，腹部两侧和腹面橙黄色。足黄白至橙黄色，跗节3节。卵长卵圆形，微弯曲，一端较尖，长约1.6mm，乳白色至黄白色。若虫与成虫相似，共5龄，初龄灰白色；2龄淡灰色微带黄绿色；3龄灰黄绿色，胸腹背面有4条褐色纵纹，出现翅芽；4、5龄同3龄，老熟时体长6~8mm。

【为害特点】成若虫为害叶片，刺吸汁液，造成褪色、畸形、卷缩，甚至全叶枯死。此外，还可传播病毒病等。

【生活习性】北方年发生3代，以卵于树木枝条表皮下越冬。4月孵化，于杂草、农作物及蔬菜上为害，若虫期30~50天，第1代成虫发生期为5月下旬至7月上旬。各代发生期大体为：第1代4月上旬至7月上旬，成虫5月下旬开始出现；第2代6月上旬至8月中旬，成虫7月开始出现；第3代7月中旬至11月中旬，成虫9月开始出现。发生不整齐，世代重叠。成虫有趋光性，夏季颇强，晚秋不明显，可能是低温所致。成、若虫日夜均可活动取食，产卵于寄主植物茎秆、叶柄、主脉、枝条等组织内，以产卵器刺破表皮形成月牙形伤口，产卵6~12粒于其中，排列整齐，产卵处的植物表皮成肾形凸起。每雌可产卵30~70粒，非越冬卵期9~15天，越冬卵期达5个月以上。前期主要为害农作物、蔬菜及杂草等植物，至9—10月农作物陆续收割、杂草枯萎，则集中于秋菜、冬麦等绿色植物上为害，10月中旬第3代成虫陆续转移到果树、林木上为害并产卵于枝条内，10月下旬为产卵盛期，直至秋后。以卵越冬。

【防治方法】

（1）成虫发生期用黑光灯诱杀成虫。

（2）在若虫盛孵后集中在矮小植物上时或成虫上树产卵前集中在蔬菜等作物上时施药，可用2%叶蝉散粉剂或5%西维因粉剂，每亩2kg。也可喷洒2.5%保得乳油2 000~3 000倍液、10%大功臣（吡蚜酮）可湿性粉剂3 000~4 000倍液。

二十三、斑须蝽

属半翅目，蝽科。分布在全国各地。

【形态特征】 成虫体长8~13.5mm，宽约6mm，椭圆形，黄褐色或紫色，体被白绒毛和黑色小刻点；触角黑白相间；喙细长，紧贴于头部腹面。小盾片末端钝而光滑，黄白色。

【为害特点】 成若虫刺吸嫩叶、嫩茎及穗部汁液。茎叶被害后，出现黄褐色斑点，严重时叶片卷曲，嫩茎凋萎，影响生长，减产减收。

【生活习性】 内蒙古1年2代，以成虫在田间杂草、枯枝落叶、植物根际、树皮及屋檐下越冬。4月初开始活动，4月中旬交尾产卵，4月底5月初幼虫孵化，第一代成虫6月初羽化，6月中旬为产卵盛期；第二代于6月中下旬7月上旬幼虫孵化，8月中旬开始羽化为成虫，10月上中旬陆续越冬。卵多产在作物上部叶片正面或花蕾、果实的苞片上，多行整齐纵列。初孵若虫群聚为害，2龄后扩散为害。

【防治方法】

（1）成虫集中越冬或出蛰后集中为害时，利用成虫的假死性，震动植株，使虫落地，迅速收集杀死。

（2）在成虫发生期，用黑光灯诱杀，灯下放一水盆，及时捞虫。

（3）发生严重时，可喷洒20%快杀灵乳油1 000~1 500倍液或2.5%溴氰菊酯乳油。

二十四、赤须盲蝽

属半翅目，盲蝽科。分布在北京、河北、内蒙古、黑龙江、吉林、辽宁、山东、河南。

【形态特征】成虫身体细长，长 5~6mm，宽 1~2mm，鲜绿色或浅绿色。头略呈三角形，顶端向前突出，头顶中央具 1 纵沟，前伸不达头部中央；复眼银灰色，半球形。触角 4 节，等于或较体长短，红色，故称赤须盲蝽。喙 4 节。前胸背板梯形，具暗色条纹 4 个，前缘具不完整的领片。小盾片黄绿色，三角形，基部未被前胸背板的后缘覆盖。前翅略长于腹部末端，革片绿色，膜片白色透明。足浅绿或黄绿色，胫节末端及跗节暗色。卵口袋形，长 1mm 左右，宽 0.4mm，白色透明，卵盖上具凸起。5 龄若虫体长 5mm 左右，黄绿色，触角红色，略短于体长，翅芽超过腹部第 3 节。

【为害特点】成虫、若虫在玉米叶片上刺吸汁液，进入穗期还为害玉米雄穗和花丝，致叶片初呈淡黄色小点，稍后呈白色雪花斑布满叶片。严重时整个田块植株叶片上就像落了一层雪花，致叶片呈现失水状，且从顶端逐渐向内纵卷。心叶受害生长受阻，展开的叶片出现孔洞或破叶，全株生长缓慢，矮小或枯死。

【生活习性】华北地区年发生 3 代，以卵越冬。翌年第 1 代若虫于 5 月上旬进入孵化盛期，5 月中下旬羽化。第 2 代若虫 6 月中旬盛发，6 月下旬羽化。第 3 代若虫于 7 月中下旬盛发，8 月下旬至 9 月上旬，雌虫在杂草茎叶组织内产卵越冬。该虫成虫产卵期较长，有世代重叠现象。每雌产卵一般 5~10 粒。初孵若虫在卵壳附近停留片刻后，便开始活动取食。成虫于 9：00 至 17：00 活跃，夜间或阴雨天多潜伏在植株中下部叶背面。

【防治方法】

（1）与非寄主植物实行轮作，收割时尽量留低茬，清除越冬场所，减少翌年虫源数量。

（2）发生期喷洒 10% 吡虫啉可湿性粉剂 1 000 倍液，48% 毒死蜱乳油 1 000 倍液。

二十五、朱砂叶螨

属蜱螨目，叶螨科。别名棉红蜘蛛、棉叶螨、红叶螨。分布在全国各地。

【形态特征】成螨雌体长 0.48~0.55mm，宽 0.32mm，椭圆形，体色常随寄主而异，多为锈红色至深红色，体背两侧各有 1 对黑斑，肤纹突三角形至半圆形。雄体长 0.35mm，宽 0.2mm，前端近圆形，腹末稍尖，体色较雌浅。卵长 0.13mm，球形，浅黄色，孵化前略红。幼螨有 3 对足。若螨 4 对足与成螨相似。

【为害特点】若螨和成螨群聚叶背吸取汁液，使叶片呈灰白色或枯黄色细斑，严重时叶片干枯脱落，影响生长，缩短结果期，造成减产。

【生活习性】年发生 10 ~ 20 代（由北向南逐增），越冬虫态及场所随地区而不同，在华北以雌成螨在杂草、枯枝落叶及土缝中越冬；在华中以各种虫态在杂草及树皮缝中越冬；在四川以雌成螨在杂草或豌豆、蚕豆等作物上越冬。翌春气温达 10℃ 以上，即开始大量繁殖。3—4 月先在杂草或其他寄主上取食，果树发芽后陆续向果树上迁移，每雌产卵 50 ~ 110 粒，多产于叶背。卵期 2 ~ 13 天。幼螨和若螨发育历期 5 ~ 11 天，成螨寿命 19 ~ 29 天。可孤雌生殖，其后代多为雄性。幼螨和前期若螨不甚活动。后期若螨则活泼贪食，有向上爬的习性。先为害下部叶片，而后向上蔓延。繁殖数量过多时，常在叶端群集成团，滚落地面，被风刮走，向四周爬行扩散。朱砂叶螨发育起点温度为 7.7 ~ 8.8℃，最适温度为 25 ~ 30℃，最适相对湿度为 35% ~ 55%，因此高温低湿的 6—7 月为害重，尤其干旱年份易于大发生。但温度达 30℃ 以上和空气相对湿度超过 70% 时，不利其繁殖，暴雨有抑制作用。天敌有 30 多种。

【防治方法】

（1）农业防治。铲除田边杂草，清除残株败叶。

（2）此螨天敌有 30 多种，应注意保护，发挥天敌自然控制作用。

（3）当前对朱砂叶螨有特效的是仿生农药 1.8% 农克螨乳油 2 000 倍液效果极好，持效期长，并且无药害。此外，还可采用 20% 灭扫利乳油 2 000 倍液、20% 螨克乳油 2 000 倍液、20% 双甲脒乳油 1 000 ~ 1 500 倍液、10% 天王星乳油 6 000 ~ 8 000 倍液、10% 吡虫啉可湿性粉剂 1 500 倍液、15% 哒螨灵（扫螨净、牵牛星）乳油 2 500 倍液、20% 复方浏阳霉素乳油 1 000 ~ 1 500 倍液，防治 2 ~ 3 次。

二十六、二斑叶螨

属蜱螨目，叶螨科。别名棉红蜘蛛、普通叶螨。分布在全国各地。

【形态特征】

成螨体色多变，有浓绿、褐绿、黑褐、橙红等色，一般常带红色或锈红色。体背两侧各具 1 块暗红色长斑，有时斑中部色淡分成前后两块。体背有刚毛 26 根，排成 6 横排。足 4 对。雌体长 0.42 ~ 0.59mm，椭圆形，多为深红色，也有黄棕色的；越冬型橙黄色，较夏型肥大。雄体长 0.26mm，近卵圆形，前端近圆形，腹末较尖，多呈鲜红色。卵球形，长 0.13mm，光滑，初无色透明，渐变橙红色，将孵化时现出红色眼点。幼螨初孵时近圆形，体长 0.15mm，无色透明，取食后变暗绿色，眼红色，足 3 对。若螨前期体长 0.21mm，近卵圆形，足 4 对，色变深，体背出现色斑。后期若螨体长 0.36mm，黄褐色，与成虫相似。雄性若虫脱皮后即为雄成虫。

【为害特点】参见朱砂叶螨。

【生活习性】南方年发生 20 代以上，北方 12~15 代。北方以雌成虫在土缝、枯枝落叶下或旋花、夏枯草等宿根性杂草的根际等处吐丝结网潜伏越冬。2 月均温达 5~6℃时，越冬雌虫开始活动，3 月均温达 6~7℃时开始产卵繁殖。卵期 10 余天。成虫开始产卵至第 1 代幼虫孵化盛期需 20~30 天。以后世代重叠。随气温升高繁殖加快，在 23℃时完成 1 代 13 天；26℃8~9 天；30℃以上 6~7 天。越冬雌虫出蛰后多集中在早春寄主（主要宿根性杂草）上为害繁殖，待出苗后便转移为害。6 月中旬至 7 月中旬为猖獗为害期。进入雨季虫口密度迅速下降，为害基本结束，如后期仍干旱可再度猖獗为害，至 9 月气温下降陆续向杂草上转移，10 月陆续越冬。行两性生殖，不交尾也可产卵，未受精的卵孵出均为雄虫。每雌可产卵 50~110 粒。喜群集叶背主脉附近并吐丝结网于网下为害，大发生或食料不足时，常千余头群集叶端成一团。有吐丝下垂借风力扩散传播的习性。高温、低湿适于发生。

【防治方法】参见朱砂叶螨。

二十七、截形叶螨

属蜱螨目，叶螨科。别名棉红蜘蛛、棉叶螨。分布在全国各地。

【形态特征】雌体长 0.5mm，体宽 0.3mm；深红色，椭圆形，颚体及足白色，体侧具黑斑。雄体长 0.35mm，体宽 0.2mm；阳具柄部宽大，末端向背面弯曲形成一微小端锤，背缘平截状，末端 1/3 处具一凹陷，端锤内角钝圆，外角尖削。

【为害特点】若螨和成螨群聚叶背吸取汁液，使叶片呈灰白色或枯黄色细斑，严重时叶片干枯脱落，影响生长，缩短结果期，造成减产。

【生活习性】年发生 10~20 代。华北地区以雌螨在土缝中或枯枝落叶上越冬；华中以各虫态在多种杂草上或树皮缝中越冬；华南地区由于冬季气温高继续繁殖为害。翌年早春气温高于 10℃，越冬成螨开始大量繁殖，有的于 4 月中下旬至 5 月上中旬迁入枣树上或菜田为害枣树、茄子、豆类、棉花、玉米等，先是点片发生，后向周围扩散。在植株上先为害下部叶片，后向上蔓延，繁殖数量多及大发生时，常在叶或茎、枝的端部群聚成团，滚落地面被风刮走造成扩散蔓延。为害枣树者多在 6 月中下旬至 7 月上树，当气温 29~31℃，空气相对湿度 35%~55% 时适其繁殖，一般 6—8 月为害重，空气相对湿度高于 70% 繁殖受抑。天敌主要有腾岛螨和巨须螨 2 种，应注意保护利用。

【防治方法】参见朱砂叶螨。

二十八、条螟

属鳞翅目，螟蛾科。又称高粱条螟、甘蔗条螟。分布在东北、华北、华东、华南等地区。

【形态特征】

成虫体长 10~14mm，翅展 24~34mm，雄蛾浅灰黄色。头、胸背面浅黄色，下唇须向前方突出，长。复眼暗黑色。前翅灰黄色，中央具 1 小黑点，外缘略呈一直线，内具 7 个小黑点，翅面具黑褐色纵线 20 多条；后翅色浅。雌蛾近白色。腹部、足黄白色。条螟前翅上纵纹较深，前翅外缘顶角、臀角较宽，体型稍大，区别于粟灰螟。卵扁平椭圆形，表面具龟甲状纹，大小 1.5mm×0.9mm，常排列成"人"字形双行重叠状卵块，区别于玉米螟和粟灰螟。卵块由数粒或几十粒卵组成，初乳白色，后变深黄色。末龄幼虫体长 20~30mm，初乳白色，上生淡红褐色斑连成条纹，后变为淡黄色。该虫分夏型和冬型。前者腹部各节背面具 4 个黑褐色斑点，上具刚毛，排列成正方形，前 2 个斑椭圆形，后 2 个近长方形。冬型幼虫越冬前脱皮 1 次，脱皮后其黑褐斑点消失，体背出现紫褐色纵线 4 条，腹面纯白色。蛹红褐至黑褐色，腹末端具 2 个凸起，每个凸起上具 2 刺。蛹尾部较钝，有别于玉米螟。

【为害特点】初孵幼虫为害心叶，受害叶展开后有横列的小孔和一层透明表皮，为"花叶期"。幼虫在心叶为害 10~14 天，3 龄后分散，由叶鞘间隙侵入茎。被蛀茎秆内可见幼虫数头或 10 余头，受害茎秆遇风易折倒，影响产量和品质。

【生活习性】辽宁南部、河北、山东、河南、江苏北部年发生 2 代，江西 4 代，广东、台湾 4~5 代，均以末龄幼虫在高粱、玉米或甘蔗秸秆中越冬，个别在玉米穗轴中越冬。北方越冬幼虫于 5 月中下旬开始化蛹，蛹期 10~15 天，5 月下旬至 6 月上旬羽化。安徽淮北越冬幼虫于 5 月上旬开始化蛹，5 月中旬进入化蛹盛期，5 月下旬至 6 月上旬羽化。江西 4 月下旬羽化、广东汕头 3 月中旬至 4 月下旬羽化。成虫喜在夜间活动，白天栖息在寄主近地面处茎叶背面，喜欢把卵产在叶背基部至中部，个别产在正面或茎秆上，每雌200~250粒，卵期5~7天，河北至安徽淮北一代卵全产在春高粱、玉米心叶上，第一代幼虫于6月中、下旬出现并为害心叶。第一代成虫7月下旬至8月上旬盛发，8月中旬进入2代卵盛期，2代幼虫于8月中下旬为害夏玉米和夏高粱的穗部，有的留在茎秆内越冬。成虫昼伏夜出，有一定趋光性，羽化后2~3天交尾产卵，初孵幼虫活泼灵敏，爬行快，喜群集于心叶内啃食叶肉，留下表皮，待心叶伸出时可见网状小斑或很多不规则小孔，但不是排孔，幼虫在心叶内发育至3龄，不等寄主抽雄或抽穗，便从节的中间叶鞘蛀入茎秆，有别于玉米螟。遇风时，受害处呈刀割般折断。受害茎秆里同一孔道内常有数条幼虫，该虫龄数差别较大，少的仅4龄，多的9龄，一般多为6~7龄。生产上遇有越冬幼虫基数大，越冬死亡率低，春雨多，湿度大时，第一代发生重。天敌主要有赤眼蜂、黑卵蜂、绒茧蜂、稻螟瘦姬蜂等。田间玉米螟赤眼蜂对2代卵的寄生率很高。

【防治方法】

（1）及时处理秸秆，结合不同用途对秸秆进行粉碎、烧、沤、铡、泥封等，彻底处理越冬寄主，以减少虫源。

（2）在玉米心叶期，防治条螟时，可用颗粒剂，撒入喇叭口内，穗期防治时，将颗粒剂撒在植株上部几片叶子的叶腋间和穗基部。常用药剂有1.5%辛硫磷颗粒剂、1%西维因颗粒剂等。

（3）应用赤眼蜂进行生物防治。具体方法参见玉米螟。

第三节　玉米病虫害综合防治技术

为害玉米的病虫害，种类多、变化大，玉米生育各个时段均能受害。因此，应从生态系整体出发，根据各地不同的种植结构，不同的栽培品种，从玉米生产全过程考虑，确定相应的防治对策。

一、农业防治

农业防治是综合防治的基础，主要包括玉米抗病品种的选用，控害高产栽培技术及其他可行的减少或杜绝病虫源、减轻病虫害的措施。

（一）选用抗病虫品种

利用作物本身的抗性，以免除或减轻病虫为害，具有经济、有效、无公害、易于大面积推广的优点。但是，任何一个品种都不可能避免所有病虫的为害，因此，在不断选育新的多抗性品种和抗源自交系的同时，应做好现有品种的合理利用，克服品种布局单一化，延缓品种抗性的丧失。

（二）改进耕作制度

在一个地区或全部改种春玉米，根绝玉米播种期参差不齐的现象，以减轻中、晚播玉米的病害损失；或改春玉米为春、夏玉米结合，并以夏玉米为主，可使一代钻蛀性害虫集中在春玉米上，不仅便于集中防治，而且减少以后各代发生的虫源。

（三）大力推广种子包衣技术

种子包衣可确保种子无毒、无菌，而且可以避免苗期的地下害虫和蚜虫的为害，是一项投资少、效益好的新技术，值得大力推广。

（四）推广控害高产技术

选用成熟饱满的种子，提前晒种，促进苗齐、苗壮，减少病害侵染。在丝黑穗病发生严重地区应适期晚播。在玉米大、小斑病发生严重地区应种植丰产、早熟品种，适期早播，减轻为害。育苗移栽、带状种植、地膜覆盖、配方施肥，促使玉米生长健壮，增强作物抗病虫性能和优化天敌生长环境。加强中耕除草，减少黏虫、大螟、小地老虎等的生活场所及低龄幼虫早期饲料，改变田间小气候，降低田间湿度，抑制和减轻玉米其他病虫的为害。

人工处理：玉米蛀茎类害虫一般在玉米、高粱、稻茬等秸秆内越冬，在清明节前，越冬幼虫尚未化蛹羽化前将玉米秸秆、穗轴、根茬等，采用做燃料、沤肥或粉碎作饲料，留作他用的秸秆要注意杀虫、消毒，以减少越冬病虫源。发病初期，及时拔除下部病叶（鞘），减轻大、小斑病和纹枯病为害。及时拔除病虫株，防止丝黑穗病的扩散和大螟转株为害；利用黏虫的产卵习性，在田间插小草把诱卵和人工摘除黏虫及大螟卵块，可减轻幼虫为害。

设置诱杀：根据玉米螟成虫产卵有趋株高、叶茂嫩绿及趋糖的习性，可设置诱杀田，吸引雌蛾产卵，在心叶末期集中诱杀。

二、生物防治

通过研究已经发现玉米害虫的天敌有148种，蚜虫的天敌有瓢虫、食蚜蝇、蚜茧蜂等；黏虫的天敌有寄生蜂、寄生蝇、蜘蛛等，特别是黏虫黑卵蜂、螟蛉绒茧蜂等；玉米螟的天敌有玉米螟厉寄蝇、厚唇姬蜂，草间小黑蛛、赤眼蜂等；大螟的天敌有大螟黑卵蜂、大螟瘦姬蜂等；除此之外，玉米钻蛀性害虫也易受到真菌、细菌等病原物的感染。

目前生产上的生物防治一是饲养赤眼蜂防治玉米螟，其寄生率可达70%

以上。还可使用"生物导弹"进行防治。二是利用绿僵菌、白僵菌治螟，可推广应用白僵菌封垛的办法，有效降低越冬代虫口基数，一般处理区越冬幼虫的存活率仅为13%，而未处理区则为71%。

玉米田中存在许多天敌，但自然界天敌受气候、环境、寄主及人为因素影响很大，数量极不稳定，每年消长变化较大。要充分发挥天敌的控制作用，除了加强调查，掌握它们的发生规律外，还应通过抓好农业防治，优化天敌栖息、繁殖的生态环境，注意选用不杀伤天敌的农药品种和剂型，尽量减少施药次数，掌握施药适期等措施加以保护利用。同时，对玉米地的中性昆虫进行相应的保护，以促进捕食性昆虫和蜘蛛种群数量的发展。

三、化学防治

（一）玉米播种期

这时期的害虫主要有蛴螬、蝼蛄、金针虫等地下害虫，药剂拌种可以减少地下害虫及其他害虫的为害。玉米茎腐病是典型的土传病害，玉米瘤黑粉病、玉米丝黑穗病、玉米纹枯病、玉米褐斑病主要是靠种子或土壤带菌进行传播的，对于这些病害，进行种子处理是最有效的防治措施。

防治玉米茎腐病可以用50%甲基硫菌灵可湿性粉剂500~1 000倍液浸种2h，清水洗净后播种。防治玉米瘤黑粉病、玉米丝黑穗病、玉米纹枯病、玉米褐斑病，可用种子重量0.5%~0.7%的50%多菌灵可湿性粉剂拌种。防治小地老虎、蛴螬、金针虫等，用9%克百威悬浮种衣剂180~200mL对100kg的种子进行包衣；或用50%辛硫磷乳油0.5kg加水20~25kg拌种子250~300kg；或用40%甲基异柳磷乳油0.5kg加水15~20kg拌种200kg。

（二）玉米苗期

主要以黏虫、玉米螟、玉米旋心虫、蛀茎夜蛾等害虫为主，兼防蛴螬、蝼蛄、地老虎、金针虫等地下害虫，同时，也要防治蚜虫、灰飞虱等传播病毒的害虫。

田间发生黏虫、玉米螟、棉铃虫等害虫，在2~3龄幼虫期及时防治，可用下列药剂2.5%氟氯氰菊酯25~50mL/亩；20%辛硫磷乳油200~250mL/亩；1%甲氨基阿维菌素苯甲酸盐乳油5~10mL/亩；1.8%阿维菌素乳油20~40mL/亩。对水40~50kg，均匀喷雾。

玉米旋心虫、蛀茎夜蛾的田块，用1.8%阿维菌素乳油2 500倍液；40%乐果乳油500倍液；90%敌百虫晶体300倍液喷淋根部防治。

发生蚜虫、灰飞虱时，应及时防治，可用下列药剂：10%吡虫啉可湿性粉剂 2 000～4 000 倍液；3% 啶虫脒乳油 2 000～2 500 倍液；10% 烯啶虫胺可溶性剂 4 000～5 000 倍液；25% 噻嗪酮可湿性粉剂 20～25g/亩。对水 40～50kg，均匀喷雾。

发现有地下害虫为害时，可用 1.8% 阿维菌素乳油 40～60mL/亩；48% 毒死蜱乳油 70～90mL/亩；加细土 25～30kg 拌匀后顺垄条施，或用 3% 克百威颗粒剂 2～3kg/亩；5% 丙硫克百威 2～3kg/亩；3% 辛硫磷颗粒剂 4kg/亩。对细沙混合条施防治地下害虫。

对于玉米粗缩病、玉米矮花叶病病毒病发病较重的地区，在发病前或发病初期及早施药预防，可以喷施 5% 菌毒清水剂 500 倍液、2% 宁南素水剂 200～100mL/亩。对水 40～50kg 喷施。

（三）玉米喇叭口期至抽雄期

玉米螟、玉米蚜、黏虫、棉铃虫、纹枯病、玉米大（小）斑病、锈病、茎基腐病、瘤黑粉病的重要发生期。

心叶末期，也就是大喇叭口期，是防治玉米螟、棉铃虫的关键时期，可以用颗粒剂撒施心叶，防效较好，可以施用：10% 二嗪磷颗粒剂 0.4～0.6kg/亩；1.5% 辛硫磷颗粒剂 0.5～0.75kg/亩。拌细土 15～20kg 灌心。

玉米心叶期至抽雄期，在玉米螟、棉铃虫 2～3 龄幼虫期，也可以喷施下列药剂：1.8% 阿维菌素乳油 20～40mL/亩；1% 甲氨基阿维菌素苯甲酸盐乳油 5～10mL/亩；20% 辛硫磷乳油 200～250mL/亩。对水 40～50kg 均匀喷雾。

防治玉米纹枯病可用 40% 多菌灵悬浮剂 80～100mL/亩；70% 甲基硫菌灵可湿性粉剂 70～90g/亩。对水 50kg 均匀喷雾，间隔 7～10 天喷 1 次。连续 2～3 次。

（四）玉米穗期至成熟期

玉米锈病高发期，可用 25% 三唑酮可湿性粉剂 100g/亩，或用 12.5% 烯唑醇可湿性粉剂 40g/亩。对水 40～50kg 均匀喷雾，间隔 10 天左右喷 1 次，连防 2～3 次。

玉米穗期，玉米螟、棉铃虫等害虫钻食穗部为害，可以用下列药剂对水和细土，配成药泥，涂抹于穗尖红缨部位，可以达到较好的防治效果：40% 辛硫磷乳油 1 000～2 000 倍液；45% 马拉硫磷乳油 1 000～1 800 倍液；90% 敌百虫可溶性粉剂 1 200～1 500 倍液；4.5% 高效氯氰菊酯乳油 1 000～2 000 倍液；1% 甲氨基阿维菌素苯甲酸盐乳油 2 000～3 000 倍液。

第三章　水稻

　　水稻作为我国主要粮食作物，在河南省近几年的播种面积都达到 900 万亩。发展水稻生产对满足人民生活需求和保障粮食安全具有重要的战略意义。病虫害是水稻生产中最主要的生物灾害，对水稻高产、稳产和优质生产具有重要的影响。据资料记载，我国水稻病害有 70 余种，害虫有 600 余种，本章介绍河南地区水稻生产上发生较普遍的病害 17 种，虫害 11 种。

第一节　病害

一、水稻恶苗病

　　【病原】称串珠镰孢，属半知菌亚门真菌。

　　【症状特点】全国各稻区均有发生。病谷粒播后常不发芽或不能出土。苗期发病病苗比健苗细高，叶片叶鞘细长，叶色淡黄，根系发育不良，部分病苗在移栽前死亡。在枯死苗上有淡红或白色霉粉状物，即病原菌的分生孢子。田间发病时，节间明显伸长，节部常有弯曲露于叶鞘外，下部茎节逆生多数不定须根，分蘖少或不分蘖。剥开叶鞘，茎秆上有暗褐条斑，剖开病茎可见白色蛛丝状菌丝，以后植株逐渐枯死。湿度大时，枯死病株表面长满淡褐色或白色粉霉状物，后期生黑色小点即病菌囊壳。病轻的提早抽穗，穗形小而不实。抽穗期谷粒也可受害，严重的变褐，不能结实，颖壳夹缝处生淡红色霉，病轻不表现症状，但内部已有菌丝潜伏。

　　【发病规律】带菌种子和病稻草是该病发生的初侵染源。浸种时带菌种子上的分生孢子污染无病种子而传染。严重时，引起苗枯，死苗会产生分生孢子，传播到健苗，引起到，后期引起花器感染，侵入颖片和胚乳内，造成秕谷或畸形，在颖片合缝处产生淡红色粉霉。病菌侵入晚，谷粒虽不显症状，但菌丝已侵入内部使种子带菌。脱粒时与病种子混收，也会使健康种子带菌。土温 30~50℃ 时易发病，伤口有利于病菌侵入；旱育秧较水育秧发病重；增施氮肥刺激病害发展；施用未腐熟有机肥发病重；一般籼稻较粳稻发病重，糯稻发病轻；晚播发病重于早稻。

【防治措施】

（1）建立无病留种田，选栽抗病品种，避免种植感病品种。

（2）加强栽培管理，催芽不宜过长，拔秧要尽可能避免损根。做到"五不插"：即不插隔夜秧，不插老龄秧，不插深泥秧，不插烈日秧，不插冷水浸的秧。

（3）清除病残体，及时拔除病株并销毁，病稻草收获后作燃料或沤制堆肥。

（4）种子处理。用 1% 石灰水澄清液浸种，15~20℃ 时浸 3 天，25℃ 浸 2 天，水层要高出种子 10~15cm，避免直射光。或用 2% 福尔马林浸（闷）种 3 小时，气温高于 20℃ 用闷种法，低于 20℃ 用浸种法。或用 40% 拌种福美双可湿性粉剂 100g 或 50% 多菌灵可湿性粉剂 150~200g，加少量水溶解后拌稻种 50kg，或用 50% 甲基硫菌灵可湿性粉剂 1 000 倍液浸种 2~3 天，每天翻种子 2~3 次。或用 45% 咪鲜胺 2mL 对水 5~6L，浸稻种 3kg 浸 72 小时或用 35% 恶霉灵胶悬剂 200~250 倍液浸种，种子量与药液比为 1：（1.5~2），温度 16~18℃ 浸种 3~5 天，早晚各搅拌一次，浸种后带药直播或催芽。经外用 20% 净种灵可湿性粉剂 200~400 倍液浸种 24h，或用 25% 咪鲜胺乳油 3 000 倍液浸种 72h，也可用 80% 强氯精 300 倍液浸种，早稻浸 24h，晚稻浸 12h，再用清水浸种，防效 98%。

二、水稻稻苗疫病

【病原】 草莓疫霉稻疫霉变种，属鞭毛菌亚门真菌。

【症状特点】 主要在早、中稻秧苗和早稻大田前期发生，长江流域发生多。为害秧苗叶片。叶上初生黄白色小圆斑，后扩展成灰绿色水渍状不规则条斑，严重时病斑融合使叶片纵卷或折倒。湿度大时病斑上可见白色稀疏霉层，即病菌孢囊梗和孢子囊。病斑渐褐变、中央灰褐色，白色霉层逐渐变为灰白色，常造成稻苗中、下叶片局部枯死，严重时整叶或整株死亡。

【发病规律】 病菌以卵孢子在土壤中越冬，翌年有水存在条件下萌发，产生游动孢子侵入为害。饱和湿度条件下病斑上才能产生孢囊梗，孢子囊产生需有水滴或水膜存在。游动孢子休止后由休止孢产生芽管从叶片气孔侵入寄主。受侵染秧苗在饱和湿度下形成典型病斑，相对湿度 60%~90% 只产生淡褐色小斑。发病适宜温度 16~21℃，气温超过 25℃病害受抑。阴雨连绵有利于发病，3 叶期前后秧苗最易感病。秧田水淹或深灌有利发病，串灌病害易于流行。播种过密，秧苗弱易发病。偏施氮肥发病重。

【防治措施】

（1）选地势高的田块秧田，且秧田要年年轮换。

（2）加强肥水管理，要浅水勤灌，防止串灌，适当增施磷钾肥，提高抗病力。

（3）药剂防治。秧苗 3 叶期喷洒 72.25%霜霉威水剂 800 倍液、64%恶霜灵可湿性粉剂 600 倍液、40%甲霜铜可湿性粉剂 800 倍液或 1∶2∶240 倍式波尔多液。

三、水稻烂秧病

【病原】一类是禾谷镰刀菌、尖孢镰刀菌、立枯丝核菌、稻德氏霉，均属半知菌亚门真菌，引致水稻立枯病。另一类是层出绵霉、稻腐霉，属鞭毛菌亚门真菌，引致水稻绵腐病。

【症状特点】烂秧是秧田中发生的烂种、烂芽和死苗的总称。

（1）烂种。指播种后不能萌发的种子或播后腐烂不发病。

（2）烂芽。指萌动发芽至转青期间芽、根死亡的现象。我国各稻区均有发生，分为生理性烂秧和传染性烂秧。①生理性烂芽：淤籽，播种过深，芽鞘不能伸长而腐烂；露籽，种子露于土表，根不能插入土中而萎蔫干枯；跷脚，种根不入土而上跷干枯；倒芽，只长芽不长根而浮于水面；钓鱼钩，根、芽生长不良，黄褐卷曲呈现鱼钩状；黑根，根芽受到毒害，呈"鸡爪状"种根和次生根发黑腐烂。②传染性烂芽又分：绵腐型烂芽，低温高湿条件下易发病，发病初在根、芽基部的颖壳破口外产生白色胶状物，渐长出绵毛状菌丝体，后变为土褐或绿褐色，幼芽黄褐枯死，俗称"水杨梅"；立枯型烂芽，开始零星发生，后成簇、成片死亡，初在根芽基部有水浸状淡褐斑，随后长出绵毛状白色菌丝，也有的长出白色或淡粉红霉状物，幼芽基部缢缩，易拔断，幼根变褐腐烂。

（3）死苗。指第一叶展开后的幼苗死亡，多发生于 2~3 叶期。分青枯型和黄枯型两种。①青枯型，叶尖不吐水，心叶萎蔫呈筒状，下叶随后萎蔫筒卷，幼苗污绿色，枯死，俗称"卷心死"，病根色暗，根毛稀少。②黄枯型，死苗从下部叶开始，叶尖向叶基逐渐变黄，再由下向上部叶片扩展，最后茎基部软化变褐，幼苗黄褐色枯死，俗称"剥皮死"。

【发病规律】引致水稻烂秧造成立枯和绵腐的病原真菌，均属土壤真菌，能在土壤中长期营腐生生活。镰刀菌多以菌丝和厚垣孢子在多种寄主的残体上或土壤中越冬，条件适宜时产生分生孢子，借气流传播。丝核菌以菌丝和菌核在寄主病残体或土壤中越冬，靠菌丝在幼苗间蔓延传播。至于腐霉菌普遍存在，以菌丝或卵孢子在土壤中越冬，条件适宜时产生游动孢子囊，游动孢子借水流传播。水稻绵腐病、腐霉菌寄主性弱，只在稻种有伤口，如种子破损、催芽热伤及冻害情况下，病菌才能侵入种子或幼苗，孢子随水流扩散传播，遇有寒潮可造成毁灭性损失。其病因先是冻害或伤害，以后才演变成侵染性病害，第二病原才是绵腐、腐霉等真菌。在这里冻害和伤害是第一病因，在植物病态出现以前就持续存在，多数非侵染病害终会演变为侵染性病害，病三角中外界因素往往是第一病因，病原物是第二病原。但是真菌的为害也是明显的，低温烂秧与绵腐病的症状区别是明显的。生产上防治此类病害，应考虑两种病因，即将外界环境条件和病原菌同时考虑，才能收到明显的防效。生产上低温缺氧易引致发病，寒流、低温阴雨、秧田水深、有机肥未腐熟等条件有利于发病。烂种多由贮藏期受潮、浸种不透、换水不勤、催芽温度过高或长时间过低所致。烂芽多因秧田水深缺氧或暴热、高温烫芽等引发。青、黄苗枯一般是由于在 3 叶期左右缺水而造成的，如遇低温袭击，或冷后暴晴则加快秧苗死亡。

【防治措施】防治水稻烂秧的关键是抓育苗技术，改善环境条件，增强抗病力，必要时辅以药剂防治。

（1）改进育秧方式。因地制宜地采用旱育秧稀植技术或采用薄膜覆盖或温室蒸气育秧，露地育秧应在湿润育秧基础上加以改进。秧田应选在背风向阳、肥力中等、排灌方便、地势较高的平整田块，秧畦要干耕、干做、水糊，提倡施用日本酵素菌沤制的堆肥或充分腐熟有机肥，改善土壤中微生物结构。

（2）精选种子，选成熟度好、纯度高且干净的种子，浸种前晒种。

（3）抓好浸种催芽关。浸种要浸透，以胚部膨大凸起，谷壳呈半透明状，透过谷壳隐约可见胚为准，但不能浸种过长。催芽要做到"高温（36～38℃）露白、适温（28～32℃）催根、淋水长芽、低温炼苗。也可施用 ABT4 号生根粉，使用浓度为 13mg/kg，南方稻区浸种 2h，北方稻区浸种 8～10h，捞出后用清水冲芽即可，也可在移栽前 3～5 天，对秧苗进行喷雾，浓度同上。对水稻立枯病防效优异。

（4）提高播种质量。根据品种特性，确定播期、播种量和苗龄。日均气温稳定超过12℃时方可播于露地育秧，均匀播种，根据天气预报使播后有3~5个晴天，有利于谷芽转青来调整浸种催芽时间。播种以谷陷半粒为宜，播后撒灰，保温保湿有利于扎根竖芽。

（5）加强水肥管理。芽期以扎根立苗为主，保持畦面湿润，不能过早上水，遇霜冻短时灌水护芽。一叶展开后可适当灌浅水，2~3叶期灌水以减小温差，保温防冻。寒潮来临要灌"拦腰水"护苗，冷空气过后转为正常管理。采用薄膜育苗的于上午8：00—9：00要揭膜放风，放风前先上薄皮水，防止温湿度剧变。发现死苗的秧田每天灌一次"跑马水"，并排出。小水勤灌，冲淡毒物。施肥要掌握基肥稳、追肥少而多次，先量少后量大，提高磷钾比例。齐苗后施"破口"扎根肥，可用清粪水或硫酸铵掺水洒施，二叶展开后，早施"断奶肥"。秧苗生长慢，叶色黄，遇连阴雨天，更要注意施肥。盐碱化秧田要灌大水冲洗芽尖和畦内盐霜，排除下渗盐碱。

（6）药剂防治。对立枯菌、绵腐菌混合侵染引起的烂秧，首选40%灭枯散可溶性粉剂（40%甲敌粉）。使用方法：一袋100g装灭枯散，可防治40m²或240个秧盘，预防时，可在播种前拌入床土，也可在稻苗的一叶一心期浇。治疗时，可在发病初期浇施，先用少量清水把药剂和成糊状，再全部溶入110kg水中，用喷壶浇即可。此外也可喷洒30%立枯灵可湿性粉剂500~800倍液或广灭灵水剂500~1 000倍液，喷药时应保持薄水层。也可在进水口用纱布袋装入90%以上硫酸铜100~200g，随水流灌入秧田。绵腐病严重时，秧田应换清水2~3次后再施药。

（7）提倡采用地膜覆盖栽培水稻新技术。水稻地膜覆盖能有效地解决低温制约水稻发生烂秧及低产这个水稻生产上的难题，可使土壤的温、光、水、气重新优化组合，创造水稻良好的生育环境，解决水稻烂秧，创造高产。

四、水稻霜霉病

【病原】大孢指疫霉水稻变种，属鞭毛菌亚门真菌。

【症状特点】又称黄化萎缩病。秧田后期开始显症，分蘖盛期症状明显。叶片上发病初生黄白小斑点，后形成表面不规则条纹，斑驳花叶。病株心叶淡黄，卷曲，不易抽出，下部老叶渐枯死，根系发育不良，植株矮缩。受害叶鞘略松软，表面有不规则波纹或产生皱抗折、扭曲，分蘖减少。若全部分蘖感病，重病株不能孕穗，轻病株能孕穗但不能抽出，包裹于剑叶叶鞘中，或从其侧拱出成拳状，穗小不实、扭曲畸形。在秧田后期及本田前期发病重。

【发病规律】该菌能侵染禾本科植物 43 属。病菌以卵孢子随病残体在土壤中越冬。翌年卵孢子萌发，侵染杂草或稻苗。卵孢子借水流传播，水淹条件下卵孢子产生孢子囊和游动孢子，游动孢子活动停止后很快产生菌丝侵害水稻。卵孢子在 10~26℃ 都可萌发，19~20℃。10~25℃ 都能致病，15~20℃ 最适。秧苗期是水稻主要感病期，大田病株多从秧田传入。秧田水淹、暴雨或连阴雨发病严重，低温有利于发病。

【防治措施】

（1）选地势较高地块做秧田，建好排水沟。

（2）清除病源，拔除杂草、病苗。

（3）药剂防治。发病初期喷洒 25%甲霜灵可湿性粉剂 800~1 000 倍液或 90%霜疫净可湿性粉剂 400 倍液、80%霜脲氰可湿性粉剂 700 倍液、64%恶霜灵可湿性粉剂 600 倍液、58%甲霜灵·锰锌或 70%乙磷·锰锌可湿性粉剂 600 倍液、72.2%霜霉威水剂 800 倍液。

五、水稻稻瘟病

【病原】稻梨孢，属半知菌亚门真菌。有性态属子囊菌亚门真菌。

【症状特点】又称稻热病、火烧瘟、叩头瘟。分布在全国各稻区，主要为害叶片、茎秆、穗部。因为害时期、部位不同，分为苗瘟、叶瘟、节瘟、穗颈瘟、谷粒瘟。

（1）苗瘟。发生于 3 叶前，由种子带菌所致。病苗基部灰黑色，上部变褐色，卷缩而死，湿度较大时病部产生大量灰黑色霉层，即病原菌分生孢子梗和分生孢子。

（2）叶瘟。在整个生育期都能发生。分蘖至拔节期为害较重。由于气候条件和品种抗病性不同，病斑分为 4 种类型。①慢性型病斑：开始在叶上产生暗绿色小斑，渐扩大为梭形斑，常有延伸的褐色坏死线。病斑中央灰白色，边缘褐色，外有淡黄色晕圈，叶背有灰色霉层，病斑较多时连片形成不规则大斑，这种病斑发展较慢。②急性型病斑：在感病品种上形成暗绿色近圆形或椭圆形病斑，叶片两面都产生褐色霉层，条件不适应发病时转变为慢性型病斑。③白点型病斑：感病的嫩叶发病后，产生白色近圆形小斑，不产生孢子，气候条件利其扩展时，可转为急性型病斑。④褐点型病斑：多在高抗品种或老叶上，针尖大小的褐点只产生于叶脉间，较少产孢，该病在叶舌、叶耳、叶枕等部位也可发病。

（3）节瘟。常在抽穗后发生，初在稻节上产生褐色小点，后渐绕节扩展，使病部变黑，易折断。发生早的形成枯白穗。仅在一侧发生的造成茎秆弯曲。

（4）穗颈瘟。初形成褐色小点，放展后使穗颈部变褐，也造成枯白穗。发病晚的造成秕谷。枝梗或穗轴受害造成小穗不实。谷粒瘟产生褐色椭圆形或不规则斑，可使稻谷变黑。有的颖壳无症状，护颖受害变褐，使种子带菌。

【发病规律】病菌以分生孢子和菌丝体在稻草和稻谷上越冬。翌年产生分生孢子借风雨传播到稻株上，萌发侵入寄主向邻近细胞扩展发病，形成中心病株。病部形成的分生孢子，借风雨传播进行再侵染。播种带菌种子可引起苗瘟。适温高湿，有雨、雾、露存在条件下有利于发病。菌丝生长温限8~37℃，最适温度26~28℃。孢子形成温限10~35℃，以25~28℃最适，相对湿度90%以上。孢子萌发需有水存在并持续6~8h。适宜温度才能形成附着胞并产生侵入丝，穿透稻株表皮，在细胞间蔓延摄取养分。阴雨连绵，日照不足或时晴时雨，或早晚有云雾或结露条件，病情扩展迅速。品种抗性因地区、季节、种植年限和生理小种不同而异。籼型品种一般优于粳型品种。同一品种在不同生育期抗性表现也不同，秧苗4叶期、分蘖期和抽穗期易感病，圆秆期发病轻，同一器官或组织在组织幼嫩期发病重。穗期以始穗时抗病性弱。偏施过施氮肥有利发病。放水早或长期深灌，根系发育差，抗病力弱，发病重。

【防治措施】

（1）因地制宜选用2~3个适合当地抗病品种，如早稻：早58、湘早籼3号，湘早籼21号，湘早籼22号，86-44，87-156，皖稻61，赣早籼39号，赣早籼42号，赣早籼41号，博优湛19号，中优早81号，中丝2号，培两优288号，华籼占，油优77；中稻：七袋占1号，七秀占3号，培杂山青，三培占1号，滇引陆粳1号，宁粳17号，宁糯4号，杨辐籼2号，胜优2号，杨稻2号，杨稻4号，东循101，东农419，七优7号，嘉45，秀水1067，皖稻28、皖稻32、皖稻34、皖稻36号、皖稻59号，汕优89号，特优689，汕优397，汕优多系1号，满仓515，泉农3号，金优63，汕优多系1号；晚稻：秀水644，原粳4号，津稻308，京稻选1号，冀粳15号，花粳45号，辽粳244，沈农9017，冈优22，毕粳37，滇杂粳2号，冈优2号，滇籼13号、滇籼14号、滇籼40号，宁粳15、宁粳16号等抗稻瘟病品种。水稻旱种时可选用临稻3号、临稻5号、京31119、中国91等抗穗颈瘟品种。水稻进行旱直播时可选用郑州早粳、中花 8 号等抗病品种。

（2）无病田留种，处理病稻草，消灭菌源。

（3）按水稻需肥规律，采用配方施肥技术，后期做到干湿交替，促进稻叶老熟，增强抗病力。

（4）种子处理。用 56℃ 温汤浸种 5min。用 10%401 抗菌剂 1 000 倍液或 80%402 抗菌剂 2 000 倍液、70% 甲基硫菌灵可湿性粉剂 1 000 倍液浸种 2 天。也可用 1% 石灰水浸种，水面高出稻种 15cm 10~15℃ 浸 6 天，20~25℃ 浸 1~2 天，静置，捞出后用清水冲洗 3~4 次。用 2% 福尔马林浸种 20~30min，然后用薄膜覆盖闷种 3h。

（5）药剂防治。抓住关键时期，适时用药。早抓叶瘟，狠治穗瘟。发病初期喷洒 20% 三环唑可湿性粉剂 1 000 倍液或用 40% 稻瘟灵乳油 1 000 倍液、50% 多菌灵或 50% 甲基硫菌灵可湿性粉剂 1 000 倍液、50% 稻瘟肽可湿性粉剂 1 000 倍液、40% 克瘟散乳剂 1 000 倍液、50% 异稻瘟净乳剂 500~800 倍液、5% 菌毒清水剂 500 倍液。上述药剂也可添加 40mg/kg 春雷霉素或展着剂效果更好。叶瘟要连防 2~3 次，穗瘟要着重在抽穗期进行保护，孕穗期（破肚期）和齐穗期是防治适期。

六、水稻胡麻斑病

【病原】稻平脐蠕孢，属半知菌亚门真菌。有性态称宫部旋孢腔菌，属子囊菌亚门真菌，仅在培养基上发现，自然条件下不产生。

【症状特点】又称水稻胡麻叶枯病。全国各稻区匀有发生。从秧苗期至收获期均可发病，稻株地上部均可受害，以叶片为多。种子芽期受害，芽鞘变褐，芽未抽出，子叶枯死。①苗期叶片、叶鞘发病：多为椭圆病斑，如胡麻粒大小，暗褐色，有时病斑扩大连片成条形，病斑多时秧苗枯死。②成株叶片染病：初为褐色小点，渐扩大为椭圆斑，如芝麻粒大小，病斑中央褐色至灰白，边缘褐色，周围有深浅不同的黄色晕圈，严重时连成不规则大斑。病叶由叶尖向内干枯，潮褐色，死苗上产生黑色霉状物（病菌分生孢子梗和分生孢子）。③叶鞘上染病。病斑初椭圆形，暗褐色，边缘淡褐色，水渍状，后变为中心灰褐色的不规则大斑。④穗颈和枝梗发病：受害部暗褐色，造成穗枯。⑤谷粒染病：早期受害的谷粒灰黑色扩至全粒，造成秕谷。后期受害病斑小，边缘不明显。病重谷粒质脆易碎。气候湿润时，上述病部长出黑色绒状霉层，即病原菌分生孢子梗和分生孢子。

【发病规律】病菌以菌丝体在病残体或附在种子上越冬，成为翌年初侵染源。病斑上的分生孢子在干燥条件下可存活 2~3 年，潜伏菌丝体能存活 3~4 年，菌丝翻入土中经一个冬季后失去活力。带病种子播后，潜伏菌丝体可直接侵害幼苗，分生孢子可借风吹到秧田或本田，萌发菌丝直接穿透侵入或从气孔侵入，条件适宜时很快出现病症，并形成分生孢子，借风雨传播进行再侵染。高温高湿、有雾露存在时发病重。酸性土壤，砂质土，缺磷少钾时发病。旱秧田发病重。菌丝生长温限 5~35℃，24~30℃最适，分生孢子形成温限 8~33℃，30℃最适。萌发温限 2~40℃，24~30℃最适。孢子萌发需有水滴存在，相对湿度大于 92.5%。饱和湿度下 25~28℃，4h 就可侵入寄主。

【防治措施】

（1）深耕灭茬，压低菌源。病稻草要及时处理销毁。

（2）选在无病田留种或种子消毒。

（3）增施腐熟堆肥做基肥，及时追肥，增加磷钾肥，特别是钾肥的施用可提高植株抗病力。酸性土注意排水，适当施用石灰。要浅灌勤灌，避免长期水淹造成通气不良。

（4）药剂防治参见稻瘟病。

七、水稻菌核秆腐病

【病原】 稻卷芒双曲孢霉，属半知菌亚门真菌，是小球菌核病菌的变种，有性态尚未发现。

【症状特点】 水稻菌核秆腐病主要包括稻小球菌核病和小黑菌核病。两病单独或混合发生，又称小粒菌核病或秆腐病，它们和稻褐色菌核病、稻球状菌核病、稻灰色菌核病等，总称为水稻菌核病或秆腐病。我国各稻区均有发生，但各地优势菌不同，长江流域以南主要是小球菌核病和小黑菌核病。小球菌核病和小黑菌核病症状相似，侵害稻株下部叶鞘和茎秆，初在近水面叶鞘上产生褐色小斑，后扩展为黑色纵向坏死线及黑色大斑，上生稀薄浅灰色霉层，病鞘内常有菌丝块。小黑菌核病不形成菌丝块，黑线也较浅。病斑继续扩展使茎基成段变黑软腐，病部呈灰白色或红褐色而腐烂。剥检茎秆，腔内充满灰白色菌丝和黑褐色小菌核。侵染穗颈，引起穗枯。褐色菌核病侵染叶鞘变黄枯死，不形成明显病斑，孕穗时发病致幼穗不能抽出。后期在叶鞘组织内形成球形黑色小菌核。灰色菌核病侵染叶鞘形成淡红褐色小斑，在剑叶鞘上形成长斑，一般不致水稻倒伏，后期在病斑表面和内部形成灰褐色小粒状菌核。

【发病规律】发病较重的主要是小球菌核病和小黑菌核病，主要以菌核在稻桩和稻草或散落于土壤中越冬，可存活多年。当整地灌水时菌核浮于水面，黏附于秧田或叶鞘基部，遇适宜条件（17℃）菌核萌发后产生菌丝侵入叶鞘，后在茎秆及叶鞘内形成菌核。有时病斑表面生浅灰霉层，即病菌分生孢子，分生孢子通过气流或昆虫传播，也可引起再侵染。但主要以病健株接触短距离再侵染为主。菌核数量是次年发病的主要因素。病菌发育温限 11～35℃，适温为 25～30℃。雨日多，日照少利于菌核病发生。深灌、排水不好田块发病重，中期烤田过度或后期脱水早或过早发病重。施氮过多、过迟，水稻贪青病重。单季晚稻较早稻病重。高秆较矮秆抗病，抗病性糯稻>籼稻>粳稻。抽穗后易发病，虫害重伤口多发病重。

【防治措施】

（1）种植抗病品种 因地制宜地选用早广 2 号、汕优 4 号、IR24、粳稻 184、闽晚 6 号、倒科春、冀粳 14 号、丹红、桂潮 2 号、广二 104、双菲、珍汕 97、珍龙 13、红梅早、农虎 6 号、农红 73、生陆矮 8 号、粳稻秀水系统、糯稻祥湖系统、早稻加籼系统等。

（2）减少菌源。病稻草要高温沤制，收割时要齐泥割稻。有条件的实行水旱轮作。插秧前打捞菌核。

（3）加强水肥管理，浅水勤灌，适时晒田，后期灌跑马水，防止断水过早。多施有机肥，增施磷钾肥，特别是钾肥，忌偏施氮肥。

（4）药剂防治。在水稻拔节期和孕穗期喷洒 40%稻瘟灵乳油 1 000 倍液、5%井冈霉素水剂 1 000 倍液、70%甲基硫菌灵可湿性粉剂 1 000 倍液、50%多菌灵可湿性粉剂 800 倍液、50%腐霉利可湿性粉剂 1 500 倍液、50%乙烯菌核利可湿性粉剂 1 000～1 500 倍液、50%异菌脲或 40%菌核净可湿性粉剂 1 000 倍液、20%甲基立枯磷乳油 1 200 倍液。

八、水稻纹枯病

【病原】瓜亡革菌，属担子菌亚门真菌。无性态称立枯丝核菌，属半知菌亚门真菌。

【症状特点】又称云纹病。苗期至穗期都可发病。①叶鞘染病：在近水面处产生暗绿色水浸状边缘模糊小斑，后渐扩大呈椭圆形或云纹形，中部呈灰绿或灰褐色，湿度低时中部呈淡黄或灰白色，中部组织破坏呈半透明状，边缘暗褐。发病严重时，数个病斑融合形成大病斑，呈不规则状云纹斑，常致叶片发黄枯死。②叶片染病：病斑也呈云纹状，边缘褪黄，发病快时病斑呈污绿色，叶片很快腐烂。③茎秆受害：症状似叶片，后期呈黄褐色，易折。④穗颈部受害：初为污绿色，后变灰褐，常不能抽穗，抽穗的秕谷较多，千粒重下降。湿度大时，病部长出白色网状菌丝，后汇聚成白色菌丝团，形成菌核，菌核深褐色，易脱落。高温条件下，病斑上产生一层白色粉霉层即病菌的担子和担孢子。

【发病规律】病菌主要以菌核在土壤中越冬，也能以菌丝体在病残体上或在田间杂草等其他寄主上越冬。翌年春灌时，菌核飘浮于水面与其他杂物混在一起，插秧后菌核黏附于稻株近水面的叶鞘上，条件适宜生出菌丝侵入叶鞘组织为害，气生菌丝又侵染邻近植株。水稻拔节期病情开始激增，病害向横向、纵向扩展，抽穗前以叶鞘为害为主，抽穗后向叶片、穗颈部扩展。早期落入水中菌核也可引发稻株再侵染。早稻菌核是晚稻纹枯病的主要侵染源。菌核数量是引起发病的主要原因。每亩有 6 万粒以上菌核，遇适宜条件就可引发纹枯病流行。高温高湿是发病的另一主要因素。气温 18~34℃ 都可发病，以 22~28℃ 最适。发病相对湿度 70%~96%，90% 以上最适。菌丝生长温限 10~38℃，菌核在 12~40℃ 都能形成，菌核形成最适温度 28~32℃。相对湿度 95% 以上时，菌核就可萌发形成菌丝。6~10 天后又可形成新的菌核。日光能抑制菌丝生长促进菌核的形成。水稻纹枯病适宜在高温、高湿条件下发生和流行。生长前期雨日多、湿度大、气温偏低，病情扩展缓慢，中后期湿度大、气温高，病情迅速扩展，后期高温干燥抑制了病情。气温 20℃ 以上，相对湿度大于 90%，纹枯病开始发生，气温在 28~32℃，遇连续降雨，病害发展迅速。气温降至 20℃ 以下，田间相对湿度小于 85%，发病迟缓或停止发病。长期深灌，偏施、迟施氮肥，水稻郁闭、徒长，均可加剧纹枯病发生和蔓延。

【防治措施】

（1）选用抗病品种，水稻对纹枯病的抗性是水稻和病原菌相互作用的一系列复杂的物理、化学反应的结果，水稻植株具蜡质层、硅化细胞是抵抗和延缓病原菌侵入的一种机械障碍，是衡量品种抗病性指标，也是鉴别品种抗病性的一种快速手段。水稻对纹枯病抗性高的资源较少，目前生产上早稻耐病品种有博优湛 19 号、中优早 81 号。中熟品种有豫粳 6 号、辐龙香糯。晚稻耐病品种有冀粳 14 号、花粳 45 号、辽粳 244 号、沈农 43 号等。

（2）打捞菌核，减少菌源。要每季大面积打捞并带出田外深埋。

（3）加强栽培管理，施足基肥，追肥早施，不可偏施氮肥，增施磷钾肥，采用配方施肥技术，使水稻前期不披叶，中期不徒长，后期不贪青。灌水做到分蘖浅水、够苗露田、晒田促根、肥田重晒、瘦田轻晒、长穗湿润、不早断水、防止早衰，要掌握"前浅、中晒、后湿润"的原则。

（4）药剂防治。抓住防治适期，分蘖后期病穴率达15%即施药防治。首选广灭灵水剂500~1 000倍液或5%井冈霉素100mL对水50L喷雾或对水400L泼浇。或每亩用20%三唑酮乳油50~76mL、50%甲基硫菌灵或50%多菌灵可湿性粉剂100g、30%纹枯利可湿性粉剂50~75g、50%甲基立枯灵（利克菌）或33%纹霉净可湿性粉剂200g，每亩用药液50L。也可用20%稻脚青（甲基砷酸锌）或10%稻宁（甲基砷酸钙）可湿性粉剂100g对水100L喷施，或对水400~500L泼施，或拌细土25kg撒施。还可用5%田安（甲基砷酸铁胺）水剂200g对水100L喷雾或对水400L浇泼，或用500g拌细土20kg撒施，注意用药量和在孕穗前使用，防止产生药害。发病较重时，可选用20%多菌灵乳剂每亩用药125~150mL或用75%多菌灵可湿性粉剂75g与异稻瘟净混用有增效作用，并可兼治稻瘟病。还可用10%灭锈胺乳剂每亩250mL或25%禾穗宁可湿性粉剂每亩用药50~70g，对水75L喷雾，效果好、药效长。也可选用25%敌力脱乳油2 000倍液于水稻孕穗期一次用药能有效地防治水稻纹枯病、叶鞘腐败病、稻曲病及稻粒黑粉病。能兼治水稻中后期多种病害。

九、水稻叶尖枯病

【病原】稻生茎点霉，属半知菌亚门真菌。分生孢子器初埋在稻叶表皮下，后稍外露，黑褐色。有性态为稻小陷壳，属子囊菌亚门真菌。

【症状特点】又称水稻叶尖白枯病。主要为害叶片，病害开始发生在叶尖或叶缘，然后沿叶缘或中部向下扩展，形成条斑。病斑初墨绿色，渐变灰褐色，最后枯白。病健交界处有褐色条纹，病部易纵裂破碎。严重时可致叶片枯死。为害稻谷，颖壳上形成边缘深褐色斑点后，中央呈灰褐色病斑，病谷秕瘦。

【发病规律】病菌以分生孢子器在病叶和病颖壳内越冬。病菌寄主有禾本科杂草10多种，因此带菌杂草也是传播源。越冬分生孢子器遇适宜条件释放出分生孢子，借风雨传播至水稻叶片上，经叶片、叶缘或叶部中央伤口侵入。在拔节至孕穗期形成明显发病中心，灌浆初期出现第二个发病高峰。这期间低温、多雨、多台风有利于病害发生。暴风雨后，稻叶造成大量伤口，病害易大发生。施氮过多、过迟发病重，增施硅肥发病轻。水稻分蘖后期不及时晒田，积水多，发病重。田间密度大，发病重。发病适温25~28℃，菌丝生长温限 10~35℃，最适 22~25℃，分生孢子形成温限 15~30℃，最适 25℃，孢子萌发温限 10~35℃，最适 30℃。

【防治措施】

（1）加强种子检疫，防止传入无病区。

（2）选用抗病品种，粳稻较籼稻抗病。高秆和叶长披软的品种较感病。籼稻的扬稻 3 号，扬稻 4 号，3037，南农 3005，兴籼 1 号较抗病。

（3）施足有机肥，增施磷钾肥和硅肥。分蘖期要适时、适度晒田，生长后期干干湿湿。栽培不可过密，降低田间湿度。

（4）药剂防治。药剂处理种子用 50%多菌灵或 50%甲基硫菌灵可湿性粉剂 250~500 倍液浸种 24~48h、40%禾枯灵可湿性超微粉 250 倍液浸种 24h，效果良好。在水稻孕穗至抽穗扬花期，发现中心病株后选用 40%多菌灵胶悬剂 40mL 或 40%禾枯灵可湿性粉剂 60~75g，每亩对水 60L 喷雾。40%禾枯灵还可兼治稻曲病、云形病、鞘腐病、紫秆病等真菌病害。

十、水稻稻粒黑粉病

【病原】狼尾草腥黑粉菌，属担子菌亚门真菌。孢子堆生在寄主子房里，被颖壳包被，部分小穗被破坏，产生黑粉。

【症状特点】又称黑穗病、稻墨黑穗病、乌米谷等。分布在我国长江流域及以南地区，主要发生在水稻扬花至乳熟期，只为害谷粒，每穗受害 1 粒或数粒乃至数十粒，一般在水稻近成熟时显症。染病稻粒呈污绿色或污黄色，其内有黑粉状物，成熟时腹部裂开，露出黑粉，病粒的内外颖之间具一黑色舌状凸起，常有黑色液体渗出，污染谷粒外表。扒开病粒可见种子内局部或全部变成黑粉状物，即病原菌的厚垣孢子。

【发病规律】病菌以厚垣孢了在种子内和土壤中越冬。种子带菌随播种进入稻田和土壤带菌是主要菌源。该菌厚垣孢子抗逆力强，在自然条件下能存活 1 年，在贮存的种子上能存活 3 年，在 55℃恒温水中浸 10min 仍能存活，通过家禽、畜等消化道后病菌仍可萌发，该菌需经过 5 个月以上休眠，气温高于 20℃，湿度大，通风透光，厚垣孢子即萌发，产生担孢子及次生小孢子。借气流传播到抽穗扬花的稻穗上，侵入花器或幼嫩的种子，在谷粒内繁殖产生厚垣孢子。雨水多或湿度大，施用氮肥过多会加重该病发生。在杂交制种不同组合中，存在着母本内外颖最终不能闭合的现象，称作开颖。开颖率高的组合，如献优 63，开颖率高达 30%~40%，则发病率高。

【防治措施】

（1）实行检疫，严防带菌稻种传入无病区。

（2）注意明确当地老制种田土壤带菌与种子带菌两者作用的主次。以种子带菌为主的地区，播种前必须用10%盐水选种，汰除病粒，然后进行种子消毒，消毒方法参见稻瘟病。

（3）实行2年以上轮作，病区家禽、家畜粪便沤制腐熟后再施用，防止土壤、粪肥传播。

（4）加强栽培管理，避免偏施、过施氮肥，制种田通过栽插苗数、苗龄、调节出秧整齐度，做到花期相遇。孕穗后期喷洒赤霉素等均可减轻发病。此外也可以用40%灭病威胶悬剂200mL、25%三唑酮可湿性粉剂50g，对水50L进行喷雾。使用三唑酮时应避开花期，于下午施药，以免产生药害。此外也可在水稻穗期喷洒25%敌力脱乳油2 000倍液，还可兼治纹枯病、稻曲病、叶鞘腐败病。

（5）选用抗病品种。在杂交稻的配制上，要选用闭颖的品种，可减轻发病。

十一、水稻稻曲病

【病原】稻绿核菌，属半知菌亚门真菌。有性态为稻麦角，属子囊菌亚门真菌。

【症状特点】又称伪黑穗病、绿黑穗病、谷花病、青粉病，俗称"丰产果"。该病只发生于穗部，为害部分谷粒。受害谷粒内形成菌丝块渐膨大，内外颖裂开，露出淡黄色块状物，即孢子座，后包于内外颖两侧，呈黑绿色，初期外包一层薄膜，后破裂，散生墨绿色粉末，即病菌的厚垣孢子，有的两侧生黑色扁平菌核，风吹雨打易脱落。

【发病规律】病菌以落入土中菌核或附于种子上的厚垣孢子越冬。翌年菌核萌发产生厚垣孢子，由厚垣孢子再生小孢子及子囊孢子进行初侵染。气温24~32℃病菌发育良好，26~28℃最适，低于12℃或高于36℃不能生长，稻曲病侵染的时期有的学者认为在水稻孕穗至开花期侵染为主，有的认为厚垣孢子萌发侵入幼芽，随植株生长侵入花器为害，造成谷粒发病形成稻曲。抽穗扬花期遇雨及低温则发病重。抽穗早的品种发病较轻。施氮过量或穗肥过重均可加重病害发生。连作地块发病重。

【防治措施】

（1）选用抗病品种，如南方稻区的广二104，汕优36，扬稻3号，滇粳

40 号等。北方稻区有京稻选 1 号，沈农 514，丰锦，辽粳 10 号等发病轻。

（2）避免病田留种，深耕翻埋菌核。发病时摘除并销毁病粒。

（3）改进施肥技术，基肥要足，慎用穗肥，采用配方施肥。浅水勤灌，后期见干见湿。

（4）药剂防治。用 2% 福尔马林或 0.5% 硫酸铜浸种 3~5h，然后闷种 12h，用清水冲洗催芽。抽穗前用 18% 多·酮粉剂 150~200g 或于水稻孕穗末期每亩用 14% 络氨铜水剂 250g，对水 50L 喷洒。施药时可加入三环唑或多菌灵兼防穗瘟。施用络氨铜时用药时间提前至抽穗前 10 天，进入破口期因稻穗部分暴露，易致颖壳变褐，孕穗末期用药则防效下降。此外也可用 50%DT 可湿性粉剂 100~150g，对水 60~75L，于孕穗期和始穗期各防治 1 次，效果良好。也可选用 40% 禾枯灵可湿性粉剂，每亩用药 60~75g，对水 60L 还可兼治水稻叶尖枯病、云形病、纹枯病等。

十二、水稻白叶枯病

【病原】 水稻黄单胞菌。

【症状特点】 又称白叶瘟、地火烧、茅草瘟。整个生育期均可受害，苗期、分蘖期受害最重，各个器官均可染病，叶片最易染病。其症状因病菌侵入部位、品种抗病性、环境条件有较大差异，常见分 3 种类型。

（1）叶枯型。主要为害叶片，严重时也为害叶鞘，发病先从叶尖或叶缘开始，先出现暗绿色水浸状线状斑，很快沿线状斑形成黄白色病斑，然后沿叶缘两侧或中肋扩展，变成黄褐色，最后呈枯白色，病斑边缘界限明显。在抗病品种上病斑边缘呈不规则波纹状。感病品种上病叶灰绿色，失水快，内卷呈青枯状，多表现在叶片上部。

（2）急性凋萎型。苗期至分蘖期，病菌从根系或茎基部伤口侵入维管束时易发病。主茎或 2 个以上分蘖同时发病，心叶失水青枯，凋萎死亡，其余叶片也先后青枯卷曲，然后全株枯死，也有仅心叶枯死。病株茎内腔有大量菌脓，有的叶鞘基部发病呈黄褐或褐色，折断后用手挤压溢出大量黄色菌脓。有的水稻自分蘖至孕穗阶段，剑叶或其下 1~3 叶中脉淡黄色，病斑沿中脉上下延伸，可上达叶尖，下达叶鞘，有时叶片折叠，病株未抽穗而死。

（3）褐斑或褐变型。抗病品种上较多见，病菌通过剪叶或伤口侵入，在气温低或不利发病条件，病斑外围出现褐色坏死反应带，病情扩展停滞。黄化型症状不多见，早期心叶不枯死，上有不规则褪绿斑，后发展为枯黄斑，病叶基部偶有水浸状断续小条斑。天气潮湿或晨露未干时上述各类病叶上均可见乳白色小点，干后结成黄色小胶粒，很易脱落。水稻白叶枯病造成的枯心苗，在分蘖期开始出现，病株心叶或心叶以下 1~2 层叶出现失水、卷筒、青枯等症状，最后死亡。白叶枯病形成枯心苗后，其他叶片也逐渐青枯卷缩，最后全株枯死，剥开新青卷的心叶或折断的茎部或切断病叶，用力挤压，可见黄白色菌脓溢出，即病原菌菌脓，区别于大螟、二化螟及三化螟为害造成的枯心苗。

【发病规律】带菌种子、带病稻草和残留田间的病株稻桩是主要初侵染源。李氏禾等田边杂草也能传病。细菌在种子内越冬，播后由叶片水孔、伤口侵入，形成中心病株，病株上分泌带菌的黄色小球，借风雨、露水、灌水、昆虫、人为等因素传播。病菌借灌溉水、风雨传播距离较远，低洼积水、雨涝以及漫灌可引起连片发病。晨露未干时在病田操作会造成带菌扩散。高温高湿、多露、台风、暴雨是病害流行条件，稻区长期积水、氮肥过多、生长过旺、土壤酸性都有利于病害发生。一般中稻发病重于晚稻，籼稻重于粳稻。矮秆阔叶品种重于高秆窄叶品种，不耐肥品种重于耐肥品种。水稻在幼穗分化期和孕穗期易感病。

【防治措施】

（1）选用适合当地的 2~3 个主栽抗病品种。早稻抗病品种有：嘉育 280，皖稻 61 号，赣早籼 40 号，中优早 81 号，湘早籼 21 号，湘早籼 22 号，培两优 288，桂引 901。中稻抗病品种有：嘉 45 号，秀水 1067，皖稻 28，皖稻 32，皖稻 34，皖稻 36，皖稻 36，皖稻 38，皖稻 59，皖稻 61 号，汕优多系 1 号，湘粳 2 号，七袋占 1 号，八桂占 2 号，三培占 1 号，航育 1 号。晚稻抗病品种有：沈农 514，滇籼 13 号，滇籼 14 号，滇粳糯 39 号，滇粳 40 号，宁粳 15 号，宁粳 16 号，宁粳 17 号，宁糯 4 号等。山东表现中抗的品种有 H301。粳稻品种对我国 7 个白叶枯病菌株（致病型 1~7）抗至中抗的品种有：DP5165，95 鉴 27，加 45，95 鉴 25，96 鉴 35，宁 93-38，宁波 2 号，台 537，D602 等。

（2）加强植物检疫。不从病区引种，必须引种时，用 1% 石灰水或 80% 402 抗菌剂 2 000 倍液浸种 2 天或 50 倍液的福尔马林浸种 3h 闷种 12h，洗净后再催芽。也可选用浸种灵乳油 2mL，对水 10~12L，充分搅匀后浸稻种 6~8kg，浸种 36h 后催芽播种。还可用中生菌素 100 倍液，升温至 55℃，浸种 36~48h 后催芽播种。

（3）农业防治，提倡施用酵素菌沤制的堆肥，加强水浆管理，浅水勤灌，雨后及时排水，分蘖期排水晒田，秧田严防水淹。妥善处理病稻草，不让病菌与种、芽、苗接触，清除田边再生稻株或杂草。

（4）药剂防治。发现中心病株后，开始喷洒20%叶枯唑可湿性粉剂，每亩用药100g，对水50L，用叶枯唑防效不好时，可在施用叶枯唑同时混入硫酸链霉素或农用链霉素4 000倍液或强氯精2 500倍液，防效明显提高。此外，每亩还可选用10%氯霉素100g或70%叶枯净（杀枯净）胶悬剂100~150g、25%叶枯灵可湿性粉剂175~200g，对水50~60L喷洒。也可在5叶期和水稻移栽前5天，各喷中生菌素500倍液1次或用50%氯溴异氰尿酸水溶性粉剂，每亩用量为25~50g，对水50kg喷雾。

十三、水稻细菌性条斑病

【病原】稻生黄单胞菌条斑致病变种，属黄单胞杆菌属细菌。

【症状特点】又称细条病、条斑病。主要为害叶片。病斑初为暗绿色水浸状小斑，很快在叶脉间扩展为暗绿至黄褐色的细条斑，大小约1mm×10mm，病斑两端呈浸润型绿色。病斑上常溢出大量串珠状黄色菌脓，干后呈胶状小粒。白叶枯病斑上菌液不多，不常见到，而细菌性条斑上则常布满小珠状细菌液。发病严重时条斑融合成不规则黄褐色至枯白大斑，与白叶枯类似，但对光看可见许多半透明条斑。病情严重时叶片卷曲，田间呈现一片黄白色。

【发病规律】病菌主要由稻种、稻草和自生稻带菌传染，成为初侵染源，也不排除野生稻、李氏禾的交叉传染。病菌主要从伤口侵入，菌脓可借风、雨、露等传播后进行再侵染。高温高湿有利于病害发生。台风暴雨造成伤口，病害容易流行。偏施氮肥、灌水过深均可加重发病。

【防治措施】

（1）加强检疫。把该菌列入检疫对象，防止调运带菌种子远距离传播。

（2）选用抗（耐）病杂交稻。如桂31901，青华矮6号，双桂36，宁粳15号，珍桂矮1号，秋桂11，双朝25，广优，梅优，三培占1号，冀粳15号，博优等。

（3）避免偏施、迟施氮肥。配合磷、钾肥，采用配方施肥技术。忌灌串水和深水。

（4）药剂防治参见水稻白叶枯病。

十四、水稻矮缩病

【病原】水稻矮缩病毒，属植物呼肠弧病毒组病毒。

【症状特点】主要分布在南方稻区。又称水稻普通矮缩病、普矮、青矮等。水稻在苗期至分蘖期感病后，植株矮缩，分蘖增多，叶片浓绿，僵直，生长后期病稻不能抽穗结实。病叶症状表现为两种类型。

（1）白点型。在叶片上或叶鞘上出现与叶脉平行的虚线状黄白色点条斑，以基部最为明显。始病叶以上新叶都出现点条，以下老叶一般不出现。

（2）扭曲型。在光照不足情况下，心叶抽出呈扭曲状，随心叶伸展，叶片边缘出现波状缺刻，色泽淡黄。孕穗期发病，多在剑叶叶片和叶鞘上出现白色点条，穗颈缩短，形成包颈或半包颈穗。

【发病规律】该病毒可由黑尾叶蝉、二条黑尾叶蝉和电光叶蝉传播。以黑尾叶蝉为主。带菌叶蝉能终身传毒，可经卵传染。黑尾叶蝉在病稻上吸汁最短获毒时间5min。获毒后需经一段循回期才能传毒，循回期20℃时为17天，29.2℃时为12.4天。水稻感病后经一段潜育期显症，苗期气温22.6℃，潜育期11~24天，28℃为6~13天，苗期至分蘖期感病的潜育期短，以后随龄期增长而延长。病毒在黑尾叶蝉体内越冬，黑尾叶蝉在看麦娘上以若虫形态越冬，翌春羽化迁回稻田为害，早稻收割后，迁至晚稻上为害，晚稻收获后，迁至看麦娘、冬稻等38种禾本科植物上越冬。带毒虫量是影响该病发生的主要因子。水稻在分蘖期前较易感病。冬春暖、伏秋旱利于发病。稻苗嫩，虫源多发病重。

【防治措施】

（1）选用抗（耐）病品种　如国际26等。

（2）要成片种植，防止叶蝉在早、晚稻和不同熟性品种上传毒。早稻早收，避免虫源迁入晚稻。收割时要背向晚稻。

（3）加强管理，促进稻苗早发，提高抗病能力。

（4）推广化学除草，消灭看麦娘等杂草，压低越冬虫源。

（5）治虫防病。及时防治在稻田繁殖的第一代若虫，并要抓住黑尾叶蝉迁飞双季晚稻秧田和本田的高峰期，把虫源消灭在传毒之前。可选用25%噻嗪酮可湿性粉剂，每亩25%速灭威可湿性粉剂100g，对水50L喷洒，间隔3~5天，连防1~3次。

十五、水稻干尖线虫病

【病原】贝西滑刃线虫（稻干尖线虫），属线形动物门。

【症状特点】又称白尖病、线虫枯死病。分布在国内各稻区。苗期症状不明显，偶在4~5片真叶时出现叶尖灰白色干枯，扭曲干尖。病株孕穗后干尖更严重，剑叶或其下2~3叶尖端1~8cm渐枯黄，半透明，扭曲干尖，变为灰白或淡褐色，病健部界限明显。湿度大有雾露存在时，干尖叶片展平呈半透明水渍状，随风飘动，露干后又复卷曲。有的病株不显症，但稻穗带有线虫，大多数植株能正常抽穗，但植株矮小，病穗较小，秕粒多，多不孕，穗直立。

【发病规律】以成虫、幼虫在谷粒颖壳中越冬，干燥条件可存活3年，浸水条件能存活30天。浸种时，种子内线虫复苏，游离于水中，遇幼芽从芽鞘缝钻入，附于生长点、叶芽及新生嫩叶尖端的细胞外，以吻针刺入细胞吸食汁液，致被害叶形成干尖。线虫在稻株体内生长发育并交配繁殖，随稻株生长，侵入穗原基。孕穗期集中在幼穗颖壳内外，造成穗粒带虫。线虫在稻株内繁殖1~2代。秧田期和本田初期靠灌溉水传播，扩大为害。土壤不能传病。随稻种调运进行远距离传播。

【防治措施】

(1) 选用无病种子，加强检疫，严格禁止从病区调运种子。

(2) 种子进行温汤浸种，先将稻种预浸于冷水中24h，然后放在45~47℃温水中5min提温，再放入52~54℃温水中浸10min，取出立即冷却，防效90%。或用0.5%盐酸溶液浸种72h，浸种后用清水冲洗5次种子。或40%杀线酯（醋酸乙酯）乳油500倍液，浸种50kg种子，浸泡24h，再用清水冲洗。或用15g线菌清加水8kg，浸6kg种子，浸种60h，然后用清水冲洗再催芽。或用80%敌敌畏乳油0.5kg加水500k，浸种48h，浸后冲洗催芽。用温汤或药剂浸种时，发芽势有降低的趋势，如直播易引致烂种或烂秧，故需催好芽。

十六、水稻根结线虫病

【病原】稻根结线虫，属线形动物门。

【症状特点】根尖受害，扭曲变粗，膨大形成根瘤，根瘤初卵圆形，白色，后发展为长椭圆形，两端稍尖，色棕黄至棕褐以至黑色，大小为3mm×7mm，渐变软，腐烂，外皮易破裂。幼苗期1/3根系出现根瘤时，病株瘦弱，叶色淡，返青迟缓。分蘖期根瘤数量大增，病株矮小，叶片发黄，茎秆细，根系短，长势弱。抽穗期表现为病株矮，穗短而少，常半包穗，或穗节包叶，能抽穗的结实率低，秕谷多。

【发病规律】本病以1~2龄幼虫在根瘤中越冬。翌年，2龄幼虫侵入水稻根部，寄生于根皮和中柱间，刺激细胞形成根瘤，幼虫经4次蜕皮变为成虫。雌虫成熟后在根瘤内产卵，在卵内形成 1 龄幼虫，经一次脱皮，以 2 龄幼虫破壳而出，离开根瘤，活动于土壤和水中，侵入新根。线虫可借水流、肥料、农具及农事活动传播。线虫只侵染新根。酸性土壤，沙质土壤发病重，增施有机肥的肥沃土壤发病重。连作水稻重，水旱轮作病轻，水田发病重，旱地病轻；冬季浸水病重，翻耕晾晒田病轻。旱田铲秧比拔秧病轻。病田增施石灰后，发病明显减少。

【防治措施】

（1）选用抗病品种秋长 39、科选 661、日本矮等品种发病轻。

（2）实行水旱轮作，或与其他旱作物轮作半年以上。冬季翻耕晒田减少虫量。

（3）增施有机肥，在栽植前或栽植返青后，每亩施石灰 75~100kg。

（4）旱育秧铲秧移植，减少秧苗带虫数。

（5）药剂防治。每亩用 10% 克线磷颗粒剂 3kg 或 5% 克百威颗粒剂 1~2kg。

十七、水稻黑条矮缩病

【病原】称稻黑条矮缩病毒，属植物呼肠孤病毒组病毒。

【症状特点】俗称"矮稻"。主要症状表现为分蘖增加，叶片短阔、僵直，叶色深绿，叶背的叶脉和茎秆上现初蜡白色，后变褐色的短条瘤状隆起，不抽穗或穗小，结实不良。不同生育期染病后的症状略有差异。①苗期发病：心叶生长缓慢，叶片短宽、僵直、浓绿，叶脉有不规则蜡白色瘤状凸起，后变黑褐色。根短小，植株矮小，不抽穗，常提早枯死。②分蘖期发病：新生分蘖先显症，主茎和早期分蘖尚能抽出短小病穗，但病穗缩藏于叶鞘内。③拔节期发病：剑叶短阔，穗颈短缩，结实率低。叶背和茎秆上有短条状瘤突。

【传播途径和发病条件】水稻黑条矮缩病毒为害禾本科的水稻、大麦、小麦、玉米、高粱、粟、稗草、看麦娘和狗尾草等 20 多种寄主。该病毒通过灰飞虱、白背飞虱、白带飞虱等传毒，其中主要以灰飞虱传毒为主。介体一经染毒，终身带毒，但不经卵传毒。病毒主要在大麦、小麦病株上越冬，有部分也在灰飞虱体内越冬。田间病毒通过麦—早稻—晚稻的途径完成侵染循环。第一代灰飞虱在病麦上接毒后传到早稻、单季稻、晚稻和青玉米上。稻田中繁殖的 2、3 代灰飞虱，在水稻病株上吸毒后，迁入晚稻和秋玉米传毒，晚稻上繁殖的灰飞虱成虫和越冬代若虫又传毒给大麦、小麦。由于灰飞虱不能在玉米上繁殖，故玉米对该病毒再侵染作用不大。灰飞虱最短获毒时间 30min，1~2 天即可充分获毒，病毒在灰飞虱体内循回期为 8~35 天。稻株接毒时间仅 1min，接毒后潜伏期 14~24 天。晚稻早播比迟播发病重，稻苗幼嫩发病重。麦田发病轻重、毒源多少，决定水稻发病程度。

【防治措施】

（1）合理布局，连片种植，并能同时移栽。清除田边杂草，压低虫源、毒源。

（2）治虫防病。注意秧田、本田前期防治，还要注意麦田防虫。抓住一代成虫从麦田迁向稻田和二、三代成虫由早稻本田迁向晚稻秧田及玉米上，末代成虫和越冬若虫从晚稻迁到早播麦田的防治，具体防治方法参见灰飞虱。

第二节　水稻虫害

一、水稻稻褐飞虱

【形态特征】 成虫长翅形体长 3.6~4.8mm，短翅型体长 2.5~4.0mm。黄褐、黑褐色，有油状光泽。头顶近方形，中部略宽，触角稍伸出额唇基缝，后足基跗节外侧具 2~4 根小刺。前翅黄褐色，透明，翅斑黑褐色。短翅型前翅伸达腹部第 5~6 节，后翅均退化。雄虫阳基侧突似蟹钳状，顶部呈尖角状向内前方突出；雌虫产卵器基部两侧，第一载瓣片的内缘基部凸起呈半圆形。卵产在叶鞘和叶片组织内，排成一条，称为"卵条"。卵粒香蕉型，长约 1mm，宽 0.22mm。卵帽顶端圆弧，稍露出产卵痕，露出部分近短椭圆形，粗看似小方格，清晰可数。初产时乳白色，渐变淡黄至锈褐色，并出现红色眼点。

【为害症状】 成、若虫群集于稻丛下部刺吸汁液；雌虫产卵时，用产卵器刺破叶鞘和叶片，易使稻株失水或感染菌核病。排泄物常招致霉菌滋生，影响水稻光合作用和呼吸作用，严重的稻株干枯。俗称冒穿、透顶或塌圈。严重时，颗粒无收。

【发生规律】 羽化后不久飞翔力强，能随高空水平气流迁移，春、夏两季向北迁飞时，飞行高度 1 500~2 000m，空气湿度高利其迁飞，飞行起始温度 18.2℃左右。成虫、若虫喜阴湿环境，喜欢栖息在距水面 10cm 以内的稻株上，田间虫口每丛高于 0.4 头时，出现不均匀分布，后期田间出现塌圈枯死现象。水稻生长后期，大量产生长翅型成虫并迁出，1~3 龄是翅型分化的关键时期。近年我国各稻区由于耕作制度的改变，水稻品种相当复杂，生育期交错，利于该虫种群数量增加，造成严重为害。该虫生长发育适温为20~30℃，26℃最适。褐飞虱迁入的季节遇有雨日多、雨量大时利其降落，迁入后易大发生，田间阴湿，生产上偏施、过施氮肥，稻苗浓绿，密度大及长期灌深水，利其繁殖，受害重。天敌有稻虱缨小蜂、褐腰赤眼蜂、稻虱红螯蜂、稻虱索线虫、黑肩绿盲蝽等。

【防治方法】

（1）做好测报工作，搞好迁入趋势分析，种植时统一规划，合理布局，减少虫源。

（2）加强田间肥水管理，防止后期贪青徒长，适当烤田，降低田间湿度。

（3）选育推广抗虫丰产品种，防止褐飞虱新生物型出现。

（4）保护利用天敌。

（5）在若虫孵化高峰至 2~3 龄若虫发生盛期，及时喷洒 2.5%扑虱蚜可湿性粉剂或 25%噻嗪酮可湿性粉剂，早稻、早中稻、晚稻田每亩 20~30g，迟中稻田每亩 50g，也可用 10%吡虫啉可湿性粉剂 2 000 倍液（每亩用药 10~20g，对水 60kg），防效 90%以上，持效期 30 天。

二、水稻白背飞虱

【形态特征】 长翅型雄虫体长 3.2~3.8mm，浅黄色，有黑褐斑。头顶前突，前胸、中胸背板侧脊外方复眼后具 1 个新月形暗褐色斑，中胸背板侧区黑褐色，中间具黄纵带，前翅半透明，端部有褐色晕斑；翅面、颜面、胸部、腹部腹面黑褐色。长翅型雌虫体长 4~4.5mm，体多黄白色，具浅褐斑。卵新月形，长 0.7~0.8mm。

若虫共 5 龄，末龄若虫灰白色，长约 2.9mm。

【为害症状】 同褐飞虱。

【发生规律】 最初虫源是从南方迁来。迁入期从南向北推迟，有世代重叠。该虫长翅型成虫飞翔力强，每雌产卵 85 粒左右，当田间每代种群增长2~4 倍，田间虫口密度高时即迁飞转移。

【防治方法】 参见褐飞虱。

三、灰飞虱

【形态特征】长翅型雌虫体长 3.3～3.8mm，短翅型体长 2.4～2.6mm，浅黄褐色至灰褐色，头顶稍突出，长度略大于或等于两复眼之间的距离，额区具黑色纵沟 2 条，额侧脊呈弧形。前胸背板、触角浅黄色。小盾片中间黄白色至黄褐色，两侧各具半月形褐色条斑纹，中胸背板黑褐色，前翅较透明，中间生 1 个褐翅斑。卵初产时乳白色略透明，后期变浅黄色，香蕉形，双行排成块。末龄若虫体长 2.7mm，前翅芽较后翅芽长，若虫共 5 龄。

【为害症状】成虫、若虫刺吸水稻等寄主汁液，引起黄叶或枯死。

【发生规律】在河南地区多以 3、4 龄若虫在麦田、绿肥田、河边等处禾本科杂草上越冬。翌年早春旬均温高于 10℃越冬若虫羽化。发育适温 15～28℃，冬暖夏凉易发生。天敌有稻虱缨小蜂等。

【防治方法】

（1）3 月开始调查越冬卵的数量。

（2）于 2 月卵孵化前火烧枯叶，彻底清除田边塘沟杂草。

（3）掌握在越冬代 2～3 龄若虫盛发时喷洒 10%吡虫啉可湿性粉剂 1 500 倍液、50%杀螟硫磷乳油 1 000 倍液、20%噻嗪酮乳油 2 000 倍液、50%马拉硫磷乳油或 50%混灭威，在药液中加 0.2%中性洗衣粉可提高防效。

四、二化螟

【形态特征】成虫体长 10～15mm，翅展 20～31mm。雌蛾前翅近长方形，灰黄色至淡褐色，外缘有 7 个小黑点；雄蛾体稍小，翅色较深，中央有 3 个紫黑色斑，斜行排列，后翅白色。卵扁椭圆形，排列成长方形鱼鳞状卵块，上盖透明胶质。幼虫一般 6 龄，老熟时体长 20～30mm，头淡褐色，体灰白色，背面有 5 条紫褐色纵线，最外侧纵线从气门通过，腹足趾钩双序全环或缺环，由内向外渐短渐稀。

【为害症状】水稻分蘖期受害出现枯心苗和枯鞘；孕穗期、抽穗期受害，出现枯孕穗和白穗；灌浆期、乳熟期受害，出现半枯穗和虫伤株，秕粒增多，遇刮大风易倒折。二化螟为害造成的枯心苗，幼虫先群集在叶鞘内侧蛀食为害，叶鞘外面出现水渍状黄斑，后叶鞘枯黄，叶片也渐死，称为枯梢期。幼虫蛀入稻茎后剑叶尖端变黄，严重时心叶枯黄而死，受害茎上有蛀孔，孔外虫粪很少，茎内虫粪多，黄色，稻秆易折断，有别于大螟和三化螟为害造成的枯心苗。

【发生规律】一年发生 1~5 代。以幼虫在稻草、稻桩及其他寄主植物根茎、茎秆中越冬。越冬幼虫在春季化蛹羽化。螟蛾有趋光性和喜欢在叶宽、秆粗及生长嫩绿的稻田里产卵，苗期时多产在叶片上，圆秆拔节后大多产在叶鞘上。初孵幼虫先侵入叶鞘集中为害，造成枯鞘，到 2~3 龄后蛀入茎秆，造成枯心，白穗和虫伤株。初孵幼虫，在苗期水稻上一般分散或几条幼虫集中为害；在大的稻株上，一般先集中为害，数十至百余条幼虫集中在同一稻株叶鞘内，至三龄幼虫后才转株为害。二化螟幼虫生活力强，食性广，耐干旱、潮湿和低温等恶劣环境，故越冬死亡率低。

【防治方法】

（1）做好发生期、发生量和发生程度预测。

（2）农业防治合理安排冬作物，晚熟小麦、大麦、油菜、留种绿肥要注意安排在虫源少的晚稻田中，可减少越冬的基数。

（3）选育、种植耐水稻螟虫的品种。在二化螟枯鞘丛率 5%~8% 或早稻每亩有中心为害株 100 株或丛害率 1%~1.5% 或晚稻为害团高于 100 个时，每亩应马上用 80% 杀虫单粉剂 35~40g、25% 杀虫双水剂 200~250mL、50% 杀螟硫磷乳油 50~100mL 或 90% 晶体敌百虫 100~200g，对水 75~100kg 喷雾。

五、三化螟

【形态特征】成虫体长 9~13mm，翅展 23~28mm。雌蛾前翅为近三角形，淡黄白色，翅中央有 1 个明显黑点，腹部末端有一丛黄褐色绒毛；雄蛾前翅淡灰褐色，翅中央有一较小的黑点，由翅顶角斜向中央有一条暗褐色斜纹。卵长椭圆形，密集成块，每块几十至一百多粒，卵块上覆盖着褐色绒毛，像半粒发霉的大豆。幼虫 4~5 龄。初孵时灰黑色，胸腹部交接处有一圈白色环。老熟时长 14~21mm，头淡黄褐色，身体淡黄绿色或黄白色，从 3 龄起，背中线清晰可见。腹足较退化。

【为害症状】幼虫钻入稻茎蛀食为害，在寄主分蘖时出现枯心苗，孕穗期、抽穗期形成"枯孕穗"或"白穗"。严重的颗粒无收。近年三化螟的严重为害又呈上升趋势，其原因是多方面的。三化螟为害造成枯心苗，苗期、分蘖期幼虫啃食心叶，心叶受害或失水纵卷，稍褪绿或呈青白色，外形似葱管，称为假枯心，把卷缩的心叶抽出，可见断面整齐，多可见到幼虫。生长点遭破坏后，假枯心变黄死去成为枯心苗，这时其他叶片仍为青绿色。受害稻株蛀入孔小，孔外无虫粪，茎内有白色细粒虫粪，有别于大螟、二化螟为害造成的枯心苗。

【发生规律】河南年发生 2~3 代，翌春气温高于 16℃，越冬幼虫陆续化蛹、羽化。成虫白天潜伏在稻株下部，黄昏后飞出活动，有趋光性。羽化后 1~2 天即交尾，把卵产在生长旺盛的距叶尖 6~10cm 的稻叶叶面或叶背，分蘖盛期和孕穗末期产卵较多，拔节期、齐穗期、灌浆期较少。每雌产 2~3 个卵块。初孵幼虫称作"蚁螟"，蚁螟在分蘖期爬至叶尖后吐丝下垂，随风飘荡到邻近的稻株上，在距水面 2cm 左右的稻茎下部咬孔钻入叶鞘。三化螟为害稻株一般一株内只有 1 头幼虫，转株 1~3 次。生产上单孕稻、双季稻混栽或中稻与单季稻混栽三化螟为害重。栽培上基肥充足，追肥及时，稻株生长健壮，抽穗迅速整齐的稻田受害轻。气温在 24~29℃，相对湿度达 90% 以上利于该虫孵化和侵入。天敌主要有寄生蜂、稻螟赤眼蜂、黑卵蜂、啮小蜂、蜘蛛、青蛙、白僵菌等。

【防治方法】

（1）预测预报。据各种稻田化蛹率；化蛹日期、蛹历期、交配产卵历期、卵历期，预测发蛾始盛期、高峰期、盛末期及蚁螟孵化的始盛期、高峰期和盛末期指导防治。

（2）农业防治。①适当调整水稻布局，避免混栽，减少桥梁田。②选用生长期适中的品种。③及时春耕沤田，处理好稻茬，减少越冬虫口。④选择无螟害或螟害轻的稻田或旱地作为绿肥留种田，生产上留种绿肥田因春耕晚，绝大部分幼虫在翻耕前已化蛹、羽化，生产上要注意杜绝虫源。⑤对冬作田、绿肥田灌跑马水，不仅利于作物生长还能杀死大部分越冬螟虫。⑥及时春耕灌水，淹没稻茬 7~10 天，可淹死越冬幼虫和蛹。⑦栽培治螟。调节栽秧期，采用抛秧法，使易遭蚁螟为害的生育阶段与蚁螟盛孵期错开，可避免或减轻受害。

（3）保护利用天敌。

（4）防治枯心。在水稻分蘖期与蚁螟盛孵期吻合日期短于 10 天的稻田，掌握在蚁螟孵化高峰前 1~2 天，施用 3% 克百威颗粒剂，每亩用 1.5~2.5kg，拌细土 15kg 撒施后，田间保持 3~5cm 浅水层 4~5 天。当吻合日期超过 10 天时，则应在孵化始盛期施 1 次药，隔 6~7 天再施 1 次，方法同上。

（5）防治白穗。在卵的盛孵期和破口吐穗期，采用早破口早用药，晚破口迟用药的原则，在破口露穗达 5%~10% 时，施第一次药，每亩用 25% 杀虫双水剂 150~200mL 或 50% 杀螟硫磷乳油 100mL，拌湿润细土 15kg 撒入田间，也可用上述杀虫剂对水 400kg 泼浇或对水 60~75kg 喷雾。如三化螟发生量大，蚁螟的孵化期长或寄主孕穗、抽穗期长，应在第一次药后间隔 5 天再施 1~2 次，方法同上。

六、稻纵卷叶螟

【形态特征】雌成蛾体长 8~9mm，翅展 17mm，体、翅黄溜色，前翅前缘暗褐色，外缘具暗褐色宽带，内横线、外横线斜贯翅面，中横线短，后翅也有 2 条横线，内横线短，不达后缘。雄蛾体稍小，色泽较鲜艳，前、后翅斑纹与雌蛾相近，但前翅前缘中央具黑色眼状纹。卵长 1mm，近椭圆形，扁平，中部稍隆起，表面具细网纹，初白色，后渐变浅黄色。幼虫 5~7 龄，多数 5 龄。末龄幼虫体长 14~19mm，头褐色，体黄绿色至绿色，老熟时为橘红色，中、后胸背面具小黑圈 8 个，前排 6 个，后排 2 个。蛹长 7~10mm，圆筒形，末端尖削，具钩刺 8 个，初浅黄色，后变红棕色至褐色。

【为害症状】以幼虫缀丝纵卷水稻叶片成虫苞，幼虫匿居其中取食叶肉，仅留表皮，形成白色条斑，致水稻千粒重降低，秕粒增加，造成减产。

【发生规律】该虫有远距离迁飞习性，在我国北纬 30° 以北地区，任何虫态都不能越冬。每年春季，成虫随季风由南向北而来，随气流下沉和雨水拖带降落下来，成为非越冬地区的初始虫源。秋季，成虫随季风回迁到南方进行繁殖，以幼虫和蛹越冬。成虫白天在稻田里栖息，遇惊扰即飞起，但飞不远，夜晚活动、交配，把卵产在稻叶的正面或背面，单粒居多，少数 2~3 粒串生在一起，成虫有趋光性和趋向嫩绿稻田产卵的习性，喜欢吸食蚜虫分泌的蜜露和花蜜。卵期 3~6 天，幼虫期 15~26 天，共 5 龄，1 龄幼虫不结苞；2 龄时爬至叶尖处，吐丝缀卷叶尖或近叶尖的叶缘，即"卷尖期"；3 龄幼虫纵卷叶片，形成明显的束腰状虫苞，即"束叶期"；3 龄后食量增加，虫苞膨大，进入 4~5 龄频繁转苞为害，被害虫苞呈枯白色，整个稻田白叶累累。幼虫活泼，剥开虫苞查虫时，迅速向后退缩或翻落地面。老熟幼虫多爬至稻丛基部，在无效分蘖的小叶，或枯黄叶片上吐丝结成紧密的小苞，在苞内化蛹，蛹多在叶鞘处或位于株间或地表枯叶薄茧中。蛹期 5~8 天，雌蛾产卵前期 3~12 天，雌蛾寿命 5~17 天，雄蛾 4~16 天。该虫喜温暖、高湿，气温 22~28℃、空气相对湿度高于 80% 利于成虫卵巢发育、交配、产卵和卵的孵化及初孵幼虫的存活。为此，6—9 月雨日多，湿度大利其发生，田间灌水过深，施氮肥偏晚或过多，引起水稻徒长，为害重。主要天敌有稻螟赤眼蜂、绒茧蜂等近百种。

【防治方法】

（1）合理施肥，加强田间管理促进水稻生长健壮，以减轻受害。

（2）人工释放赤眼蜂。在稻纵卷叶螟产卵始盛期至高峰期，分期分批放蜂，每亩每次放 3 万～4 万头，隔 3 天 1 次，连续放蜂 3 次。

（3）喷洒杀螟杆菌、青虫菌，每亩喷菌粉含活孢子量 100 亿/g 的菌粉 150～200g，对水 60～75kg，配成 300～400 倍液喷雾。为了提高生物防治效果，可加入药液量 0.1% 的洗衣粉作湿润剂。此外如能加入药液量 1/5 的杀螟硫磷效果更好。

（4）掌握在幼虫 2～3 龄盛期或百丛有新束叶苞 15 个以上时，每亩喷洒 80% 杀虫单粉剂 35～40g 或 42% 特力克乳油 60mL 或 90% 晶体敌百虫 600 倍液，也可泼浇 50% 杀螟硫磷乳油 100mL，对水 400kg。每亩用 10% 吡虫啉可湿性粉剂 10～30g，对水 60kg，1～30 天防效 90% 以上，持效期 30 天。此外，也可于 2～3 龄幼虫高峰期，每亩可用 10% 吡虫啉 10～20g 与 80% 杀虫单 40g 混配，主防稻纵卷叶螟，兼治稻飞虱。

七、水稻大螟

【形态特征】 成虫雌蛾体长 15mm，翅展约 30mm，头部、胸部浅黄褐色，腹部浅黄色至灰白色；触角丝状，前翅近长方形，浅灰褐色，中间具小黑点 4 个排成四角形。雄蛾体长约 12mm，翅展 27mm，触角栉齿状。卵扁圆形，初白色后变灰黄色，表面具细纵纹和横线，聚生或散生，常排成 2～3 行。末龄幼虫体长约 30mm，头红褐色至暗褐色，共 5～7 龄。蛹长 13～18mm，粗壮，红褐色，腹部具灰白色粉状物，臀棘有 3 根钩棘。

【为害症状】 基本同二化螟。幼虫蛀入稻茎为害，也可造成枯梢、枯心苗、枯孕穗、白穗及虫伤株。大螟为害造成的枯心苗，蛀孔大、虫粪多，且大部分不在稻茎内，多夹在叶鞘和茎秆之间，受害稻茎的叶片、叶鞘部都变为黄色。大螟造成的枯心苗田边较多，田中间较少，区别于二化螟、三化螟为害造成的枯心苗。

【发生规律】 在温带以幼虫在茭白、水稻等作物茎秆或根茬内越冬，翌春老熟幼虫在气温高于 10℃ 时开始化蛹，15℃ 时羽化，越冬代成虫把卵产在春玉米或田边看麦娘、李氏禾等杂草叶鞘内侧，幼虫孵化后再转移到邻近边行水稻上蛀入叶鞘内取食，蛀入处可见红褐色锈斑块。3 龄前常十几头群集在一起，把叶鞘内层吃光，后钻进心部造成枯心。3 龄后分散，为害田边 2～3 墩稻苗，蛀孔距水面 10～30cm，老熟时化蛹在叶鞘处。成虫飞翔力弱，常栖息在株间，每雌可产卵 240 粒，卵历期一代为 12 天，二、三代 5~6 天；幼虫期一代约 30 天，二代 28 天，三代 32 天；蛹期 10~15 天。

【防治方法】

（1）对第一代进行测报，通过查上一代化蛹进度，预测成虫发生高峰期和第一代幼虫孵化高峰期，预报出防治适期。

（2）有茭白的地区冬季或早春齐泥割除茭白残株，铲除田边杂草，消灭越冬螟虫。

（3）根据大螟趋性，早栽早发的早稻、杂交稻，以及大螟产卵期正处在孕穗至抽穗或植株高大的稻田是化学防治之重点。防治策略狠治一代，重点防治稻田边行。生产上当枯鞘率达 5% 或始见枯心苗为害状时，大部分幼虫处在 1~2 龄阶段，及时喷洒 18% 杀虫双水剂，每亩施药 250mL，对水 50~75kg；也可使用 90% 杀螟丹可溶性粉剂 150~200g 或 50% 杀螟丹乳油 100mL 对水喷雾。虫龄大于 3 龄时，每亩可用 50% 磷胺乳油 150mL 对水补治。

八、稻赤斑沫蝉

【形态特征】成虫体长 11~13.5mm，黑色狭长，有光泽，前翅合拢时两侧近平行。头冠稍凸，复眼黑褐色，单眼黄红色。颜面凸出，密被黑色细毛，中脊明显。触角基部 2 节粗短，黑色。小盾片三角形，顶具 1 个大的梭形凹陷。前翅黑色，近基部具大白斑 2 个，雄性近端部具肾状大红斑 1 个，雌性具 2 个一大一小的红斑。卵长椭圆形，乳白色。若虫共 5 龄，形状似成虫，初乳白色，后变浅黑色，体表四周具泡沫状液。

【为害症状】为害水稻时主要为害剑叶，成虫刺吸叶部汁液，初现黄色斑点，叶尖先变红，之后叶片上现不规则红褐色条斑或中脉与叶缘间变红，最后全叶干枯。孕穗前受害，常不易抽穗，孕穗后受害致穗形短小秕粒多。为害玉米时，以针状口器刺吸玉米叶片汁液，致刺吸孔周围形成黄色至黄褐色梭形斑，受害叶出现一片片枯白。为害高粱时受害状与水稻类似，有的叶片现长椭圆形至不规则形枯斑，造成整株干枯死亡。

【发生规律】河南、四川、江西、贵州、云南等省年发生 1 代，以卵在田埂杂草根际或裂缝的 3~10cm 处越冬。翌年 5 月中下旬孵化为若虫，在土中吸食草根汁液，2 龄后渐向上移，若虫常从肛门处排出体液，放出或排出的空气吹成泡沫，遮住身体进行自我保护，羽化前爬至土表。6 月中旬羽化为成虫，羽化后 3~4h 即可为害水稻、高粱或玉米，7 月受害重，8 月以后成虫数量减少，11 月下旬终见。每雌产卵 164~228 粒。卵期 10~11 个月，若虫期 21~35 天，成虫寿命 11~41 天。一般分散活动，早、晚多在稻田取食，遇有高温强光则藏在杂草丛中，大发生时傍晚在田间成群飞翔。一般田边较田中心受害重。

【防治方法】

（1）为害重的地区，冬春结合铲草积肥或春耕沤田时，用泥封田埂，能杀灭部分越冬卵，同时可阻止若虫孵化。

（2）必要时在 6—7 月成虫发生盛期喷洒 40%异丙威乳油 150~200mL，（有效成分 30~40g），对水 75~100L 均匀喷雾，施药时田间保持浅水层 2~3 天，能兼治稻蓟马等。

九、稻负泥甲

【形态特征】成虫体长 3.7~4.6mm，宽 1.6~2.2mm，头、触角、小盾片黑色，前胸背板、足大部分黄褐色至红褐色，鞘翅青蓝色，具金属光泽，体腹面黑色，头具刻点，触角长达身体之半，前胸背板长大于宽。小盾片倒梯形，鞘翅上生有纵行刻点 10 条，两侧近平行。卵长 0.7mm 左右，长椭圆形，初产时浅黄色，后变暗绿至灰褐色。幼虫体长 4~6mm，共 4 龄；头小，黑褐色，腹背隆起很明显，幼虫孵化后不久，体背上堆积着灰黄色或墨绿色粪便。蛹长 4.5mm 左右，蛹外包有白色棉絮状茧。

【为害症状】成虫、幼虫食害叶肉，残留叶脉或一层透明表皮，受害叶上出现白色条斑或全叶发白枯焦，严重时整株枯死。

【发生规律】年发生一代，以成虫在田埂、渠边、塘附近背风向阳处越冬。翌春，越冬成虫先在禾本科杂草上为害，4 月下旬至 5 月上旬，当水稻等秧苗露出水面时，即迁移至水稻上为害，把卵产在叶面近叶尖处，少数产在叶背和叶鞘上，卵聚产，一般 2~13 粒排成 2 行；初孵幼虫多在心叶内为害，后扩展到叶片上，幼虫怕光，喜欢在早晨有露水时为害，晴天中午藏在叶背或心叶上，末龄幼虫把屎堆脱去，分泌出白色泡沫凝成茧后化蛹在茧内。5 月下旬至 6 月上旬进入幼虫化蛹盛期，以成虫于 8 月上旬后越冬。雌成虫寿命 309~328 天，雄虫 245~277 天。成虫交尾适温 16~22℃，相对湿度 80%，雌性能重复交尾，雄性则不能。第一次交尾时间为 9：00—16：00，第二次为 18：00—23：00，日均温高于 15℃开始产卵。

【防治方法】

（1）幼虫始发后把田水放干，撒石灰粉，然后把叶上幼虫扫落田中，也可在早晨露水未干时用笤帚扫除幼虫，也可结合耕田，把幼虫翻入泥中。

（2）在幼虫 1~2 龄阶段喷洒 50% 杀螟硫磷乳油 1 000 倍液、25% 喹硫磷乳油 1 000 倍液、90% 晶体敌百虫 800 倍液或 50% 辛硫磷乳油 1 500 倍液，每亩喷对水 75L，视虫情可间隔 10 天左右再喷 1 次。

十、稻管蓟马

【形态特征】 雌成虫体长 1.4~1.7mm；触角 8 节，第三节明显地不对称，具 1 个感觉锥，第四节具 4 个感觉锥。前胸横向，前跗节内侧具齿；翅发达，中部收缩，呈鞋底形，无脉，有 5~7 根间插缨。腹部 2~7 节背板两侧各有一对向内弯曲的粗鬃，第十节管状，肛鬃长于管的 1.3 倍。第九背板端侧鬃明显短于管。雄成虫较雌虫体型小而窄，前足腿节扩大，前跗节具三角形大齿。卵肾形，长约 0.3mm，初产白色，稍透明，后变黄色。

【为害症状】 成虫、若虫为害水稻禾本科作物的幼嫩部位，吸食汁液，叶片上出现无数白色斑点或产生水渍状黄斑，严重时内叶不能展开，嫩梢干缩，籽粒干瘪，影响产量和品质。

【发生规律】 河南年发生 7~9 代，世代重叠，以成虫在稻桩、树皮下、落叶或杂草中越冬，第二年春暖后开始活动，4 月初为害麦苗，造成麦叶卷缩发黄，5 月中旬，小麦孕穗及开花期为害最烈，水稻播种后转移为害水稻。稻管蓟马在稻田的发生数量，以穗部多于叶部，早稻穗期又重于晚稻穗期。在早稻穗期侵入为害的蓟马，一般以稻管蓟马为主，约占 80%。稻管蓟马常成对或 3~5 只成虫栖息于叶片基部叶耳处，卵多产于叶片卷尖内。一般一个卷尖内有卵 1~2 粒，多的达 6 粒，散产。若虫和蛹多潜伏于卷叶内，以在叶尖附近居多。成虫活泼，稍受惊即飞散。阳光盛时，多隐藏在稻株茎部叶鞘内或卷叶内，黄昏或阴天多外出。

【防治方法】

（1）春季彻底清除田边杂草，减少越冬虫口基数，加强田间管理，减轻为害。

（2）蓟马为害高峰初期喷洒 50% 辛硫磷乳油 1 500 倍液于心叶。此外，还可选用 10% 吡虫啉可湿性粉剂 2 500 倍液喷雾。

十一、稻金翅夜蛾

【形态特征】 成虫体长 13~19mm，翅展 32~37mm，头部红褐色，胸背棕红色，腹部浅黄褐色。前翅黄褐色，基部后缘区、端区具浅金色斑，内横线、外横线暗褐色，翅面中间具大银斑 2 个，缘毛紫灰色。后翅浅黄褐色，缘毛灰黄色。卵高 0.45mm，宽 0.6mm 左右，馒头形，约具 40 条纵棱，初乳白色，后变黄绿色至暗灰色。末龄幼虫体长 31~34mm，绿色或青绿色，背线青绿色，亚背线、侧线白色或黄白色，较细，气门线较宽、黄色，1~2 对腹足退化。蛹长 17~19mm，能看见成虫期斑纹，臀棘 2 根，两侧有 1 对鱼钩状小刺。

【为害症状】 幼虫食叶成缺刻，尤其是第一代幼虫在秧苗和分蘖期为害严重，影响分蘖成穗。越冬代幼虫为害小麦也很严重。

【发生规律】 成虫有趋光性，喜在前半夜交配和产卵，把卵产在叶面、叶背或叶鞘上，常数粒至数十粒排在一起，稀疏。幼虫有 5~7 龄，个别 12 龄。1~3 龄幼虫吐丝下坠，借风扩散，5~6 龄幼虫食量剧增，末龄幼虫化蛹在叶背面。夏季凉爽的年份发生重。天敌有金翅夜蛾绒茧蜂、黄毛脉寄蝇、麻雀、青蛙等。

【防治方法】

（1）做好测报工作。于冬前和越冬后选择有代表性的早茬麦田 5 块，检查越冬幼虫数量，及时发出预报，防止该虫突发成灾。

（2）冬前和早春及时镇压保墒，杀死部分幼虫，减少虫源。

（3）为害严重地区可在幼虫盛发时喷洒 2.5% 敌百虫粉，每亩 2~2.5kg。

第三节　水稻病虫害综合防治要领

水稻田病虫害的防治应贯彻"预防为主，综合防治"的植保方针。水稻病虫害是稻田生态系统的一个重要组成部分，其发生为害受到耕作制度、水稻品种、栽培技术以及气候等因素的影响。生产当中应善于利用一切不利于病虫害发生的自然控制因素，如种植抗性水稻品种，合理的水肥管理，不滥用化学农药，充分保护利用自然天敌的控害作用。

一、农业防治

（1）选用抗病性强的水稻优良品种，合理搭配，定期轮换。

（2）采用合理的耕作制度、轮作倒茬、种养结合。

（3）做到科学配方，合理施肥。增施生物菌有机肥料，增加磷、钾和硅肥的使用量，适当控制氮素化肥，重视微量元素肥料的使用。使水稻生长健壮，增强抗病虫能力。

（4）科学灌水，坚持浅水灌溉和间歇灌溉，降低田间湿度。

（5）彻底清除稻田周边杂草。

二、物理防治

安装频振式杀虫灯、黑光灯、色光板等装置，诱杀鳞翅目、同翅目害虫。

三、生物防治

（1）保护天敌生态条件和资源，为天敌提供栖息场所和食源。如在稻田坝埂种大豆等小作物，可增加天敌的食源。

（2）选择对天敌杀伤力小的低毒农药，施药时避开自然天敌对农药的敏感时期。

（3）推广以虫治虫技术。如培养、释放赤眼蜂防治水稻二化螟和稻纵卷叶螟。

四、化学防治

化学农药虽有很多弊病，但由于它具有防治对象广、防治效果快而好、能进行工业化生产等特点，因此，仍是水稻生产中必不可少的防治措施，但应严格执行农药使用准则。

（1）农药使用应符合农药安全使用标准和农药合理使用准则的规定。

（2）合理混配、轮换、交替使用不同作用机理的药剂。

（3）施药 7 天内不排水，收获前 40 天不施杀虫剂，各种除草剂在一个生长季节只使用一次。

第四章　花生

花生又称落生、落花生、长生果，一年发生草本，茎直立或匍匐，长30~80cm，绿色或具花青素；叶互生，羽状复叶；总状花序，蝶形花冠，翼瓣与龙骨瓣分离，花果期6—8月；地下结果，荚果长2~5cm，宽1~1.3cm，膨胀，荚厚；直根系，有根瘤。

花生是我国重要的油料和经济作物，河南省是全国花生生产第一大省，常年种植面积1 500万亩左右，面积仅次于小麦、玉米，居第三位。目前国内外为害花生的各类病虫害超过百种以上，随着花生耕作制度的改变和气候因素的变化，花生生产上多种病害有进一步加重的趋势，严重影响花生的产量和品质。本章主要阐述河南省花生种植区发生的主要花生病虫害种类的识别及防治技术。

第一节　病害

花生病害主要有叶斑病、网斑病、锈病、疮痂病、茎腐病、根腐病、白绢病、病毒病、黄曲霉病和线虫病等。

一、花生叶斑病

【病原】叶斑病主要包括褐斑病和黑斑病。①褐斑病病原称落花生尾孢，属半知菌亚门真菌。子座多散生于病斑正面，深褐色。分生孢子梗丛生或散生于子座上，黄褐色，具0~2个隔膜，不分枝，分生孢子直或微弯，具5~7个隔膜，基部圆或平切。有性态为落花生球腔菌，属子囊菌亚门真菌。子囊壳近球形，子囊圆柱形或棒状，内生8个子囊孢子。子囊孢子双胞无色。病菌以子座、菌丝团或子囊腔在病残体上越冬。翌年条件适宜，产生分生孢子，借风雨传播进行初侵染和再侵染。菌丝直接伸入细胞间隙和细胞内吸取营养。一般不产生吸器。②黑斑病病原为暗拟束梗霉菌属，属半知菌亚门，有性阶段为伯克利球腔菌。

【症状特点】褐斑病发生较早，一般在花生初花期开始发病；黑斑病多在盛花期才开始发病。两种病原都可引起植株生长衰弱，造成早期落叶，一般减产 10%~20%，并使花生品质下降。叶片上褐斑病初期为失绿的灰色小点，扩展很快，中央组织坏死，病斑为不规则圆形，棕色至暗褐色，周围有明显的黄色晕圈。叶柄和茎上的褐斑病为长椭圆形、暗褐色。黑斑病在叶片上初期为锈褐色小斑点，扩大后为圆形、正反面均为黑色或深褐色、有轮纹的病斑，上生黑霉状物。

【发病规律】病菌主要在病残茎叶中越冬，也可附着于种子尤其是种壳上越冬。生长期可借风雨或昆虫传播，进行重复侵染。夏秋季高温多雨有利于病菌的繁殖和传播侵染，特别是 7—8 月多雨时期发病重。植株衰老、分枝稀少、通风透光的植株一般易发黑斑病；而水肥充足、枝叶茂密旺盛，植株中下部少见阳光、柔嫩多汁的叶片褐斑病较多发生。

【防治方法】

（1）轮作倒茬：花生叶斑病的寄主比较单一，与其他作物轮作，可有效地控制病害的发生，轮作周期 2 年以上。

（2）减少病源：花生收获后，要及时清除田间病叶，使用有病株沤制的粪肥时，要使其充分腐熟后再用，以减少病源。

（3）选用耐病品种，直立型品种较抗病。

（4）加强管理，增强植株抗病性：合理密植，科学施肥，采取有效措施，使植株生长健壮，增强抗病能力。

（5）药剂防治：在发病初期，当田间病叶率达到 5%~10% 时，应开始第一次喷药，药剂可选用 55%硅唑·多菌灵可湿性粉剂 600 倍液、325g/L 苯甲·嘧菌酯水分散粒剂 2 000 倍液、500g/L 苯甲·丙环唑乳油 3 000 倍液或 80%代森锰锌 400 倍液。每间隔 10 天喷药 1 次，连喷 2~3 次，每亩对水 50~75kg。由于花生叶面光滑，喷药时可适当加入黏着剂，防治效果更佳。

二、花生网斑病

【病原】花生茎点霉，属半知菌亚门真菌。燕麦琼脂培养基上菌落呈白色至灰白色，厚垣孢子生于菌丝中，褐色球形。分生孢子器黑色，近球形，埋生或半埋生于病组织中，具孔口。分生孢子无色，长椭圆形或哑铃形，多双胞，少数单胞、3 胞或 4 胞。

【症状特点】主要发生在花生生长中期，为害叶片。空气相对湿度低于

80%时，病斑为褐色网纹形，发病初期在叶片正面产生星芒状小黑点，后扩大为边缘网状，不规则而模糊的黑褐色病斑，直径约2~4mm，病斑不穿透叶片，仅为害上表皮细胞，引起坏死；空气相对湿度超过90%以上时，病斑为污斑形，斑较大，7~15mm，近圆形、黑褐色，病斑边缘较清晰，穿透叶片，但叶背面病斑较小，坏死部分可形成黑色小点。

【发病规律】病菌在花生病残体上越冬，为翌年的侵染来源。低温、多湿是病害发生的关键条件，条件适宜时，病菌借风雨、气流传播，侵染花生叶片。田间发病速度快，迅速产生大量病斑，使叶片失去光合作用功能或脱落。

【防治方法】

（1）选用抗病品种：一般直立型品种较蔓生型抗病。

（2）轮作换茬：该病菌寄主作物比较单一，只侵染花生，在发病严重的地区，可与其他作物轮作，尤其是与玉米、甘薯等作物轮作，可有效控制此病的发生。

（3）加强栽培管理：适时播种，合理密植，施足基肥，特别是施足有机肥，可促进花生健壮生长，提高抗病力。

（4）药剂防治：在发病初期病株率为20%时及时喷药防治，可使病害减轻，一般可增产15%~20%。可用1∶2∶（150~200）的波尔多液、70%代森锰锌400倍液、70%甲基硫菌灵可湿性粉剂1 000倍液、50%多菌灵可湿性粉剂1 000倍液或75%百菌清可湿性粉剂600~800倍液，一般每隔10~15天喷药1次，连喷2~3次。如果天气干旱，病害停止发展，喷药间隔时间可适当延长一些。

三、花生锈病

【病原】落花生柄锈菌，属担子菌亚门柄锈菌属。我国花生上未见冬孢子世代。故我国广东暂定名为花生夏孢锈菌，夏孢子近圆形，橙黄色，表面具小刺，孢子中轴两侧各有1个发芽孔。

【症状特点】花生叶片受锈菌侵染后，在正面和背面出现针尖大小淡黄色病斑，后扩大为淡红色凸起斑，随后病斑表面破裂散发出红褐色粉末状物，即病菌孢子。植株下部叶片先发病，渐向上扩展。当叶片上病斑较多时，很快变黄干枯，严重时植株成片枯死，远望如火烧状。

【发病规律】北方的初侵染菌源来自南方，病菌孢子发芽最适温度为20℃。雨量多、湿度大则发病重；过度密植、偏施氮肥、植株生长过于繁茂、田间郁闭、通风排水不良也易引起锈病严重发生。

【防治方法】

（1）农业措施：选用抗病品种；增施有机肥和磷、钾、钙肥；高畦深沟、清沟排水，提高植株抗病力。

（2）药剂防治：发病初期，用20%三唑酮乳油1 500~2 000倍液或12.5%烯唑醇可湿性粉剂4 000~5 000倍液喷雾防治。

四、花生疮痂病

【病原】落花生痂圆孢菌，属半知菌亚门真菌。分生孢子盘褐色或黑色，垫状或盘状。分生孢子梗单根，密集在盘上形成橄榄色绒状层。分生孢子椭圆形至纺锤形，单胞无色。

【症状特点】主要为害花生叶片、叶柄及茎部。叶片染病叶两面产生圆形至不规则形小斑点，边缘稍隆起，中间凹陷，叶面上病斑为淡棕褐色，叶背面为淡红褐色，具褐色边缘，叶片中间凹陷、边缘凸起。叶柄、茎部的病斑可发展为溃烂疮痂，严重时呈烧焦状。在病害发生后期，茎枝严重扭曲，类似"S"状，植株生长受阻。

【发病规律】病菌主要随遗留在田间的病残体越冬，并成为翌年的初侵染源。带菌花生荚果具有传病能力，通过种子调运可远距离传播。田间通过气流传播，低温、阴雨有利于该病的发生。

【防治方法】

（1）选用抗病品种。

（2）与禾本科作物（如玉米）实行轮作。

（3）采用地膜覆盖，有利于提高地温，减轻病害发生为害程度。

（4）加强肥水管理：适当增施磷、钾肥，培育壮苗，增强植株的抗病能力。

（5）病害初发期，用30%苯甲·丙环唑乳油20mL+80%代森锰锌可湿性粉剂300~400倍液、70%甲基硫菌灵可湿性粉剂2g/L或10%世高水分散粒剂1g/L，对水30~50kg喷雾，间隔7~10天喷1次，连喷2~3次，有明显防治效果。

五、花生茎腐病

【病原】无性态为棉壳色单隔孢，属无性菌类壳色单隔孢属。有性态为柑橘囊孢壳，属子囊菌门囊孢壳属真菌。病部小黑点即病原菌的分生孢子器，常凸出于体表，黑色，近球形，顶端孔口呈乳头状凸起。分生孢子梗细长，不分枝，无色。分生孢子初期无色、透明，单细胞，椭圆形，后期变为暗褐色，双细胞。两种分生孢子都能萌发。

【症状特点】 俗称烂脖子病，多发生在与地表土接触的茎基部第一对侧枝处，初期产生黄褐色水渍状病斑，病斑向上、下发展，茎基部变黑枯死，引起部分侧枝或全株萎蔫枯死。若发生在中后期，感病后植株很快枯萎死亡。荚果往往腐烂或种仁不满，造成严重损失，特别是连作多年的花生地块，甚至成片死亡。

【发病规律】 病菌主要在种子和土壤中的病残株上越冬，成为第二年发病的来源。田间主要靠雨水径流、大风以及农事操作过程中携带病菌传播。在多雨潮湿年份，特别是收获季节遇雨，收获的种子带菌率较高，成为病害的主要传播者，而且通过引种还可以远距离的传播。

【防治方法】

（1）农业防治：防止种子发霉，保证种子质量，选用无病菌的种子和抗病品种；轮作换茬，轻病地块可与非寄主作物轮作 1~2 年，重病地块轮作 3~4 年，可与禾谷类作物轮作。此外，做好田间开沟排水，勿用混有病残的土杂肥，增施腐熟的有机肥和磷钾肥料。

（2）药剂防治：播种前用 50% 多菌灵可湿性粉剂拌种，或用 50% 多菌灵可湿性粉剂 0.5kg 加水 50~60kg 冷浸种子 100kg，浸种 24h 播种；在发病初期，选用 70% 甲基硫菌灵可湿性粉剂 800~1 000 倍液、50% 多菌灵可湿性粉剂或 65% 代森锌可湿性粉剂 500~600 倍液喷雾，间隔 7 天喷 1 次，连喷 2~3 次。

六、花生根腐病

【病原】 由半知菌亚门的镰刀菌侵染所引起，包括尖镰孢菌、茄类镰孢菌、粉红色镰孢菌、三隔镰刀菌和串珠镰孢菌 5 个菌种，它们都可产生无性态的小孢子、大孢子和厚垣孢子。小孢子卵圆形至椭圆形，无色，多为单胞。大孢子镰刀形或新月形，具 3~5 个分隔。厚垣孢子近球形，单生或串生。病菌习居土壤中，在土中能存活数年，属维管束寄生菌，可堵塞导管和分泌毒素使植株枯萎。

【症状特点】 俗称芽涝，该病主要引起烂根死苗，在花生整个生育期均可发生。感病植株矮小，叶片自下而上依次变黄，干枯脱落。病株下部根系呈"鼠尾状"，无侧根或侧根很少。主根根端呈湿腐状，根皮变褐，与髓部分离，手捏易脱落。在中午强日照下，病株出现暂时萎蔫现象，发病严重者萎蔫后不能再恢复正常，叶柄全部下垂，不久即枯死，可导致缺苗断垄，成片死亡。

【发病规律】病菌主要随病株残体在土壤中越冬，带菌的荚果、种仁和混有病株残体的土杂肥等，也是病菌越冬场所和初侵来源。病菌主要随田间流水扩散、风雨飞溅或农事操作而传播。病害发生与气候条件、种子质量及土壤结构有密切关系。高温多湿或大雨骤晴的天气，病害较重；低温干旱的天气，病害较轻。种子质量好的发病轻，受捂发霉的种子发病重；连作地发病重，轮作地发病轻；土壤结构好，土质肥沃的地块发病轻，沙质薄地或沿海风沙地发病重。

【防治方法】

（1）实行轮作：重病地应实行3年轮作，轻病地可实行隔年轮作。

（2）精选种子：留种地要及时收获，抓紧晒干，妥善贮藏。播种前要翻晒好种子，分级粒选，严格剔除霉变和破伤种子。

（3）深耕土壤，改良土壤对沙质薄地要深翻和增施肥料，培肥地力，以增强植株抗病力。

（4）药剂防治：用种子重量0.3%的40%三唑酮、多菌灵可湿性粉剂并加入新高脂膜拌种，密封24h后播种。齐苗后加强检查，发现病株随即采用喷雾或淋灌办法施药封锁中心病株。可选用96%天达恶霉灵3 000倍液，或40%三唑酮、多菌灵可湿性粉剂1 000倍液间隔7~15天喷1次，连喷2次，交替施用，喷足淋透。

七、花生白绢病

【病原】齐整小核菌，属半知菌亚门真菌。有性态为罗耳阿太菌，属担子菌亚门真菌，自然条件下很少产生。病原菌可产生2种菌丝。生育期中产生的营养菌丝白色，有明显缩状连结菌丝；在产生菌核之前可产生较纤细的白色菌丝，细胞壁薄，有隔膜，无缩状连接，常3~12条平行排列成束。菌核球状，初为白色，以后变深褐色，表面光滑，坚硬，大小如油菜籽。

【症状特点】白绢病多发生在成株期，主要侵染植株接近地面的茎基部，也能为害果柄和荚果。受害部位变褐、软腐，病部有波纹状病斑绕茎，表面覆盖一层白色绢丝状似的菌丝，直至植株中下部茎秆均被覆盖。当病部养分被消耗后，植株根颈部组织呈纤维状，从土中拔起时易断。土壤潮湿隐蔽时，病株周围地表也布满一层白色菌丝体，在菌丝体当中形成大小如油菜籽一样的近圆形的菌核。发病的植株叶片变黄，初期在阳光下则闭合，在阴天还可张开，以后随病害扩展而枯萎，最后死亡。

【发病规律】病菌在土壤中及病残体上越冬。分布在表土层内的菌核和菌丝萌发的芽管，从花生根茎部的表皮直接侵入，使病部组织腐烂，造成植株枯死。病菌主要借土壤、流水、昆虫等传播，种子也能带菌传染。病害的发生与土壤的温湿度有密切关系。7—8月高温多雨，病害蔓延迅速，病害发生重。地势高燥，土壤质地疏松，排水量好发病就轻，反之则重。连作发病重，轮作发病轻；珍珠豆型小花生发病重，大花生发病轻；晚播花生或夏花生发病轻，早播花生发病重。有机质丰富，落叶多，植株倒伏在地里发病特别严重。

【防治方法】

（1）选用优质抗病品种。

（2）实行合理轮作：轻病地与禾谷类作物轮作1年，重病地须轮作2~4年。

（3）深翻改土，加强田间管理。花生收获前，清除病株。收获后，深翻土地，减少田间越冬病菌，改善土壤通风条件。最好不用未腐熟的有机肥。

（4）药剂防治：可用50%多菌灵可湿性粉剂按种子质量的0.3%~0.5%拌种；病害发生初期，用70%甲基硫菌灵可湿性粉剂800~1 000倍液喷雾或施用菌核净、异菌脲、苯并咪唑类药剂灌根或茎部喷施等，也有较好的防效。

八、花生菌核病

【病原】核盘菌，属半知菌亚门真菌。

【症状特点】可为害叶片、茎秆、根及荚果等，叶片上有褐色近圆形病斑，有轮纹。根茎部受害后呈褐色坏死。潮湿时病部密生灰褐色霉层。后期根茎皮层与木质部间有黑色菌核。

【发病规律】病菌以菌核在病残株、荚果和土壤中越冬，菌丝体也能在病残株中越冬；翌年菌核萌发产生菌丝和分生孢子，有时产生子囊盘，释放出子囊孢子，多从植株伤口侵入。分生孢子和子囊孢子借风雨传播，菌丝也能直接侵入寄主。低温高湿的情况下发病加重，过度密植、地势低洼潮湿、连年种植花生的地块等均可加重发病。

【防治方法】

（1）选用无病种子：种子在播种前过筛，清除混在花生中的菌核。

（2）及时清除田间病株，集中烧毁。发病严重的地块，实行秋季深耕，使遗留在土壤表层的菌核埋入地下而死亡，同时又可使田间病株残体一同被深埋。

（3）实行 3 年以上的轮作。

（4）药剂防治：必要时可用50%扑海因可湿性粉剂 1 000～1 500倍液或50%腐霉利可湿性粉剂 1 500～2 000倍液喷雾防治，也可选用霉易克、菌克宁等药剂防治。

九、花生黄曲霉病

【病原】黄曲霉菌和寄生黄曲霉菌，半知菌类。菌落生长较快，结构疏松，表面灰绿色，背面无色或略呈褐色。菌体有许多复杂的分枝菌丝构成。营养菌丝具有分隔；气生菌丝的一部分形成长而粗糙的分生孢子梗，顶端产生烧瓶形或近球形顶囊，表面产生许多小梗（一般为双层），小梗上着生成串的表面粗糙的球形分生孢子。其代谢产物黄曲霉毒素具有强致癌性。

【症状特点】带有病菌的种子播入土壤中后，在合适的水分和气候条件下，种子会快速腐烂。健康的种子正常发芽后，胚根和胚轴也可以被侵染并很快腐烂。花生出苗后很少发生新的侵染，但出苗前被侵染的子叶带有微红棕色边缘的坏死病斑，附着黄色或微黄绿色孢子。当引起幼苗病害的菌株产生黄曲霉毒素时，病株生长严重受阻，表现为缺绿，叶片微绿，叶脉清晰，植株矮小等症状。

【发病规律】该病菌广泛存在于多种类型的土壤和农作物残体中，可直接侵染花生果针、荚果和种子。该病菌侵染受环境湿度和花生组织水分的影响较大，花生种子含水量在10%～30%的条件下容易侵染。

【防治方法】

（1）选用抗病品种，精选种子，剔除带病种子、霉变种子、不完整的种子。

（2）中耕培土时不伤及幼果，避免花生生长后期受干旱胁迫。

（3）防治地下害虫和病害，减少病菌侵害途径。

（4）适时收获，收获后及时晒干，保持种子干燥。

十、花生线虫病

【病原】我国发生的主要是北方根结线虫，均属侧尾腺口纲、根结线虫属线虫。雌雄异形。北方根结线虫雌虫梨形或袋形，会阴花纹圆形至扁卵形，背弓低平，侧线不明显，尾端区常有刻点。雄虫线状，头冠高而窄，头区与体躯有明显界线，侧区有 4 条侧线，头感器长裂缝状，背食道腺开口到口针基球底部长 4~6μm。

【症状特点】俗称地黄病、地落病、矮黄病、黄秧病等，主要为害植株的地下部，因地下部受害引起地上部生长发育不良。被害幼苗表现出植株萎缩不长，下部叶变黄，始花期后，整株茎叶逐渐变黄，叶片小，底叶叶缘焦灼，提早脱落，开花迟，病株矮小，似缺肥水状，田间常成片成窝发生。线虫侵入花生主根尖端，使之膨大形成纺锤形虫瘿（根结），初期为乳白色，后变为黄褐色，直径一般 2~4mm，表面粗糙。以后在虫瘿上长出许多细小的须根，须根尖端又被线虫侵染形成虫瘿，经这样多次反复侵染，根系就形成乱丝状的须根团。被害主根畸形歪曲，停止生长，根部皮层往往变褐腐烂。在根茎、果柄上可形成葡萄穗状的虫瘿簇。在果壳上则形成疮痂状虫瘿，初为乳白色，后变为褐色，较少见。病株根瘤少，结果亦少而小，甚至不结果。

【发病规律】雨水少、灌溉不及时为害重；雨水多、灌溉及时为害轻。土质疏松的砂壤土和砂土地发病重，黏土和低洼碱性土壤发病轻，甚至不发病。轮作田发病轻，连作田发病重。春花生比麦茬花生发病重，早播比晚播发病重。田间寄主杂草及病残体多的发病重。

【防治方法】

（1）选用抗病品种，精选种子，不从病区调运花生种子，如确需调种时，应剥去果壳，只调果仁。

（2）轮作倒茬，与甘薯或禾本科不良寄主轮作 2~3 年。

（3）加强田间管理，铲除杂草，重病田可改为夏播。清洁重发病地块，深刨病根，集中烧毁。增肥改土，增施腐熟有机肥。

（4）药剂防治：重病田块播种前 15~20 天进行土壤熏蒸处理，沟施 98%棉隆、威百亩、阿维菌素、灭线唑等化学防治线虫。

（5）生物防治：应用淡紫拟青霉和厚垣孢子轮枝菌能明显起到降低线虫群体和消解其卵的作用。

十一、花生病毒病

【病毒种类】主要病毒种类有花生条纹病毒、花生矮化病毒和花生黄花叶病毒。

【病原及为害】花生病毒病发生以后，株高降低 15%~35%，结果减少

32.1%，减产 15%~72%，而且大型果少，中小型果增加，果仁小。

（1）花生条纹病毒病。病原花生条纹病毒，克里夫兰烟可作为繁殖寄主。致死温度 55~60℃，体外保毒期 4~5 天，稀释限点 10^{-4}~10^{-3}。该病毒寄主范围窄，除侵染花生外，还可侵染望江南、决明子、绛三叶草，引致斑驳或花叶。感病植株先在顶端嫩叶上出现褪绿斑，后发展成浅绿与绿色相间的斑驳，沿叶脉形成断续绿色条纹或橡叶状花纹，或一直呈系统性的斑驳症状。感病早的植株稍有矮化。

（2）花生黄花叶病毒病。病原黄瓜花叶病毒，球状粒体，平均直径28.7nm，体外存活期限 6~7 天，致死温度 55~60℃，稀释限点 10^{-3}~10^{-2}。病株先在顶端嫩叶上出现褪绿黄斑，叶脉变淡，叶色发黄，叶缘上卷，随后发展为黄绿相间的黄花叶症状，病株中度矮化。该病常与花生条纹病毒病混合发生，表现黄斑驳、绿色条纹等复合症状。

（3）花生矮化病毒病。其病原为黄瓜花叶病毒组花生矮化病毒株系（PnSv）。病毒质粒为圆球形，致死温度为 55~60℃，存活期 3~4 天，稀释限点 10^{-3}~10^{-2}。病株顶端叶片出现褪绿斑，并发展成绿色与浅绿相同的花叶，新长出的叶片通常展开时是黄色的，但可以转变成正常绿色，叶片变窄小，叶缘有时出现波状扭曲。病株明显矮化。

【发病规律】 病毒于种子内越冬，带毒种子为初侵染来源。蚜虫传毒，使病害扩展蔓延。带病毒种子调运是远距离传播的主要途径。发生程度主要受以下因素的影响：①种子带毒率：一般当年的病株和种子带毒率为 2%~3%。种子带毒率低，种传率相对也低，中心病株少，发病就轻；反之则重。一般大粒种子带毒率低，小粒种子特别是变色种子带毒率高。②气候：对于花叶型病毒病，6—7 月平均气温低于 24℃ 时，有利于此病的发生；高于30℃，病害则减轻。一般情况下，多雨年份病害轻；干旱年份病害重。③蚜虫：蚜虫虫口密度与病害有密切关系。试验表明，防蚜地块发病率降低 40%以上。④播种期：正常年份，早播的重于晚播的，春花生重于麦茬花生。⑤土质：土层厚，肥力足，花生生长健壮，发病轻；土壤瘠薄，花生生长衰弱，发病重。

【防治方法】

（1）建立无病留种地，培育和选育无病种子。通常采用无病地留种、早治蚜虫、白粉虱等，清除病株、在远离毒源植物 100m 以外地块种植等措施，获得无病种子。播种时选粒大饱满、色泽正常的种子种植。另外，加强种子调运管理，防止病害扩展蔓延。

（2）选用耐病品种，并在播种时，用辛硫磷等药剂拌种。

（3）推广地膜覆盖，地膜覆盖可减轻苗期蚜虫传毒，促进植株健壮生长。

（4）药剂防治：于6月中下旬蚜虫发生时，可选用50%抗蚜威可湿性粉剂或25%吡虫啉乳油喷雾防治传毒蚜虫，每亩对水50~60kg。

（5）清除花生地内外的杂草和其他植物，早期拔除种传病苗，以减少初侵染来源及早期蚜虫的发生为害。

第二节　虫害

对花生产量及品质造成较严重影响的花生虫害有蛴螬、金针虫、地老虎、蝼蛄、蚜虫、叶螨、白粉虱、斜纹夜蛾等。

一、蛴螬

【形态特征】蛴螬是金龟甲的幼虫，别名白土蚕、核桃虫。成虫通称为金龟甲或金龟子，主要种类有大黑鳃金龟、暗黑鳃金龟、铜绿丽金龟、小云斑鳃金龟、大栗鳃金龟。幼虫体型肥大，虫体弯曲呈"C"形，多为白色，少数为黄白色。头部褐色，上颚显著，腹部肿胀。体壁较柔软多皱，体表疏生细毛。头大而圆，多为黄褐色，生有左右对称的刚毛，刚毛数量的多少常为分种的特征。蛴螬具胸足3对，一般后足较长。腹部10节，第十节称为臀节，臀节上生有刺毛，其数目的多少和排列方式也是分种的重要特征。

【为害症状】苗期取食种仁，咬断根茎，造成缺苗断垄；生长期至结荚期取食果针、幼果、种仁，造成空壳、烂果和落果；为害根系，咬断主根，造成死株。

【生活习性】该虫主要以幼虫在土下30cm处越冬，成虫出土盛期一般在6月底至7月上旬，幼虫孵化盛期在7月上旬，即花生的开花下针期。

【发生特点】成虫交配后10~15天产卵，产在松软湿润的土壤内，以水浇地最多，每头雌虫可产卵100粒左右。蛴螬年发生代数因种、因地而异，一般1年1代，或2~3年1代，长者5~6年1代。如大黑鳃金龟2年1代，暗黑鳃金龟、铜绿丽金龟1年1代，小云斑鳃金龟在青海4年1代，大栗鳃金龟在四川甘孜地区则需5~6年1代。蛴螬共3龄。1、2龄期较短，第3龄期最长。

【防治措施】

（1）合理轮作：与非豆科作物轮作 2 年以上，可有效破坏蛴螬的生存环境，减轻为害。

（2）秋后深耕晒垡，减少越冬虫源。

（3）使用腐熟有机肥合理追肥，按照每立方米粪肥加入 25kg 碳铵的比例，将粪肥与化肥充分混合后密闭腐熟，可有效减轻蛴螬的迁入为害。

（4）加强田间管理，及时清除田间杂草或地边杂草可减少虫数量；在成虫产卵期及时中耕可消灭部分卵和初孵幼虫；秋季收获及耕翻时捡拾蛴螬及金龟甲，可降低虫口密度，减轻翌年为害。

（5）种植诱杀植物：种植蓖麻或二年发生紫穗槐苗可诱杀金龟甲成虫。

（6）诱杀成虫：成虫盛发时可用黑光灯诱杀。在金龟甲盛发区可用 30~40cm 的新鲜榆树、杨树枝浸 25% 吡虫啉稀释液中，傍晚取出插入花生田诱杀，每亩 10~20 枝，进行诱杀。

（7）化学防治：播种时用 50% 辛硫磷乳油 500mL，对水 50kg，拌种 400~500kg；花生播种前，顺花生垄撒施 5% 辛硫磷颗粒剂 5~6kg，播前撒施或撒后浇水效果更好。6 月下旬至 7 月上旬，花生进入结荚期，每亩用 5% 辛硫磷颗粒 3~4kg 或 48% 毒死蜱乳油 350~400mL，雨前顺垄灌根或灌根后浇水，进行药剂灌根。或在 6 月下旬至 7 月下旬在金龟甲孵化盛期和幼龄期，亩用 5% 辛硫磷颗粒剂 2.5~3kg 加细土 15~20kg 撒在花生根际，浅耕入土，可防治在此产卵的金龟甲和为害荚果的蛴螬幼虫，中耕后浇灌 1 次效果更佳。

二、金针虫

【形态特征】 是鞘翅目叩头甲科幼虫的总称，成虫俗称叩头虫。金针虫主要有沟金针虫、细胸金针虫等。沟金针虫末龄幼虫体长 20~30mm，体扁平，黄金色，背部有一条纵沟，尾端分成两叉，各叉内侧有一小齿；沟金针虫成虫体长 14~18mm，深褐色或棕红色，全身密被金黄色细毛，前脚背板向背后呈半球状隆起。细胸金针虫幼虫末龄幼虫体长 23mm 左右，圆筒形，尾端尖，淡黄色，背面近前缘两侧各有一个圆形斑纹，并有四条纵褐色纵纹；成虫体长 8~9mm，体细长，暗褐色，全身密被灰黄色短毛，并有光泽，前胸背板略带圆形。

【为害症状】 幼虫可取食刚播下的花生种子，为害子叶，使种子不能发芽；苗期，取食花生幼根和茎，导致幼苗枯死，造成缺苗断垄；结荚期，可钻进花生荚果中，造成空壳，使花生减产。

【生活习性】金针虫随着土壤温度季节性变化而上下移动，春、秋两季表土温度适合金针虫活动，上升到表土层为害，形成两个为害高峰。夏季、冬季则向下移动越夏越冬。

【虫害发生特点】沟金针虫一般3年完成1代，老熟幼虫于8月上旬至9月上旬，在13~20cm土中化蛹，蛹期16~20天，9月初羽化为成虫，成虫一般当年不出土，在土室中越冬，第二年3—4月交配产卵，卵5月初开始孵化。细胸金针虫一般6月下旬开始化蛹，直至9月下旬。当表土层温度达到6℃左右时，金针虫开始向表土层移动，土温7~20℃是金针虫适合的温度范围，此时金针虫最为活跃，土温是影响金针虫为害的重要因素。春季雨水适宜，土壤墒情好，为害加重；春季少雨干旱为害轻，同时对成虫出土和交配产卵不利；秋季雨水多，土壤墒情好，有利于老熟幼虫化蛹和羽化。

【防治措施】同蛴螬防治措施。

三、地老虎

【形态特征】属鳞翅目，夜蛾科。又名土蚕、切根虫等。一生分为卵、幼虫、蛹和成虫（蛾子）4个阶段。主要有小地老虎、黄地老虎、大地老虎、白边地老虎和警纹地老虎。以小地老虎为例，蛹体长18~24mm，红褐色或暗红褐色。腹部第4~7节基部有2个刻点，背面的大而色深，腹末具臀棘1对。幼虫体长37~47mm，头宽3.0~3.5mm。黄褐色至黑褐色，体表粗糙，密布大小颗粒。头部后唇基等边三角形，颅中沟很短，额区直达颅顶，顶呈单峰。腹部1~8节，背面各有4个毛片，后2个比前2个大一倍以上。腹末臀板黄褐色，有2条深褐色纵纹。成虫体长16~23cm，灰褐色。前翅黑褐色、亚基线、内横线、外横线及亚缘线均为双条曲线；在肾形斑外侧有1个明显的尖端向外的楔形黑斑，在亚缘线上有2个尖端向内的黑褐色楔形斑，3个斑尖端相对，是其最显著的特征。后翅淡灰白色，外缘及翅脉黑色。

【为害症状】幼虫咬断花生嫩茎或幼根，造成缺苗断垄，花生中后期还可钻入荚果取食种仁，造成坏果或空壳。

【生活习性】1~2龄幼虫对光不敏感，昼夜活动取食；4~6龄表现出明显的负趋光性，晚上出来活动取食。成虫昼伏夜出，白天潜伏于土壤中，夜间出来活动，进行取食、交尾和产卵，以晚间19：00—22：00活动最盛；具有趋光性和趋化性。成虫对黑光灯及糖、醋、酒等趋性较强，并喜食甜酸食料，老熟幼虫有假死习性。

【虫害发生特点】小地老虎一年可以完成 2~7 代,幼虫、蛹和成虫都可越冬。喜温暖潮湿环境,若秋季多雨次年春季少雨,会使小地老虎大量发生,反之则少发生。邻水地块、水浇地、低洼地、耕作粗放、杂草丛生的田块虫口密度大。春季田间凡有蜜源植物的地区发生亦重。土质疏松、团粒结构好、保水性强的壤土、黏壤土、沙壤土更适宜于发生,尤其是上年被水淹过的地方发生量大,为害更严重。

【防治措施】

(1)除草灭虫:杂草是地老虎早春产卵的主要场所,是幼虫迁向作物的桥梁。春播前进行春耕细耙,可消灭虫卵和 1~2 龄幼虫。

(2)诱杀:可用黑光灯、糖醋液诱杀成虫;另外,地老虎幼虫对泡桐树叶具有趋性,可取较老的泡桐树叶,用清水浸湿后,于傍晚放在田间,进行诱杀。

(3)人工捕捉:利用地老虎昼伏夜出的习性,清晨在被害作物周围的地面上,进行人工捕捉。

(4)及时锄地中耕,可大大降低卵的孵化率。

(5)药剂防治:用 50%辛硫磷可湿性粉剂制成毒土和颗粒剂,花生苗期撒于花生行间,可收到较好的防治效果;在地老虎 1~3 龄幼虫期,采用 50%二嗪磷乳油 2 000 倍液、20%氰戊菊酯乳油 1 500 倍液等进行地表喷雾,也能起到良好的毒杀效果;也可采用毒饵诱杀法,取 90%晶体敌百虫 1kg,先用少量热水溶解后,再加水 10kg,均匀地喷洒在 100kg 炒香的饼粉或麦麸上,拌匀后于傍晚顺垄撒在作物根部,每亩用 5kg 左右,防治地老虎效果很好。

四、蝼蛄

【形态特征】蝼蛄属直翅目蝼蛄科昆虫,又名拉拉蛄、地拉蛄,主要类型有华北蝼蛄、东方蝼蛄、台湾蝼蛄和普通蝼蛄。不全变态。蝼蛄的触角短于体长,前足宽阔粗壮,适于挖掘,属开掘式足,前足胫节末端形同掌状,具 4 齿,跗节 3 节。前足胫节基部内侧有裂缝状的听器。中足无变化,为一般的步行式后足,脚节不发达。覆翅短小,后翅膜质,扇形,广而柔,尾须长。

【为害症状】喜食刚发芽的花生种子、幼根和茎,造成缺苗断垄。咬食花生幼根后,受害植株的根部呈乱麻状。由于蝼蛄的活动,将表土窜成许多隧道,使苗土分离,幼苗生长不良甚至枯萎死亡。

【生活习性】以成虫或若虫在地下越冬，清明后上升到地表活动，在洞口可顶起一个小虚土堆。蝼蛄昼伏夜出，以夜间21：00—23：00活动最盛。蝼蛄具趋光性，并对香甜物质，如半熟的谷子、炒香的豆饼、麦麸以及马粪等有机肥，具有强烈趋性，通常在夜间飞行，飞向光亮处。

【虫害发生特点】以华北蝼蛄为例，约3年1代，以成虫若虫在土内越冬，入土可达70mm左右。第二年春天开始活动，在地表形成长约10mm松土隧道，此时为调查虫口的有利时机，4月是为害高峰期，9月下旬为第二次为害高峰。秋末以若虫越冬，若虫3龄开始分散为害，如此循环，第三年8月羽化为成虫，进入越冬期。其食性很杂，为害盛期在春秋两季。

【防治措施】

（1）农业防治：春秋季深耕细耙，加之跟犁拾虫，不仅直接杀死蝼蛄，且破坏其洞穴，消灭卵及低龄幼虫。合理施肥，施用堆肥等有机肥要充分腐熟。

（2）物理诱杀：利用黑光灯、电灯或堆火，在天气闷热或将要下雨的夜晚设置，以晚上20：00—22：00诱杀效果最好。

（3）药剂防治：用50%辛硫磷乳油30～50倍液加炒香的麦麸、米糠等5kg，每亩施用毒饵1.5～3.0kg，于傍晚时撒于田间，进行毒饵诱杀；或用50%辛硫磷乳油1kg加水60kg，拌花生种600kg，进行药剂拌种；在蝼蛄及其他地下害虫发生量大的田块或年份，每亩用50%辛硫磷或甲基异柳磷乳油200～250g，结合浇水，施入土中，防效良好。

五、蚜虫

【形态特征】俗称蜜虫、腻虫。分为若蚜、卵、成虫3个阶段。若蚜黄褐色，体上具薄蜡粉，腹管黑色细长，尾片黑色很短。成虫分为有翅胎生雌蚜和无翅胎生雌蚜两种。有翅胎生雌蚜体长1.5～1.8mm，体黑绿色，有光泽。触角6节，第1、第2节黑褐色，第3至第6节黄白色，节间带褐色，第三节较长。翅基、翅痣、翅脉均为橙黄色。各足腿节、胫节端部及跗节暗黑色，余黄白色。腹部各节背面具硬化的暗褐色条斑，第1节、第7节各具腹侧突1对。腹管黑色，圆筒形，端部稍细，有覆瓦状花纹，长是尾片的2倍。尾片乳突黑色上翘，两侧各生3根刚毛。无翅胎生雌蚜体长1.8～2.0mm，体较肥胖，黑色至紫黑色，具光泽。

【为害症状】花生自出土到收获，均可受蚜虫为害，但以初花期前后受害最重。蚜虫多集中在嫩茎、花瓣、花萼管，以及果针上为害。受害严重时，花生生长停滞，叶片卷曲，变小变厚，影响叶片的光合作用和开花结实，蚜虫发生猖獗后，整棵花生的枝叶发黑（俗称淌油）结荚甚少，成果秕，甚至枯萎死亡。

【生活习性】以虫群形态集中在花生嫩叶、嫩芽、花柄、果针上吸汁。在越冬寄主上繁殖几代后，开始产生有翅蚜，后迁移到为害植株上取食，至晚秋产生有翅蚜交尾产卵越冬。春末夏初气候温暖，雨量适中利于该虫的发生和繁殖。

【发生特点】一年可繁殖 20~30 代，通常越冬寄生和中间寄生较多、花生苗期干旱少雨，田间湿度较低时，为害严重。春花生苗期和下针期及夏花生开花期是蚜虫为害盛期。旱地、坡地及生长茂密地块发生重。

【防治措施】

（1）农业防治：加强田间管理，适时播种，合理密植，防止田间郁闭；适时灌溉，防止田间过干过湿；合理邻作（豌豆）。

（2）物理防治：黄板诱杀。

（3）化学防治：播种时每亩用 48%乐斯本颗粒缓释剂 2kg、10%辛拌磷粉粒剂 0.5kg 或 3%克百威颗粒剂 2.5kg 盖种，或在花生蚜虫盛发期用 2.5%敌百虫粉 0.5kg，加细干土（沙）15kg，于早晚花生叶闭合时，撒施到花生墩基部使其尽可能与虫体接触，杀蚜效果良好。喷雾：蚜虫盛发期用 20%阿维·辛乳油 2 500 倍液、10%氯氰菊酯（灭百可）4 000 倍液、50%溴氰菊酯 3 000 倍液、20%灭蚜净可湿性粉剂 2 000 倍液或 10%吡虫啉可湿性粉剂 1 000 倍液进行喷雾，均能控制花生蚜的发生为害。

六、叶螨

【形态特征】俗称红蜘蛛。北方优势种为二斑叶螨，南方为朱砂叶螨。朱砂叶螨雌成螨梨形，体长 0.48~0.55mm，宽 0.32mm，体多为红褐色或锈红色，常随寄主而异，体背两侧各有 1 对黑斑，肤纹突三角形至半圆形。雄成螨体长 0.35mm，宽 0.2mm，前端近圆形，腹末稍尖，体色较雌成螨淡。卵球形，初产时无色，后变黄色，孵化前微红。幼螨 3 对足，若螨 4 对足，与成螨相似。雄若螨比雌若螨少蜕一次皮就羽化为雄成螨，雌若螨蜕皮成为后若螨，然后羽化为雌成螨。二斑叶螨体色为淡黄或黄绿色，后半体的肤纹突呈较宽阔的半圆形，卵初产时为白色，雌螨有滞育，其他同朱砂叶螨。

【为害症状】叶螨聚集在植株叶片背面吸食汁液。受害叶片初失绿，呈灰白色小斑点，后逐渐变黄。受害严重时，叶片脱落。受害地块可见花生叶片表面有一层白色丝网，且大片的花生叶片被连接在一起，严重影响花生叶片的光合作用。

【生活习性】叶螨大多栖居于叶片的下表面，可凭借风力、流水、昆虫、鸟兽和农业机具进行传播，或是随苗木的运输而扩散。叶螨的很多种类有吐丝的习性，在营养恶化时能吐丝下垂，随风飘荡。

【发生特点】一年发生 10~20 代，喜高温干旱，暴雨对其有一定的抑制作用。6—8 月，干旱年份往往发生猖獗。

【防治措施】

（1）农业防治：深翻土地，将虫源翻入深层；早春或秋后灌水，将虫源淤在泥土中窒息死亡；清除田间杂草，减少螨虫食料和繁殖场所；避免与大豆间作。

（2）化学防治：当螨虫在田边杂草上或边行花生田点片发生时，进行喷药防治，以防扩散蔓延。可用 15%哒螨灵乳油 2 500~3 000 倍液、20%三氯杀螨醇乳油 1 000 倍液、20%灭扫利乳油 2 000 倍液、10.5%阿维菌素·哒螨灵 1 500 倍液喷雾防治。

七、白粉虱

【形态特征】成虫体长 1.0~1.5mm，淡黄色或白色，雌雄均有翅，翅面覆盖白蜡粉。停息时双翅合成屋脊状如蛾类，翅短半圆状遮盖整个腹部。若虫椭圆形、扁平。淡黄或深绿色，一龄若虫有发达的胸足，能就近爬行；二龄若虫胸足显著变短，无步行能力；三龄若虫体形与二龄若虫相似，略大，足与触角残存。

【为害症状】白粉虱成虫和若虫大量聚集在叶片背面吸食植株汁液，其分泌的蜜露适于霉菌生长，污染叶片使叶片被霉菌覆盖，呈现黑色霉斑。

【生活习性】温室白粉虱不耐低温，在华北均不能露地越冬。成虫不善飞，有趋黄性，群集在叶背面，具趋嫩性，故新生叶片成虫多，中下部叶片若虫和伪蛹多。

【发生特点】1 年可发生 10 余代，以各种虫态在保护地内越冬为害，春季扩散到露地，9 月以后迁回到保护地内。交配后，1 头雌虫可产 100 多粒卵，多者 400~500 粒。此虫最适发育温度 25~30℃，在温室内一般 1 个月发生 1 代。

【防治措施】

（1）物理防治：黄板诱杀成虫。

（2）化学防治：白粉虱繁殖快，易产生抗药性，需连续用药，并变化不同种类农药。常用杀虫剂有 10% 噻嗪酮乳油、25% 灭螨猛乳油、2.5% 天王星乳油等。

八、斜纹夜蛾

【形态特征】 成虫体长 14 ~ 20mm，翅展 35 ~ 46mm，体暗褐色，胸部背面有白色丛毛，前翅灰褐色，花纹多，内横线和外横线白色，呈波浪状，中间有明显的白色斜阔带纹，所以称斜纹夜蛾。幼虫体长 33 ~ 50mm，头部黑褐色，胸部多变，从土黄色到黑绿色都有，体表散生小白点，在亚背线内侧各节有近似三角形的半月黑斑一对。

【为害症状】 3 龄前幼虫为害花生叶片，将叶片咬成不规则透明白斑，留下透明的上表皮，成纱窗状；4 龄以后分散为害，进入暴食期，能将叶片吃成缺刻或孔洞。

【生活习性】 成虫白天潜伏在叶背或土缝等阴暗处，夜间出来活动。初孵幼虫聚集叶背，4 龄以后和成虫一样，白天躲在叶下土表处或土缝里，傍晚后爬到植株上取食叶片。成虫有强烈的趋光性和趋化性，黑光灯的效果比普通灯的诱蛾效果明显，另外对糖、醋、酒味很敏感。

【发生特点】 一年发生多代，世代重叠。成虫有趋光性，对糖、醋、酒及发酵的胡萝卜、麦芽、豆饼、牛粪等有趋化性。幼虫具有假死性，且怕强光，昼伏夜出。

【防治措施】

（1）物理诱杀：利用黑光灯、糖醋液或杨柳枝诱杀成虫。

（2）化学防治：喷药在傍晚 17：00 左右进行为宜。常用的药剂有 50% 辛硫磷乳油 1 000 倍液、10% 吡虫啉可湿性粉剂 2 500 倍液、40% 七星保乳油 600 ~ 800 倍液、10% 高效氯氰菊酯乳油 5 000 倍液、20% 异丙威乳油 500 倍液、48% 乐斯本乳油 1 000 ~ 1 500 倍液。

九、甜菜夜蛾

【形态特征】 俗称白菜褐夜蛾，隶属于鳞翅目夜蛾科，幼虫体色变化很大，有绿色、暗绿色、黄褐色、黑褐色等，腹部体侧气门下线为明显的黄白色纵带，有时呈粉红色。成虫体长 10 ~ 14mm，翅展 25 ~ 34mm，体灰褐色。前翅中央近前缘外方有肾形斑 1 个，内方有圆形斑 1 个，后翅银白色。

【为害症状】 初孵幼虫取食花生叶片表面和叶肉，形成"天窗"；大龄幼虫食叶形成缺刻或孔洞,严重时将叶片吃光,仅残留叶脉、叶柄。

【生活习性】成虫昼伏夜出,有强趋光性和弱趋化性,大龄幼虫有假死性,老熟幼虫入土吐丝化蛹。

【发生特点】以蛹或老熟幼虫在土壤中越冬。成虫昼伏夜出,有较强的趋光性,产卵趋嫩性,卵产于叶片的背面或叶柄,且聚集成块。

【防治措施】同斜纹夜蛾。

十、棉铃虫

【形态特征】鳞翅目,夜蛾科。成虫体长 15~20mm,翅展 27~38mm。雌蛾赤褐色,雄蛾灰绿色。前翅中部近前缘有一条深褐色环状纹和 1 条肾状纹,雄蛾比雌蛾明显,后翅灰白色,翅脉棕色,沿外缘由深褐色宽带。宽带中部 2 个灰白斑不靠外缘。前足胫节外侧有 1 个端刺。雄性生殖器的阳茎细长,末端内膜上有 1 个很小的倒刺。老熟幼虫长 40~50mm,初孵幼虫青灰色,以后体色多变,有淡红、黄白、淡绿、深绿 4 种类型颜色。

【为害症状】幼龄期主要在早晨和傍晚钻食花生心叶和花蕾,影响花生发棵增叶和开花结实;老龄期白天和夜间均大量啃食叶片和花朵,影响花生光合效能和干物质积累,造成花生严重减产。

【生活习性】成虫昼伏夜出,晚上活动、觅食和交尾、产卵。成虫飞翔力强,对黑光灯趋性较强,对萎蔫的杨、柳、刺槐等树枝散发的气味有趋性。初孵幼虫先吃卵壳,后取食植株生长点或果枝嫩尖处嫩叶、幼蕾。

【发生特点】1 年发生 4~7 代,以蛹在土壤内越冬。华北地区翌年 4 月中旬开始羽化,5 月上中旬为羽化盛期。低龄幼虫取食嫩叶,三龄后蛀果,蛀孔较大,外面常留有虫粪。棉铃虫有转移为害的习性,转移时间多在夜间和清晨。以第 2 代、第 3 代为害最为严重。棉铃虫发生的最适宜温度为 25~28℃,空气相对湿度 70%~90%。

【防治措施】

(1)生物防治:在棉铃虫产卵初盛期,释放赤眼蜂。向初龄幼虫期的棉铃虫喷链孢霉菌或棉铃虫核型多角体病毒等生物杀虫剂。

(2)物理防治:利用黑光灯、玉米诱集带、玉米叶或杨树枝(在花生田用长 50cm 的带叶杨树枝条,每 4~5 根捆成一束,每晚放 10 多束,分插于行间,早上捕捉)诱杀成虫。

(3)化学防治:用 2.5%敌百虫粉 3kg 加干细土 50kg,拌匀撒在花生顶叶、嫩叶上,每亩撒毒土 60~75kg;叶面喷高效氯氰菊酯等菊酯类杀虫剂或吡虫啉、灭幼脲、定虫隆等进行防治，同时可兼治其他害虫。

第三节 花生虫害防治要领

一、备耕期

播种前翻耕土地，通过机械杀伤、暴晒、天敌取食等杀死部分蛴螬、金针虫等；合理施用基肥。牲畜粪便等农家有机肥需腐熟后施用，否则容易招引金龟甲、蝼蛄等产卵，加重地下害虫的为害。

二、播种期

花生拌种：选用有效成分为毒死蜱、辛硫磷、米乐尔等杀虫剂制成的种衣剂。

配制毒土：采用辛硫磷等农药的颗粒剂或乳剂，撒于播种沟内，防治越冬后上移的蛴螬、金针虫等。

三、植株生长期

防治对象主要有蚜虫、白粉虱、红蜘蛛、棉铃虫、斜纹夜蛾、甜菜夜蛾等，可采用农业防治和化学防治相结合进行综合防治。

四、结果期

防治对象：蛴螬等。蛴螬孵化盛期和低龄幼虫期一般在 7 月中下旬，所以，低龄幼虫期是化学药剂防治的最佳时期。

药剂浇灌：有水利条件的地方，结合抗旱浇水，将药液注入输液瓶内，架在进水口处边滴边浇水，让药随水漫溢，每亩需用药 1.5～2kg，效果甚佳。

撒施毒土：在花生开花下针时，用毒死蜱、米乐尔等拌土 20～30kg，拌匀撒于花生墩周围。

喷雾防治成虫：于成虫盛发期，在花生田周围树上选用辛硫磷乳油、高效氯氰菊酯乳油喷洒寄主植物防治成虫。

五、冬闲期

农业防治：清除田间地头杂草，消灭害虫越冬场所；收获后进行冬耕，深耕深翻，或进行冬灌，冻死越冬蛹。

第五章　大豆

　　大豆是一年发生草本植物，是世界上最重要的豆类。大豆起源于我国，是我国重要粮食作物之一，在我国栽培并用作食物及药物已有 5 000 年历史，现种植的栽培大豆是从野生大豆通过长期定向选择、改良驯化而成的。大豆于 1804 年引入美国，20 世纪中叶，在美国南部及中西部成为重要作物。

　　大豆生长繁茂易受病虫为害。目前已知的大豆病虫害有 200 多种，为害性较大且普遍的有 20 多种。病害种类很多，分为真菌性病害、细菌性病害和病毒病，目前已发现 100 多种。

第一节　病害

一、大豆黑痘病

　　【病原】称大豆痂圆孢，属半知菌亚门真菌。

　　【症状特点】主要为害叶片、茎和荚，幼嫩的叶片尤易被害。①叶片染病：叶上病斑圆形，直径 1mm 左右，常分布于叶脉两侧，初呈灰白色，后变黑褐色，最终病叶两边向上反卷，变黑干枯。②茎和叶柄染病：病斑大小不等，小的椭圆形，大的病斑融合长达 2cm，黑褐色，肥厚隆起，疮痂状，上生不明显的小黑点，即病菌分生孢子盘。

　　【发病规律】病菌以菌丝体在病株残体上越冬，成为翌年的初侵染菌源。病斑上的分生孢子一般可存活 200~250 天，但若脱离病斑 11~14 天便失去萌发力。土壤缺肥，尤其缺钾肥影响大豆正常生长，发病重。过度密植或株间通风不良，多雨湿度大时发病重。6 月开始发病，8 月进入发病盛期。重病田大豆上部病叶大量枯死，茎和荚上病斑累累十分醒目。

　　【防治措施】

　　（1）选种抗病品种。精选无病种子，进行种子消毒。

（2）与禾本科作物进行 3 年以上轮作。

（3）及时清除田间病株残体，秋翻土地将病株残体深埋。

（4）增施底肥，采用大豆配方施肥技术，注意氮、磷、钾的合理搭配，提高植株的抗病力。

二、大豆炭疽病

【病原】称大豆小丛壳，属子囊菌亚门真菌。

【症状特点】从苗期至成熟期均可发病。主要为害茎及荚，也为害叶片或叶柄。①茎部染病：初生褐色病斑，其上密布呈不规则排列的黑色小点。②荚染病：小黑点呈轮纹状排列，病荚不能正常发育。③苗期子叶染病：现黑褐色病斑，边缘略浅，病斑扩展后常出现开裂或凹陷；病斑可从子叶扩展到幼茎上，致病部以上枯死。④叶片染病：边缘深褐色，内部浅褐色。⑤叶柄染病：病斑褐色，不规则。

【发病规律】病菌在大豆种子和病残体上越冬，翌年播种后即可发病，发病温度 25℃。病菌在 12℃ 以下或 35℃ 以上不能发育。生产上苗期低温或土壤过分干燥，大豆发芽出土时间延迟，容易造成幼苗发病。成株期温暖潮湿条件利于该菌侵染。

【防治措施】

（1）选用抗病品种和无病种子。

（2）收获后及时清除病残体、深翻，实行 3 年以上轮作。

（3）药剂防治：播种前用种子质量 0.5% 的 50% 多菌灵可湿性粉剂或 50% 扑海因可湿性粉剂拌种，拌后闷几个小时。也可在开花后喷 25% 炭特灵可湿性粉剂 500 倍液或 47% 春雷霉素可湿性粉剂 600 倍液。

三、大豆茎枯病

【病原】称大豆茎点霉，属半知菌亚门真菌。

【症状特点】茎枯病分布在东北、华北等各地，多发生于大豆植株生育的中后期。主要为害茎部。茎上初生长椭圆形病斑，灰褐色，后逐渐扩大为黑色长条斑。初发生于茎下部，渐蔓延到茎上部，落叶后收获前植株茎上症状最为明显，易于识别。

【发病规律】病菌以分生孢子器在病茎上越冬，成为翌年初侵染菌源，借风雨进行传播蔓延。

【防治措施】

（1）及时清除病株残体，秋翻土地将病株残体深埋土里，减少菌源。

（2）选种发病轻的品种。

四、大豆灰斑病

【病原】称大豆短胖胞，属半知菌亚门真菌。病菌生长发育适温 25~28℃，高于 35℃、低于 15℃ 不能生长。除侵染大豆外，还可为害野生和半野生大豆。

【症状特点】主要为害叶片，也侵害茎、荚及种子。带病种子长出的幼苗，子叶上呈现半圆形深褐色凹陷斑，天旱时病情扩展缓慢，低温多雨时，病害扩展到生长点，病苗枯死。

①成株叶片染病：初现褪绿小圆斑，后逐渐形成中间灰色至灰褐色，四周褐色的蛙眼斑，大小 2~5mm，有的病斑呈椭圆形或不规则形，湿度大时，叶背面病斑中间生出密集的灰色霉层，发病重的病斑布满整个叶片，融合或致病叶干枯。②茎部染病：产生椭圆形病斑，中央褐色，边缘红褐色，密布微细黑点。③荚上病斑圆形或椭圆形，中央灰色，边缘红褐色。豆粒上病斑圆形或不规则形，边缘暗褐色，中央灰白，病斑上霉层不明显。

【发病规律】病菌以菌丝体或分生孢子在病残体或种子上越冬，成为翌年初侵染源。病残体上产生的分生孢子比种子上的数量大，是主要初侵染源。种子带菌后长出幼苗的子叶即见病斑，温湿度条件适宜时，病斑上产生大量分生孢子，借风雨传播进行再侵染。但风雨传播距离较近，主要侵染四周邻近植株，形成发病中心，后通过发病中心再向全田扩展。气温 15~30℃，有水滴或露水存在适于病菌侵入，气温 25~28℃有两小时结露很易流行。气温 15℃潜育期 16 天、20℃13 天、25℃8 天、28~30℃7 天。分生孢子 2 天后侵染力下降 26%，6 天后失去生活力。生产上病害的流行与品种抗病性关系密切，如品种抗性不高，又有大量初侵染菌源，重茬或邻作、前作为大豆，前一季大豆发病普遍，花后降雨多，湿气滞留或夜间结露持续时间长很易大量发生。

【防治措施】

（1）选用抗病品种。但品种抗性很不稳定，在生产中应密切注意病菌毒力变化，及时更替新的抗病品种。

（2）提倡农业防治。合理轮作避免重茬，收获后及时深翻。

（3）喷药防治叶部或籽粒上病害，于结荚盛期可用 36% 多菌灵悬浮剂

500 倍液、40%百菌清悬浮剂 600 倍液、50%甲基硫菌灵可湿性粉剂 600~700 倍液或 50%苯菌灵可湿性粉剂 1 500 倍液、65%甲霉灵可湿性粉剂 100 倍液或 50%多霉灵可湿性粉剂 800 倍液，间隔 10 天左右 1 次，防治 1 次或 2 次。

五、大豆褐斑病（斑枯病）

【病原】 称大豆壳针孢，属半知菌亚门真菌。病菌发育温限 5~36℃，24~28℃最适。分生孢子萌发最适温度为 24~30℃，高于 30℃则不萌发。

【症状特点】 叶片染病始于底部，逐渐向上扩展。子叶病斑呈不规则形，暗褐色，上生很细小的黑点。真叶病斑棕褐色，轮纹上散生小黑点，病斑受叶脉限制呈多边形，直径 1~5mm，严重时病斑愈合成大斑块，致叶片变黄脱落。茎和叶柄染病后有暗褐色短条状边缘不清晰的病斑。病荚染病上生不规则棕褐色斑点。

【发病规律】 以器孢子或菌丝体在病组织或种子上越冬，成为翌年初侵染源。种子带菌引致幼苗子叶发病；在病残体上越冬的病菌释放出分生孢子，借风雨传播，先侵染底部叶片，后进行重复侵染向上蔓延。侵染叶片的温度范围为 16~32℃，28℃最适，潜育期 10~12 天。温暖多雨、夜间多雾、结露持续时间长发病重。

【防治措施】

（1）选用抗病品种。

（2）实行 3 年以上轮作。

（3）发病初期喷洒 75%百菌清可湿性粉剂 600 倍液、50%琥胶肥酸铜可湿性粉剂 500 倍液、14%络氨铜水剂 300 倍液、77%氢氧化铜微粒可湿性粉剂 500 倍液、47%加瑞农可湿性粉剂 800 倍液、12%绿乳铜乳油 600 倍液或 30%绿得保悬浮剂 300 倍液，间隔 10 天左右防治 1 次，防治 1 次或 2 次。

六、大豆霜霉病

【病原】 称东北霜霉，属鞭毛菌亚门真菌。发病适温 20~22℃，高于 30℃或低于 10℃不发病。卵孢子形成适温 15~20℃，7—8 月多雨高湿发病重。

【症状特点】 我国东北、华北及大豆生育期气候冷凉地区发生较多，严重的引致叶片早落或凋萎、种子霉烂，减产 30%~50%。主要为害幼苗或成株叶片、荚及豆粒。带病种子长出的幼苗能系统发病，子叶未见症状，从第

1 对真叶开始基部现褪绿斑块，沿主脉、侧脉扩展，造成全叶褪绿。以后全株的叶片均可显症。花期前后雨多或湿度大，病斑背面生有灰色霉层，病叶转黄变褐而干枯。叶片被再侵染的，出现褪绿小斑点，后变为褐色小点，背面也生霉层。豆荚染病：外部症状不明显，但荚内常现黄色霉层，即病菌菌丝和卵孢子，受害豆粒无光泽，表面附一层黄白色粉末状霉层。

【发病规律】病菌以卵孢子在病残体上或种子上越冬。种子上附着的卵孢子是最主要初侵染源，病残体上的卵孢子侵染机会少。卵孢子随种子发芽而萌发，产生游动孢子，从寄主胚轴侵入，进入生长点，向全株蔓延成为系统侵染病害，病苗则成为再侵染源。气温15℃，带病种子上卵孢子的发芽率高达16%，20℃时为1%，25℃时则不发芽，综上原因，东北、华北发病较南方长江流域重。

【防治措施】

（1）针对当地流行的生理小种，选用抗病力较强的品种。

（2）针对该菌卵孢子可在病茎、叶上残留在土壤中越冬，提倡实行轮作，减少初侵染源。

（3）选用无病种子。

（4）种子药剂处理。播种前用种子质量0.3%的90%乙膦铝或35%甲霜灵（瑞毒霉）粉剂拌种。

（5）加强田间管理。锄地时注意铲除系统侵染的病苗，减少田间侵染源。

（6）发病初期，可喷洒40%百菌清悬浮剂600倍液或25%甲霜灵可湿性粉剂800倍液或58%甲霜灵·锰锌可湿性粉剂600倍液，对上述杀菌剂产生抗药性的地区，可改用69%安克锰锌可湿性粉剂900~1 000倍液。

七、大豆链格孢黑斑病

【病原】称链格孢，属半知菌亚门真菌。

【症状特点】主要为害叶片、种荚。①叶片染病：初生圆形至不规则形病斑，中央褐色，四周略隆起，暗褐色，后病斑扩展或破裂，叶片多反卷干枯，湿度大时表面生有密集黑色霉层，即病原菌分生孢子梗和分生孢子。②荚染病：形成圆形或不规则形病斑，密生黑霉。

【发病规律】病菌以菌丝体及分生孢子在病叶或病荚上越冬，成为翌年初侵染源，在田间借风雨传播进行再侵染。大豆生育后期易发病。

【防治措施】

(1) 收获后及时清除病残体，集中深埋或烧毁。

(2) 发病初期，可喷洒 80% 新万生可湿性粉剂 500~600 倍液、58% 雷多米尔·锰锌可湿性粉剂、58% 甲霜灵·锰锌可湿性粉剂 500 倍液、60% 琥·乙膦铝可湿性粉剂 500 倍液、75% 百菌清可湿性粉剂 600 倍液、80% 大生可湿性粉剂 500 倍液或 30% 绿得保悬浮剂 300 倍液，间隔 7~10 天 1 次，连续防治 2~3 次。

八、大豆轮纹病

【病原】 称大豆壳二孢，属半知菌亚门真菌。

【症状特点】 主要为害叶片、叶柄、茎及荚。①叶片染病：生褐色至红褐色，中央灰褐色圆形病斑，微具同心轮纹，上密生黑色小点，即病原菌的分生孢子器。叶柄染病：引起早期落叶。②茎染病：茎部病斑多发生在分枝处，有近梭形灰褐色病斑，扩大干燥后变为灰白色，上生有很多小黑点。③荚染病：产生近圆形病斑，初褐色，干燥后变成灰白色，密生黑色小点。

【发病规律】 病菌以菌丝体和分生孢子器在病株残体上越冬，成为翌年的初侵染菌源，后借风雨进行传播为害。东北 6 月发病，常造成植株底部叶片穿孔或早期落叶，7 月以后病势趋缓。大豆开花后为害荚柄和豆荚。

【防治措施】

(1) 选用较抗病的品种，播种前进行种子消毒。

(2) 秋收后及时清除病株残体，并翻耕土地消灭菌源，可减轻发病。

(3) 发病初期及时喷洒杀菌剂进行防治。如于结荚盛期可喷洒 36% 多菌发悬浮剂 500 倍液、40% 百菌清悬浮剂 600 倍液、50% 甲基硫菌灵可湿性粉剂 600~700 倍液、50% 苯菌灵可湿性粉剂 1 500 倍液、65% 甲霉灵可湿性粉剂 100 倍液或 50% 多霉灵可湿性粉剂 800 倍液，间隔 10 天左右 1 次，防治 1 次或 2 次。

九、大豆菌核病

【病原】 称核盘菌，属子囊菌亚门真菌。菌丝在 5~30℃ 均可生长，适温 20~25℃。菌核萌发温限 5~25℃，适温 20℃。菌核萌发不需光照，但形成子囊盘柄后，需散射光才能膨大形成子囊盘。

【症状特点】 又称白腐病。全国各地均可发生。黑龙江、内蒙古为害较重，流行年份减产 20% ~ 30%。为害地上部，苗期、成株均可发病，花期受害重，产生苗枯、叶腐、茎腐、荚腐等症。①苗期染病：茎基部褐变，呈水渍状，湿度大时长出棉絮状白色菌丝，后病部干缩呈黄褐色枯死，表皮撕裂状。②叶片染病：始于植株下部，初期叶面生暗绿色水浸状斑，后扩展为圆形至不规则形，病斑中心灰褐色，四周暗褐色，外有黄色晕圈；湿度大时亦生白色菌丝，叶片腐烂脱落。③茎秆染病：多从主茎中下部分杈处开始，病部水浸状，后褪为浅褐色至近白色，病斑形状不规则，常环绕茎部向上、下扩展，致病部以上枯死或倒折。湿度大时在菌丝处形成黑色菌核。病茎髓部变空，菌核充塞其中。干燥条件下茎皮纵向撕裂，维管束外露似乱麻，严重时全株枯死，颗粒不收。④豆荚染病：现水浸状不规则病斑，荚内、外均可形成较茎内菌核稍小的菌核，多不能结实。

【发病规律】以菌核在土壤中、病残体内或混杂在种子中越冬，成为翌年初侵染源。越冬菌核在适宜条件下萌发，产生子囊盘，弹射出子囊孢子，子囊孢子借气流传播蔓延进行初侵染，再侵染则通过病部接触菌丝传播蔓延，条件适宜时，特别是大气和田间湿度高，菌丝迅速增殖，2~3 天后健株即发病。本菌寄主范围广，除禾本科不受侵染外，已知可侵染 41 科 383 种植物。菌核在田间土壤深度 3cm 以上能正常萌发，3cm 以下不能萌发，在 1~3cm 深度范围内，随着深度的增加菌核萌发的数量递减。子囊盘柄较细弱，形成的子囊盘也较小。菌核从萌发到弹射子囊孢子需要较高的土壤温度和大气相对湿度。要求适宜的土壤持水量为 27% 至饱和水，过饱和不利于菌核萌发，且会加快菌核腐烂。要求大气相对湿度 85% 以上，否则子囊盘干萎，不能弹射子囊孢子。本病发生流行的适温为 15~30℃、相对湿度 85% 以上。当旬降雨量低于 40mm，相对湿度小于 80%，病害流行明显减缓；当旬降雨量低于 20mm，相对湿度小于 80%，子囊盘干萎，菌丝停止增殖，病斑干枯，流行终止。一般菌源数量大的连作地或栽植过密、通风透光不良的地块发病重。

【防治措施】

（1）加强长期和短期测报，准确估计本年度发病程度，并据此确定合理种植结构。

（2）与禾本科作物实行 3 年以上轮作。

（3）选用株型紧凑、尖叶或叶片上举、通风透光性能好的耐病品种。

（4）及时排水，降低豆田湿度，避免施氮肥过多，收获后清除病残体。

（5）发病初期，喷洒 40% 多·硫悬浮剂 600~700 倍液、70% 甲基硫菌灵可湿性粉剂 500~600 倍液、50%混杀硫悬浮剂 600 倍液、80%多菌灵可湿性粉剂 600~700 倍液、50%扑海因可湿性粉剂 1 000~1 500倍液、12.5%治萎灵水剂 500 倍液、40%治萎灵粉剂 1 000 倍液、50%扑海因可湿性粉剂 1 000~1 500倍液、12.5%治萎灵水剂 500 倍液、40%治萎灵粉剂 1 000 倍液或 50%复方菌核净 1 000 倍液，此外，每亩施用真菌王肥 200mL 与 50%防霉宝 600g，对水 60L，于初花末期或发病初期喷洒，防效优异。

十、大豆耙点病

【病原】 称山扁豆生棒孢，属半知菌亚门真菌。

【症状特点】 主要为害叶、叶柄、茎、荚及种子。①叶染病：生圆形至不规则形病斑，浅红褐色，大小 10~15mm，病斑四周多具浅黄绿色晕圈，大斑常有轮纹，造成叶片早落。②叶柄、茎染病：生长条形暗褐色病斑。③荚染病：形成圆形病斑，稍凹陷，中间暗紫色，四周褐色，严重的豆荚上密生黑色霉。

【发病规律】 病菌以菌丝体或分生孢子在病株残体上越冬，成为翌年初侵染菌源，也可在休闲地的土壤里存活 2 年以上。多雨和相对湿度在 80%以上时利其发病。除为害大豆外尚可侵染蓖麻、棉花、豇豆、黄瓜、菜豆、小豆、辣椒、芝麻、番茄、西瓜等多种作物。

【防治措施】

（1）选抗病品种，从无病株上留种并进行种子消毒。

（2）实行 3 年以上轮作，切忌与寄主植物轮作。

（3）秋收后及时清除田间的病残体，进行秋翻土减少菌源。

十一、大豆荚枯病

【病原】 称豆荚大茎点菌，属半知菌亚门真菌。

【症状特点】 主要为害豆荚，也能为害叶和茎。①荚染病：初生病斑暗褐色，后变苍白色，凹陷，上轮生小黑点，幼荚染病脱落，老荚染病萎垂不落，病荚大部分不结实，发病轻的虽能结荚，但粒小、易干缩，味苦。②茎、叶柄染病：产生灰褐色不规则形病斑，上生无数小黑粒点，致病部以上干枯。

【发病规律】 病菌以分生孢子器在病残体上或以菌丝在病种子上越冬，成为翌年初侵染源。该病发生与流行与结荚期的降水量多少有关，连阴雨天气多的年份发病重，南方多在 8—10 月，北方 8—9 月易发病。

【防治措施】

（1）建立无病留种田，选用无病种子。发病重的地区实行 3 年以上轮作。

（2）种子处理。用种子质量 0.3%的 50%福美双或拌种双粉剂拌种。

十二、大豆枯萎病

【病原】称尖镰孢菌豆类专化型，属半知菌亚门真菌。

【症状特点】大豆枯萎病是系统性侵染整株的病害，染病初期叶片由下向上逐渐变黄至黄褐色萎蔫，剖开病根及茎部维管束变为褐色，后期在病株茎的基部溢出橘红色胶状物，即病原菌菌丝和分生孢子。

【发病规律】以菌丝体和厚垣孢子随病残体在土壤中越冬，病菌从伤口侵入，在田间借灌溉水、昆虫或雨水溅射传播蔓延。高温多湿条件易发病。连作地、土质黏重、根系发育不良发病重。品种间抗病性有一定差异。

【防治措施】

（1）因地制宜选用抗枯萎病的品种。

（2）重病地实行水旱轮作 2~3 年，不便轮作的可覆塑料膜进行热力消毒土壤，施用酵素菌沤制的堆肥或充分腐熟的有机肥，减少化肥施用量。

（3）加强检查及时拔除病株，喷洒 50%甲基硫菌灵悬浮剂 500 倍液、25%多菌灵可湿性粉剂 500 倍液、10%双效灵水剂 300 倍液或 70%琥胶肥酸铜可湿性粉剂 500 倍液，每穴喷淋对好的药液 0.3~0.5L，间隔 7 天一次，共 2~3 次。

十三、大豆锈病

【病原】称豆薯层锈，属担子菌亚门真菌。该菌夏孢子萌发温度 8~28℃，适温 15~26℃，夏孢子在 13~24℃能存活 61 天，在田间 8.7~29.8℃能存活 27 天，pH 值＝5~6 萌发率最高，阳光直射时夏孢子不萌发。我国已初步明确该菌有 A、B、C、D 4 个生理小种。

【症状特点】我国广东、广西、福建、台湾等地流行猖獗。主要为害叶片、叶柄和茎。叶片两面均可发病，初生黄褐色病斑，病斑扩展后叶背面稍隆起，即病菌夏孢子堆，表皮破裂后散出棕褐色粉末，即夏孢子，致叶片早枯。生育后期，在夏孢子堆四周形成黑褐色多角形稍隆起的冬孢子堆。叶柄和茎染病：产生症状与叶片相似。

【发病规律】该病主要靠夏孢子进行传播蔓延。降水量大、降水日数多、持续时间长、发病重。在南方秋大豆播种早时发病重，品种间抗病性有差异，鼓粒期受害重。

【防治措施】

(1) 选用抗病品种。

(2) 注意开沟排水，采用高畦或垄作，防止湿气滞留，采用配方施肥技术，提高植株抗病力。

(3) 发病初期，可喷洒 75%百菌清可湿性粉剂 600 倍液、36%甲基硫菌灵悬浮剂 500 倍液、50%BAS-3170F 1 000 倍液或 10%抑多威乳油 3 000 倍液，每亩喷对好的药液 40L，间隔 10 天左右 1 次，连续防治 2~3 次。上述杀菌剂不能奏效时，可喷洒 15%三唑酮可湿性粉剂 1 000~1 500 倍液、50%萎锈灵乳油 800 倍液、50%硫黄悬浮剂 300 倍液、25%敌力脱乳油 3 000 倍液、6%乐必耕可湿性粉剂 1 000~1 500 倍液或 40%福星乳油 8 000 倍液。

十四、大豆赤霉病

【病原】分为粉红镰孢和称尖镰孢，均属半知菌亚门真菌。

【症状特点】主要为害大豆豆荚、籽粒和幼苗子叶。豆荚染病：病斑近圆形至不整形块状，发生在边缘时呈半圆形略凹陷斑，湿度大时，病部生出粉红色或粉白色霉状物，即病菌分生孢子或粘分生孢子团。严重时豆荚裂开，豆粒被菌丝缠绕，表生粉红色霉状物。

【发病规律】病菌以菌丝体在病荚和种子上越冬，翌年产生分生孢子进行初侵染和再侵染。发病适温 30℃，大豆结荚时遇高温多雨或湿度大发病重。

【防治措施】

(1) 选无病种子播种。

(2) 雨后及时排水，改变田间小气候，降低豆田湿度。

(3) 种子收后及时晾晒，降低储藏库内湿度，及时清除发霉的豆子。

(4) 必要时喷洒 60%防霉宝水溶性粉剂 1 000 倍液或 50%苯菌灵可湿性粉剂 1 500 倍液，每亩喷施配好的药液 50L 左右，隔 10~15 天 1 次，连喷 2 次。

十五、大豆紫斑病

【病原】称菊池尾孢，属半知菌亚门真菌。

【症状特点】主要为害豆荚和豆粒，也为害叶和茎。①苗期染病：子叶上产生褐色至赤褐色圆形斑，云纹状。②真叶染病：初生紫色圆形小点，散生，扩展后形成多角形褐色或浅灰色斑。③茎秆染病：形成长条状或梭形红褐色斑，严重时整个茎秆变成黑紫色，出现稀疏的灰黑色霉层。④豆荚染病：产生紫色斑，内浅外深。⑤豆粒染病：形状不定，大小不一，仅限于种皮，不深入内部，症状因品种及发病时期不同而有较大差异，多呈紫色，有的呈青黑色，在脐部四周形成浅紫色斑块，严重时整个豆粒变为紫色，有的龟裂。

【发病规律】病菌以菌丝体潜伏在种皮内或以菌丝体和分生孢子在病残体上越冬，成为翌年的初侵染源。如播种带菌种子，引起子叶发病，病苗或叶片上产生的分生孢子借风雨传播进行初侵染和再侵染。大豆开花期和结荚期多雨气温偏高，均温 25.5~27℃，发病重；高于或低于这个温度范围发病轻或不发病。连作地及早熟种发病重。

【防治措施】

（1）选用抗病品种，生产上抗病毒病的品种较抗紫斑病。

（2）选用无病种子并进行种子处理，用种子质量 0.3% 的 50% 福美双或 40% 大富丹拌种。

（3）大豆收获后及时进行秋耕，以加速病残体腐烂，减少初侵染源。

（4）在开花始期、蕾期、结荚期、嫩荚期各喷 1 次 30% 碱式硫酸铜悬浮剂 400 倍液或 1:1:160 倍式波尔多液、50% 多·霉威可湿性粉剂 1 000 倍液、50% 苯菌灵可湿性粉剂 1 500 倍液或 36% 甲基硫菌灵悬浮剂 500 倍液，每亩喷施配好的药液 55L 左右。

十六、大豆叶斑病

【病原】称大豆球腔菌，属子囊菌亚门真菌。

【症状特点】主要为害叶片，叶上初期散生灰白色不规则形病斑，扩展后直径为 2~5mm，中间浅褐色，四周深褐色，病、健部界限明显，后病斑干枯，上生黑色小粒点，即病原菌子囊壳。

【发病规律】病菌以子囊壳在病残组织里越冬，成为翌年初侵染源。该病多发生在生育后期，引致早期落叶，个别年份发病重。

【防治措施】

（1）收获后及时清除病残体，集中深埋或烧毁。

（2）实行 3 年以上轮作。

（3）选用优良品种，如绥农 8 号、小寒王等大豆优良品种。

十七、大豆镰刀菌根腐病

【病原】 分为尖镰孢菌嗜管专化型和直喙镰孢,均属半知菌亚门真菌。

【症状特点】 镰刀菌根腐病是大豆常见的根腐病之一。主要发生在苗期。病株根及茎基部产生椭圆形褐色长条形至不规则形凹陷斑,后扩展成环绕主根的大斑块,侧根有时也受害。该病主要为害皮层,造成病苗出土很慢,子叶褪绿,侧根、须根少、后期根部变黑,表皮腐烂,病株发黄变矮,下部叶提前脱落,病株一般不枯死,但结荚少,粒小。

【发病规律】 该菌寄主范围广,是土壤习居菌之一,主要以休眠菌丝或菌核度过不良环境,成为翌年初侵染源。种子带菌的可引致幼苗出土前发病。病菌直接穿透寄主表皮或从气孔及次生根上的伤口侵入,有的还能从下胚轴的气孔侵入,菌丝在细胞间生长、蔓延,引起病变。春季低温、连续降雨及低洼地,根、茎基部伤口多易发病。播种过深、过早、幼苗出土慢及重茬、耕作粗放地块发病重。

【防治措施】 应采取预防为主综合防治措施。

(1) 选用抗病品种。

(2) 适时早播,掌握播种深度、实行深松耕法;合理轮作;选用无病种子等。

(3) 药剂防治。如必要时喷洒或浇灌25%甲霜灵可湿性粉剂800倍液或58%甲霜灵·锰锌可湿性粉剂600倍液、64%杀毒矾可湿性粉剂900倍液。

(4) 必要时喷洒植物动力2003或多得稀土营养剂。

十八、大豆疫霉根腐病

【病原】 称大雄疫霉大豆专化型,属鞭毛菌亚门真菌。

【症状特点】 大豆各生育期均可发病。①出苗前染病:引起种子腐烂或死苗。出苗后染病:引致根腐或茎腐,造成幼苗萎蔫或死亡。②成株染病:茎基部出现褐色腐烂,病部环绕茎蔓延至第10节,下部叶片叶脉间黄化,上部叶片褪绿,造成植株萎蔫,凋萎叶片悬挂在植株上。病根变成褐色,侧根、支根腐烂。

【发病规律】 病菌以卵孢子在土壤中存活越冬成为该病初侵染源。带有病菌的土粒被风雨吹或溅到大豆上能引致初侵染,积水土中的游动孢子遇上大豆根以后,先形成休止孢子,后萌发侵入,产生菌丝在寄主细胞间蔓延,形成球状或指状吸器汲取营养,同时还可形成大量卵孢子。土壤中或病残体上卵孢子可存活多年。卵孢子经 30 天休眠才能发芽。湿度高或多雨天气、土壤黏重，易发病。重茬地发病重。

【防治措施】

（1）选用对当地小种具抵抗力的抗病品种。

（2）加强田间管理，及时深耕及中耕培土。雨后及时排除积水防止湿气滞留。

（3）播种时沟施甲霜灵颗粒剂，使大豆根吸收可防止根部侵染。

（4）播种前可用种子重量 0.3% 的 35% 甲霜灵粉剂拌种。

（5）必要时喷洒或浇灌 25% 甲霜灵可湿性粉剂 800 倍液、58% 甲霜灵·锰锌可湿性粉剂 600 倍液或 64% 恶霜灵可湿性粉剂 900 倍液。

（6）必要时喷洒植物动力 2003 或多得稀土营养剂。

十九、大豆纹枯病

【病原】 为立枯丝核菌 AG-4 和 AG1-IB 菌丝融合群，属半知菌亚门真菌。

【症状特点】 为害茎部和叶片。病株生育不良，茎叶变黄逐渐枯死。茎上病斑呈不规则形云纹状，褐色，边缘不明显，表面缠绕白色菌丝，后渐变褐色，上生褐色米粒大的菌核。叶上初生水渍状不规则形大斑，湿度大时病叶似烫伤状枯死。天晴时病斑呈现褐色，逐渐枯死脱落，并蔓延至叶柄和分枝处，严重时全株枯死。荚上形成灰褐色，水渍状病斑，上生白色菌丝，后形成褐色菌核。种子被害后腐败。

【发病规律】 病菌以菌核在土壤中越冬，也能以菌丝体和菌核在病残体上越冬，成为翌年初侵染菌源。在适宜的温、湿度条件下，菌核萌发长出菌丝继续为害大豆。7—8 月田间往往一条垄上一株或几株接连发病，病株常上下大部分叶片均被感染。

【防治措施】

（1）选种抗病品种。

（2）合理密植，实行 3 年以上轮作。

（3）秋收后及时清除田间遗留的病株残体，秋翻土地将散落于地表的菌核及病株残体深埋土里，可减少菌源，减轻下年发病。

（4）必要时喷洒 20% 甲基立枯磷乳油 1 200 倍液。

二十、大豆茎黑点病

【病原】 称大豆拟茎点霉，属半知菌亚门真菌。

【症状特点】 主要为害茎、荚和叶柄。①茎部染病：生褐色或灰白色病斑，后期病部生纵行排列的小黑点。②豆荚染病：初期生近圆形褐色斑，后变灰白色干枯而死，其上也生小黑点，剥开病荚，里层生白色菌丝，豆粒表面密生灰白色菌丝，豆粒呈苍白色萎缩，失去发芽能力。

【发病规律】 病菌以休眠丝体在大豆或其他寄主残体内越冬，翌年在越冬残体或当年脱落的叶柄上产生分生孢子器，初夏在越冬的茎上产生子囊壳。病菌侵入寄主后，只在侵染点处直径 2cm 范围内生长，待寄主衰老时才逐渐扩展。多数染病的种子是在黄荚期受侵染引起的。结荚至成熟期气温高于 20℃持续时间长利其传播，造成种子染病，感染病毒或缺钾可加速种子腐烂。成熟期湿度大延迟收获也使病情加重。

【防治措施】

（1）与禾本科作物轮作。

（2）收获后及时耕翻。

（3）适时播种，及时收割。

（4）必要时进行种子消毒。用种子重量 0.3%的 50%福美双或拌种双粉剂拌种。

二十一、大豆羞萎病

【病原】 称大豆粘隔胞，属半知菌亚门真菌。

【症状特点】 主要为害叶片、叶柄和茎。①叶片染病：沿脉产生褐色细条斑，后变为黑褐色。②叶柄染病：从上向下变为黑褐色，有的一侧纵裂或凹陷，致叶柄扭曲或叶片反转下垂，基部细缢变黑，造成叶片凋萎。③茎部染病：主要发生在新梢。④豆荚染病：从边缘或荚梗处褐变，扭曲畸形，结实少或病粒瘦小变黑。病部常产生黄白色粉状颗粒。

【发病规律】 病菌以分生孢子盘在病残体上越冬，也可以菌丝在种子上越冬，成为翌年的初侵染源。

【防治措施】

（1）目前此病在我国仅局部发生，因此对种子要严格检疫，防止随种子传播蔓延。

（2）收获后及时清洁田园，可减少菌源。

（3）用种子质量 0.4%的 40%拌种双或 50%苯菌灵可湿性粉剂拌种。

（4）必要时在结荚期喷洒 50%苯菌灵可湿性粉剂 1 500 倍液、36%甲基硫菌灵悬浮剂 600 倍液或 50%多菌灵可湿性粉剂 600~700 倍液。

二十二、大豆细菌性斑点病

【病原】 称丁香假单胞菌大豆致病变种（大豆细菌疫病假单胞菌），属细菌。

【症状特点】 为害幼苗、叶片、叶柄、茎及豆荚。幼苗染病：子叶生半圆形或近圆形褐色斑。叶片染病：初生褪绿不规则形小斑点，水渍状，扩大后呈多角形或不规则形，大小 3~4mm，病斑中间深褐色至黑褐色，外围具一圈窄的褪绿晕环，病斑融合后成枯死斑块。茎部染病：初呈暗褐色水渍状长条形，扩展后为不规则状，稍凹陷。荚和豆粒染病：生暗褐色条斑。

【发病规律】 病菌在种子上或未腐熟的病残体上越冬。翌年播种带菌种子，出苗后即发病，成为该病扩展中心，病菌借风雨传播蔓延。多雨及暴风雨后，叶面伤口多，利于该病发生。连作地发病重。

【防治措施】

（1）与禾本科作物进行 3 年以上轮作。

（2）选用抗病品种。目前我国已育出一批较抗细菌性斑点病的大豆品种，如科黄 2 号、徐州 424、南 493-1、沛县大白角等。

（3）施用酵素菌沤制的堆肥或充分腐熟的有机肥。

（4）播种前，用种子质量 0.3%的 50%福美双拌种。

（5）发病初期喷洒 1∶1∶160 倍式波尔多液或 30%绿得保悬浮液 400 倍液，视病情防治 1 次或 2 次。

二十三、大豆细菌斑疹病

【病原】 称油菜黄单胞菌大豆致病变种，属细菌。病菌发育适温 25~32℃，最高 38℃，最低 10℃。

【症状特点】 又称细菌性叶烧病。南、北方均有发生，从幼苗到成株均可发病，主要侵染叶片、豆荚，也可为害叶柄和茎。①叶片染病：病斑初呈浅绿色小点，后变为大小不等的红褐色病斑，直径 1~2mm，因病斑中央叶肉组织细胞分裂快，体积增大，细胞木栓化隆起，形成小疱状斑，表皮破裂后似火山口成为斑疹状，发病重的叶片上病斑累累，融合后形成大块变褐枯斑，似火烧状。②豆荚染病：初生红褐色圆形小点，后变成黑褐色枯斑。

【发病规律】病菌主要在病种子及病残体上越冬，成为翌年的初侵染源，在田间借风雨传播进行再侵染。大豆开花期至收获前发生较多，除侵染大豆外，还可为害菜豆。

【防治措施】

（1）选用抗病品种、精选无病种子，必要时进行种子消毒。

（2）与禾本科作物实行 3~4 年以上轮作。收获后及时深翻，以减少菌源。

（3）必要时，可喷洒 1∶1∶160 倍式波尔多液、30%碱式硫酸铜悬浮剂 400 倍液、30%氧氯化铜悬浮剂 800 倍液、47%春雷霉素可湿性粉剂 700~800 倍液或 12%绿乳铜乳油 600 倍液。

二十四、大豆花叶病

【病原】称大豆花叶病毒，属马铃薯 Y 病毒组。病毒在体外不稳定，钝化温度 60~70℃，稀释限点 100~1 000 倍，体外保毒期 1~4 天。该病毒寄主范围较窄，只能系统侵染大豆、蚕豆、豌豆、紫云英等豆科作物。

【症状特点】本病症状常因品种、感病阶段及气温不同变异较大。常见症状有 6 种：①轻花叶型。叶片生长基本正常，叶上现出轻微淡黄绿相间斑驳，对光观察尤为明显，通常后期病株或抗病品种多表现此状。②重花叶型。病叶呈黄绿相间斑驳，皱缩严重，叶脉变褐弯曲，叶肉呈泡状凸起，叶缘下卷，后期致叶脉坏死，植株明显矮化。③皱缩花叶型。症状介于轻、重花叶型之间，病叶出现黄绿相间花叶，沿中叶脉呈泡状凸起，叶片皱缩呈歪扭不整形。④黄斑型。轻花叶型与皱缩花叶混生，出现黄斑坏死，表现为叶片皱缩褪色为黄色斑驳，叶片密生坏死褐色小点，或生出不规则的黄色大斑块，叶脉变褐坏死。⑤芽枯型：植株顶梢及侧枝芽呈红褐色或褐色，萎缩卷曲，最后变黑色枯死，并发脆易断，植株矮化；开花期多数花芽萎蔫不结荚。结荚期荚上生圆形或不规则褐色斑块，荚多畸形。⑥褐斑型：这是花叶病在豆粒上表现的症状。其斑驳色泽与豆粒脐部颜色有相关性：褐色脐的豆粒，斑驳呈褐色，黄白色脐的斑驳呈浅褐色，黑色脐的斑驳呈黑色。从病种子长出的病株上结的种子斑驳比较明显。后期由蚜虫传播感病植株结的种子褐斑粒较少。

【发病规律】全国各大豆产区都普遍发生，一般南方重于北方。东北等一季作地区及南方大豆栽培区，种子带毒在田间形成病苗是该病初侵染来源，长江流域该病原可在蚕豆、豌豆、紫云英等冬季作物上越冬，也是初侵染源。该病的再侵染系由桃蚜、豆蚜、大豆蚜等 30 多种蚜虫传毒完成，上述 3 种蚜虫传毒率为 30%~50%，茄沟无网蚜 23%、玉米蚜 12%、棉蚜 4%。东北主要靠大豆蚜（74%）和豆蚜（15.5%）传毒。山东以桃蚜、豆蚜、大豆蚜等为主，南京以大豆蚜为主。发病初期蚜虫一次传播范围在 2m 以内，5m 以外很少，蚜虫进入发生高峰期传毒距离增加。生产上使用了带毒率高的豆种，且介体蚜虫发生早、数量大，植株被侵染早，品种抗病性不高，播种晚时，该病易流行。

【防治措施】

（1）根据播种种子带毒率高低、介体蚜虫发生期和数量、气温、品种等因素为驱动变量，建立大豆花叶病预测管理模拟模型的电子计算程序，预测种传率、发病率及产量损失率。

（2）播种无毒或低毒的种子，是防治该病关键。生产上种子带毒率要求控制在 0.5%以下，可明显推迟发病盛期、减轻种子发病率。为此最好建立种子无毒繁育体系。良种繁殖田种子带毒率控制在 0.2%以下，种子田与生产田隔离 100m 以上，早期清除病苗，一季作地区适当晚播。南方种子带毒率高，以采用耐病品种为主，适当注意调整播种期，使苗期避开蚜虫高峰。

（3）选用免疫或抗病品种。

（4）治蚜防病：有条件的可铺银灰膜驱蚜，效果达 80%。也可在有翅蚜迁飞前防治，用 3%克百威颗粒剂与大豆分层播种，每亩用量 5~6kg，还可喷洒 40%乐果乳油 1 000~2 000 倍液、2.5%溴氰菊酯乳油 2 000~4 000 倍液、50%抗蚜威可湿性粉剂 2 000 倍液或 10%吡虫啉可湿性粉剂 2 500 倍液。缺水地区也可喷撒 1.5%乐果粉剂每亩 1.5~2kg。

（5）发病重的地区可在发病初期喷洒 0.5%抗毒丰（菇类蛋白多糖）水剂 300 倍液、10%病毒王可湿性粉剂 500 倍液、1.5%植病灵Ⅱ号乳油 1 000 倍液或 NS·83 增抗剂 100 倍液。

二十五、大豆顶枯病

【病原】 称黄瓜花叶病毒大豆萎缩株系，属黄瓜花叶病毒组。寄主范围较黄瓜花叶病毒窄，能系统侵染的作物有大豆、小豆、豌豆、扁豆、黄瓜、南瓜、西葫芦等，局部侵染豇豆、绿豆、蚕豆、菜豆等。

【症状特点】 该病症状变化较大且多在生长中期显症。北方很多品种表现为豆株从顶部开始沿茎向下变褐枯死，叶脉坏死或形成大的坏死斑块。染病早的植株不结实，发病后的结实率很低，在田间枯死的顶部易被叶片掩盖。此外，有的呈轻花叶或轻微皱缩或沿主脉抽缩。病种子也产生斑驳。该病无论植株还是种子症状较难与大豆花叶病区分。必要时需检测病原，测定病株细胞内有无风轮状内含体，大豆顶枯病细胞内无风轮状内含体。而大豆花叶病则有。

【发病规律】该病毒寄主虽较广，但生产上的初侵染源仍然是种传病苗，该病毒种传率可达80%～100%，传毒蚜虫主要有大豆蚜、豆蚜、桃蚜、马铃薯长管蚜等，汁液也可传毒。

【防治措施】

（1）采用防治大豆花叶病毒病播种无毒或低毒种子为核心的综合防治措施。种皮斑驳率可控制在2%以下。

（2）选用抗病品种。

二十六、大豆孢囊线虫病

【病原】称大豆孢囊线虫，属线虫动物门线虫。

【症状特点】双称大豆根线虫病、萎黄线虫病。俗称"火龙秧子"。苗期染病：病株子叶和真叶变黄、生育停滞枯萎。被害植株矮小、花芽族生、节间短缩、开花期延迟，不能结荚或结荚少，叶片黄化。重病株花及嫩荚枯萎、整株叶由下向上枯黄似火烧状。根系染病：被寄生主根一侧鼓包或破裂，露出白色亮晶微如面粉粒的孢囊，被害根很少或不结瘤，由于孢囊撑破根皮，根液外渗，致次生土传根病加重或造成根腐。

【发病规律】该线虫是一种定居型内寄生线虫，以2龄幼虫在土中活动，寻根尖侵入。该线虫寄生豆科、玄参科170余种植物，有的虽侵入，但不在根内发育。孢囊线虫以卵、胚胎卵和少量幼虫在孢囊内于土壤中越冬，有的黏附于种子或农具上越冬，成为翌年初侵染源，孢囊角质层厚，在土壤中可存活10年以上。孢囊线虫自身蠕动距离有限，主要通过农事耕作、田间水流或借风携带传播，也可混入未腐熟堆肥或种子携带远距离传播。虫卵越冬后，以2龄幼虫破壳进入土中，遇大豆幼苗根系侵入，寄生于成虫产卵适温23～28℃，最适湿度60%～80%。卵孵化温度16～36℃，以24℃孵化率最高。幼虫发育适温17～28℃，幼虫侵入温度14～36℃，以18～25℃最适，低于10℃停止活动。土壤内线虫量大，是发病和流行的主要因素。盐碱土、沙质土发病重。连作田发病重。

【防治措施】

（1）选用抗病品种：如豫豆2号、8118、7803等，河南商丘选育的7606，淮阴农科所选育的 83-h 抗性稳定，科丰 2 号、3 号较耐病。

（2）病田种玉米或水稻后，孢囊量下降 30% 以上，是行之有效的农业防治措施，此外要避免连作、重茬，做到合理轮作。

（3）药剂防治：提倡施用甲基异柳磷水溶性颗粒剂，每亩 300~400g 有效成分，于播种时撒在沟内，湿土效果好于干土，中性土比碱性土效果好，要求用器械施不可用手施，更不准溶于水后手沾药施。此外也可用 3% 克线磷 5kg 拌土后穴施，效果明显。虫量较大地块用 3% 克百威颗粒剂每亩施 2~4kg 或 5% 甲拌磷颗粒剂 8kg 或 10% 涕灭威颗粒剂 2.5~5kg，也可用 98% 棉隆 5~10kg。后两种药剂须在播前 15~20 天沟施，前几种颗粒剂与种子分层施用即可。

二十七、大豆根结线虫病

【病原】 主要有南方根结线虫、花生根结线虫、北方根结线虫、爪哇根结线虫等 4 种，均属植物寄生线虫。北纬 35°~40° 以北方根结线虫为主，北纬 35° 以南南方根结线虫为主，也有花生根结线虫；北纬 25° 以南南方根结线虫、花生根结线虫和爪哇根结线虫并存。会阴花纹和吻针形态是区别不同种类线虫的重要特征。

【症状特点】 主要为害大豆根尖，受线虫刺激，形成节状瘤，病瘤大小不等，形状不一，有的小如米粒，有的形成"根结团"，表面粗糙，瘤内有线虫。病株矮小，叶片黄化，严重时植株萎蔫枯死，田间成片黄黄绿绿，参差不齐。

【发病规律】 大豆根结线虫以卵在土壤中越冬，带虫土壤是主要初侵染源。翌年气温回升，单细胞的卵孵化形成 1 龄幼虫，脱一次皮形成 2 龄幼虫出壳，进入土内活动，在根尖处侵入寄主，头插入维管束的筛管中吸食，刺激根细胞分裂膨大，幼虫蜕皮形成豆荚形 3 龄幼虫及葫芦形 4 龄幼虫，经最后一次蜕皮性成熟成为雌成虫，阴门露出根结产卵，形成卵囊团，随根结逸散入土中，通过农机具、人畜作业以及水流、风吹随土粒传播。该虫营孤雌生殖，一般认为雄虫作用不大。南方根结线虫在大豆上发育速率比在适生寄主上低，在大豆上，繁殖适温 24~35℃，一季大豆 3~4 代，以第一代为害最重。是一种定居型线虫，由新根侵入，温度适宜随时都可侵入为害。根结线虫在土壤内垂直分布可达 80cm 深，但 80% 线虫在 40cm 土层内。连作大豆田发病重。偏酸或中性土壤适于线虫生育。砂质土壤、瘠薄地块利于线虫病发生。

【防治措施】

（1）与非寄主植物进行 3 年以上轮作。在鉴别清楚当地根结线虫种类基础上有效轮作。北方根结线虫分布区与禾本科作物轮作。南方根结线虫区与花生轮作，不能与玉米、棉花轮作。

（2）因地制宜地选用抗线虫病品种。同一地区不宜长期连续使用同一种抗病品种。

（3）药剂防治：药剂防治提倡施用甲基异柳磷水溶性颗粒剂，每亩 300~400g 有效成分，于播种时撒在沟内，湿土效果好于干土，中性土比碱性土效果好，要求用器械施不可用手施，更不准溶于水后直接用手药施。此外也可用 3% 克线磷 5kg 拌土后穴施，效果明显。虫量较大地块用 3% 克百威颗粒剂每亩施 2~4kg、5% 甲拌磷颗粒剂 8kg 或 10% 涕灭威颗粒剂 2.5~5kg。也可用 98% 棉隆 5~10kg 或 D-D 混剂 40kg。后两种药剂须在播前 15~20 天沟施，前几种颗粒剂与种子分层施用即可。

二十八、大豆菟丝子

【病原】 中国菟丝子和欧洲菟丝子。属寄生性种子植物。

【症状特点】 大豆苗期受害，菟丝子以茎蔓缠绕大豆，产生吸盘伸入寄主茎内吸取养分，致受害大豆茎叶变黄、矮小、结荚少，严重的全株黄枯而死。

【发病规律】 菟丝子种子可混杂在寄主种子内及随有机肥在土壤中越冬，其种子外壳坚硬，经 1~3 年才发芽，在田间可沿畦埂地边蔓延，遇合适寄主即缠茎寄生为害。

【防治措施】

（1）精选种子，防止菟丝子种子混入。

（2）深翻土地 21cm，以抑制菟丝子种子萌发。

（3）摘除菟丝子藤蔓，带出田外烧毁或深埋。

（4）锄地：掌握在菟丝子幼苗未长出缠绕茎以前锄灭。

（5）受欧洲菟丝子为害的地方，可实行与玉米轮作或间作。

（6）推行厩肥经高温发酵处理，使菟丝子种子失去发芽力或沤烂。

（7）生物防治：喷洒鲁保 1 号生物制剂，使用浓度要求每毫升水中含活孢子数不少于 3 000 万个，每亩 2.5L，于雨后或傍晚及阴天喷洒，间隔 7 天 1 次，连续防治 2~3 次。在喷药前，如能破坏菟丝子茎蔓，人为制造伤口，防效明显提高。

第二节　虫害

一、大豆蚜

属同翅目蚜科。分布于东北、华北、内蒙古、宁夏、台湾、华南、西南等地。

【形态特征】有翅孤雌蚜体长 1.2~1.6mm，长椭圆形，头、胸黑色，额瘤不明显，触角长 1.1mm，第 3 节具次生感觉圈 3~8 个，第 6 节鞭节为基部 2 倍以上；腹部圆筒状，基部宽，黄绿色，腹管基半部灰色，端半部黑色，尾片圆锥形，具长毛 7~10 根，臀板末端钝圆，多毛。无翅孤雌蚜体长 1.3~1.6mm，长椭圆形，黄色至黄绿色，腹部第 1、第 7 节有锥状钝圆形凸起，额瘤不明显，触角短于躯体，第 4、第 5 节末端及第 6 节黑色，第 6 节鞭部为基部长的 3~4 倍，尾片圆锥状，具长毛 7~10 根，臀板具细毛。

【为害特征】吸食大豆嫩枝叶的汁液，造成大豆茎叶卷缩，根系发育不良，分枝结荚减少。此外还可传播病毒病。

【发生规律】以卵在鼠李属植物的枝条上芽侧或缝隙中越冬。翌春，鼠李属植物芽鳞转绿到芽开绽时，均温高于 10℃，越冬卵孵化，后孤雌胎生繁殖后代，发生有翅型。夏季，有翅孤雌蚜开始迁飞至大豆田，为害幼苗，6 月下旬至 7 月中旬进入为害盛期，7 月下旬出现淡黄色小型大豆蚜，蚜量开始减少，8 月下旬至 9 月上旬气温下降，大豆蚜进入后期繁殖阶段，有翅性母迁飞至鼠李属植物上，开始生无翅卵生雌蚜并与有翅雄蚜交配，又把卵产在鼠李属植物上越冬。6 月下旬至 7 月上旬，旬均温 22~25℃，相对湿度低于 78% 有利其大发生。

【防治方法】

（1）农业防治：及时铲除田边、沟边、塘边杂草，减少虫源。

（2）利用银灰色膜避蚜和黄板诱杀。

（3）生物防治：利用瓢虫、草蛉、食蚜蝇、小花蝽、烟蚜茧蜂、菜蚜茧蜂、蚜小蜂、蚜毒菌等控制蚜虫。

（4）蚜虫发生量大、农业防治和天敌不能控制时，要在苗期或蚜虫盛发前防治。当有蚜株率达 10% 或平均每株有虫 3~5 头，即应防治。目前可选用 40% 克蚜星乳油 800 倍液、35% 卵虫净乳油 1 000~1 500 倍液、20% 好年冬乳油 800 倍液、50% 抗蚜威（辟蚜雾）可湿性粉剂 1 500 倍液或 2.5% 天王星乳油 3 000 倍液。抗蚜威有利于保护天敌，但由于蚜虫易产生抗药性，应注意轮换使用。

二、豇豆荚螟

属鳞翅目螟蛾科。别名豇豆螟、豇豆蛀野螟、豆荚野螟、豆野螟、豆荚螟、豆螟蛾、豆卷叶螟、大豆卷叶螟、大豆螟蛾。分布北起吉林、内蒙古，南至台湾、广东、广西、云南。

【形态特征】成虫体长约 13mm，翅展 24~26mm，暗黄褐色。前翅中央有 2 个白色透明斑；后翅白色半透明，内侧有暗棕色波状纹。卵大小为 0.6mm×0.4mm，扁平，椭圆形，淡绿色，表面具六角形网状纹。末龄幼虫体长约 18mm，体黄绿色，头部及前胸背板褐色。中、后胸背板上有黑褐色毛片 6 个，前列 4 个，各具 2 根刚毛，后列 2 个无刚毛；腹部各节背面具同样毛片 6 个，但各自只生 1 根刚毛。蛹长 13mm，黄褐色。头顶凸出，复眼红褐色。羽化前在褐色翅芽上能见到成虫前翅的透明斑。

【为害特征】幼虫为害豆叶、花及豆荚，常卷叶为害或蛀入荚内取食幼嫩的种粒，荚内及蛀孔外堆积粪粒。受害豆荚味苦，不堪食用。严重受害区，蛀荚率达 70% 以上。

【发生规律】在华北地区年发生 3~4 代，华中地区年发生 4~5 代，华南地区发生 7 代。以蛹在土中越冬，每年 6—10 月为幼虫为害期，成虫有趋光性，卵散产于嫩荚、花蕾和叶柄上，卵期为 2~3 天，幼虫共五龄，初孵幼虫蛀入嫩荚或花蕾取食，造成蕾、荚脱落。3 龄后蛀入荚内食豆粒，每荚一头幼虫，多有 2~3 头，被害荚在雨后常致腐烂。幼虫也常吐丝缀叶为害，幼虫期 8~10 天，老熟幼虫在叶背主脉两侧作茧化蛹，亦可吐丝下落土表和落叶中结茧化蛹，蛹期 4~10 天。豇豆荚螟对温度的适应范围广，7~31℃都能发育，但最适宜的温度是 28℃，相对湿度为 80%~85%。

【防治方法】

（1）及时清理落花和落荚，并摘去被害的卷叶和豆荚，减少虫源。

（2）在豆田架设黑光灯，诱杀成虫。

（3）药剂防治：可采用 20% 三唑磷乳油 700 倍液或 40% 灭虫清乳油。从现蕾开始，每间隔 10 天喷蕾 1 次，可控制为害，如需兼治其他的害虫，则应全面喷药。

三、豆蚀叶野螟

属鳞翅目螟蛾科。别名豆卷叶螟。分布北起吉林、辽宁、内蒙古，南、东向达国境线，西至宁夏、甘肃、青海，折入四川、云南。

【形态特征】成虫体长 10mm 左右，翅展 18～23mm，体黄褐色，前翅生有内横线、中横线，外缘黑色波浪状，内横线外侧具黑色点 1 个；后翅生有 2 条黑横线，翅展开时与前翅内、外横线相连，外缘黑色。卵长 0.7mm，椭圆形，浅绿色。末龄幼虫体长 15～17mm，头、前胸背板浅黄色，前胸侧板具 1 黑色斑，胸部、腹部浅绿色，气门圈黄色，沿亚背线、气门上线、下线和基线处具小黑纹。蛹长 12mm，褐色，纺锤形。茧长 17mm 左右，椭圆形，薄丝质，白色。

【为害特征】幼虫卷豆叶，在卷叶内啃食表皮和叶肉，后期蛀食豆荚或豆粒。

【发生规律】以末龄幼虫在枯叶里或土下越冬。越冬成虫于 4 月中旬至 5 月中下旬羽化，个别延续到 6 月初羽化。5 月中下旬是第一代幼虫盛发期，为害春播大豆。幼虫老熟后在卷叶里做茧化蛹。6 月中旬进入第一代成虫盛发期。6—9 月在田间可见各虫态，有时 9 月豆田还可见很多幼虫。成虫昼伏夜出，夜间交配，白天喜潜伏在叶背面隐蔽，有趋光性。卵多产在叶背面。初孵幼虫先在叶背取食，后吐丝把 2～3 片豆叶向上卷折。幼虫活泼，受惊时迅速倒退。天敌有广黑点瘤姬蜂。

【防治方法】

（1）选用或培育抗虫品种。

（2）经常收集田中的落蕾、落花，并集中销毁，以减少虫源。

（3）药剂防治。当百蕾（或花）虫数达 40 头，应即实行防治。可供选用的药剂有 18% 杀虫双水剂 600 倍液、2.5% 敌杀死或 40% 速灭杀丁乳剂 3 000 倍液或 21% 灭杀毙 6 000 倍液等。

四、豆叶螨

属蜱螨目叶螨科。分布于北京、浙江、江苏、四川、云南、湖北、福建、台湾等地区。

【形态特征】雌螨体长 0.46mm，宽 0.26mm。体椭圆形，深红色，体侧具黑斑。须肢端感器柱形，长是宽的 2 倍，背感器梭形，较端感器短。气门沟末端弯曲成"V"形。26 根背毛。雄螨体长 0.32mm，宽 0.16mm，体黄色，有黑斑，须肢端感器细长，长是宽的 2.5 倍，背感器短。阳具末端形成端锤。阳茎的远侧凸起比近侧凸起长 6~8 倍，是与其他叶螨相区别的重要特征。

【为害特征】豆叶螨在寄主叶背或卷须上吸食汁液，初期叶面上出现白色斑痕，严重的致叶片干枯或呈火烧状，造成严重减产。

【发生规律】北方年发生 10 代左右，台湾年发生 21 代，以雌性成螨在缝隙或杂草丛中越冬。5 月下旬绽花时开始发生，夏季是发生盛期，增殖速度很快，冬季在豆科植物、杂草、茶树近地面叶片上栖息，全年世代平均天数为 41 天，发育适温 17~18℃，卵期 5~10 天，从幼螨发育到成螨约 5~10 天。降雨少、天气干旱的年份易发生。天敌有塔六点蓟马、钝绥螨、食螨瓢虫、中华草蛉、小花蝽等，对叶螨种群数量有一定控制作用。

【防治方法】

（1）早春注意清除田内外枯枝落叶和杂草，减少虫源。

（2）注意虫情监测，发现有少量受害，应及时摘除虫叶烧毁，遇有天气干旱要注意及时灌溉和施肥，促进植株生长，抑制叶螨增殖。

（3）防治豆类的害虫时，要防止杀伤叶螨的天敌，可选用异丙威、巴丹、巴沙等，尽量采用具生态选择性的施药方法进行点片挑治或局部施药。有条件的可人工饲养和释放捕食螨、草蛉等天敌。

（4）当田间天敌不能有效控制时，应使用选择性杀螨剂进行普治，在点片发生阶段喷洒 20%双甲脒乳油 2 000 倍液、25%倍乐霸乳油 1 000~2 000 倍液、5%氟虫脲乳油 1 000~2 000 倍液或 20%哒螨酮可湿性粉剂 1 500 倍液。注意轮换用药，提倡使用 20%复方浏阳霉素乳油 1 000~1 500 倍液。

五、筛豆龟蝽

属半翅目龟蝽科。别名豆平腹蝽。分布北起北京、山西，南至台湾，东面临海，西至陕西、四川、云南、西藏。

【形态特征】成虫体长 4.3~5.4mm，宽 3.8~4.5mm；近卵圆形；淡黄褐色或黄绿色，微带绿光，密布黑褐色小刻点；复眼红褐；前胸背板有一列刻点组成的横线；小盾片基部两端色淡，侧部无刻点；各足胫节背面全长具纵沟；腹部腹面两侧具辐射状黄色宽带纹，雄虫小盾片后缘向内凹陷，露出生殖节。卵长 0.6~0.7mm，宽约 0.4mm；略呈圆桶状，横置，一端为假卵盖，微拱起，另一端钝圆；初产乳白色后变肉黄色；从背面观看，中部具有纵凹陷 3 条，凹陷之间各呈窄纵隆起。若虫淡黄绿色，密披黑白混生的长毛，其中以两侧的白毛为最长；若虫共 5 龄，3 龄后体形呈龟状，胸腹各节（后胸除外）两侧向外前方扩展成半透明的半圆薄板。

【为害特征】以成虫及若虫在茎秆、叶柄和荚果上群集吸食汁液，影响植株生长发育，叶片枯黄，茎秆瘦短，株势早衰，豆荚不实。

【发生规律】在江西南昌一年以发生 2 代为主，少数 1 代。以成虫在寄主植物附近的枯枝落叶下越冬。翌春 4 月上旬开始活动，4 月中旬开始交尾，4 月下旬至 7 月中旬产卵。一代若虫从 5 月初到 7 月下旬先后孵化，6 月上旬到 8 月下旬羽化为成虫，6 月中下旬至 8 月底交尾产卵，二代若虫从 7 月上旬至 9 月上旬孵出，7 月底至 10 月中旬羽化，10 月中下旬起陆续越冬。卵产于叶片、叶柄、托叶、荚果和茎秆上呈 2 纵行，平铺斜置，共 10~32 枚，呈羽毛状排列。成虫、若虫均有群集性。

【防治方法】冬季结合积肥，清除田间枯枝落叶，铲去杂草，及时堆沤或焚烧，可消灭部分越冬成虫。在成虫、若虫为害期，可采用广谱性杀虫剂，按常规使用浓度喷洒，均有毒杀效果。

六、豆突眼长蝽

属半翅目长蝽科。分布于华北、华东、华中、西南各地。

【形态特征】成虫体长 2.8~3.2mm，宽约 1.15mm，体短厚，体壁坚实，红褐至黑褐色，密布大刻点，刻点内有鳞片状毛。头、前胸背板呈栗褐色至黑褐色，头垂直，眼着生在眼柄上，复眼黑色，眼柄长，向前侧方上举。触角 1、4 节色深，2、3 节浅黄褐色。前胸背板前倾，小盾片黑色，翅合拢时呈束腰状。爪片狭，黄白色，具刻点一列，结合缝短，革片黄白色，中部偏内具黑斑一块。腹部 5~7 节侧缘具上翘的叶状突，第七腹节叶状突后伸至腹部末端。

【为害特征】成虫、幼虫吸食叶片汁液，出现黄白小点，后扩大连成不规则形黄褐斑，造成豆株生长迟缓，叶片萎蔫或脱落，导致减产，严重的可致失收。

【发生规律】湖南年发生 3 代，江西发生 4 代，以成虫在土缝、石隙及落叶下越冬。翌年 4 月开始活动，5 月上旬开始产卵，把卵产在叶背的叶脉上，5 月下旬进入产卵盛期，6 月上中旬为第一代幼虫盛期，6 月下旬为第一代成虫盛期，7 月上旬又进入产卵盛期，7 月中旬为二代幼虫盛期，7 月下旬二代成虫出现，8 月上旬进入产卵盛期，8 月中旬 3 代成虫出现，后越冬。

【防治方法】

（1）冬耕灭茬可消灭部分越冬成虫。

（2）开花结荚后成虫、若虫为害期，可采用广谱性杀虫剂，按常规使用浓度喷洒，均有毒杀效果。

七、焰夜蛾

属鳞翅目夜蛾科。别名烟火焰夜蛾、豆黄夜蛾。分布于东北、湖北、新疆、河北、山东、西藏等地。

【形态特征】成虫体长 12mm，翅展 32mm。头、胸部黄褐色，翅基片有一黑纹，腹部褐色有黄毛。前翅黄色，布赤褐色细点，翅面各线明显，外线至外缘带呈紫灰色；基线赤褐色，直达亚中褶；内线赤褐色，大锯齿形；剑纹黄色，端部有赤褐边；环纹黄色，赤褐色边；肾纹黄色，中央一淡黑斑，边缘赤褐色，外斜至肾纹后端，折角内斜；外线黑棕色，后半与中线平行；亚端线黑色，锯齿形，稍间断；端线黑褐色。翅脉赤褐色，前缘脉较灰黑，外线至亚端线一段有 3 个白点。后翅淡黄色，翅脉及横脉纹稍黑，端区具一黑色大斑，端线褐色。幼虫体长约 38mm，头部灰褐色，胸部青色或红褐色，具小白点和黄纹，背线明显暗褐色，胸足 3 对，腹足 4 对，尾足 1 对。蛹长约 12mm，长椭圆形，红褐色。

【为害特征】幼虫食害油菜、大豆叶片，呈缺刻或孔洞，严重的将叶片食光。

【发生规律】吉林幼虫于 6 月上中旬大量出现，为害豆叶，6 月中旬至 7 月中旬幼虫进入末龄，开始化蛹，8 月上旬至下旬可见新一代成虫出现。幼虫不活泼，喜在中上部叶片上为害。

【防治方法】

（1）成片安置黑光灯，进行测报和防治。

（2）人工捕杀幼虫。

（3）必要时喷 50%辛硫磷乳油 1 500 倍液、25%爱卡士乳油 1 500 倍液、16%顺丰 3 号乳油 1 500 倍液、1.8%爱福丁乳油 3 000 倍液或 20%杀灭菊酯乳油 3 000 倍液。

（4）用 2%巴丹粉剂，每亩 1kg 拌细干土 15kg 制成毒土，撒施于植株间也有效。

八、肾坑翅夜蛾

属鳞翅目夜蛾科。分布于河南、云南等地。

【形态特征】成虫体长约 9mm，翅展 21mm，头、胸部灰褐色，前翅红褐色略带灰点，基线仅在前缘脉上现一白纹，内线不清晰白色，在中室上具一白色圆形凹坑，区别于坑翅蛾。环纹仅现很多白点，肾纹红褐色，外线灰白色，锯齿形。前缘脉在外线之外具白点 3 个，亚端线不明显，其内侧褐色，前端有一灰白色圆斑，斑的前缘生很多小黑点，端线由一列小黑点组成。缘毛暗褐色。后翅为灰棕色，近翅基部色略浅。腹部褐色。足暗褐色。幼虫浅绿色，气门线白色，胸足 3 对，腹足 2 对，尾足 1 对，行动像尺蠖状。蛹长 8.5~11mm，黄褐色。

【为害特征】幼虫食叶片，低龄幼虫只食叶肉，残留表皮，呈网状，龄期增大时，可将叶片食成缺刻或孔洞，严重的可食光叶片。

【发生规律】河南 8 月下旬可见大量幼虫为害夏大豆，9 月初化蛹，9 月下旬羽化为成虫，幼虫喜在豆苗中上部的叶片上为害，呈拟枝状。幼虫不活泼，行动迟缓。

【防治方法】

（1）冬季清除枯枝落叶，以减少来年的虫口基数。

（2）根据残破叶片和虫粪，人工捕杀幼虫和虫茧。

（3）黑光灯诱杀成虫。

（4）低龄幼虫期，喷含 100 亿/mL 孢子的青虫菌 500 倍液，2.5% 敌百虫粉剂、2% 甲萘威粉剂、50% 马拉硫磷乳油 1 000 倍液或 20% 杀灭菊酯 2 000 倍液，均有良好的防治效果。

九、豆天蛾

属鳞翅目天蛾科。别名大豆天蛾。分布除西藏未见外，其他各省区均有发生。

【形态特征】成虫体长 40~45mm，翅展 100~120mm。体、翅黄褐色，头及胸部有较细的暗褐色背线，腹部背面各节后缘有棕黑色横纹。前翅狭长，前缘近中央有较大的半圆形褐绿色斑，中室横脉处有一个淡白色小点，内横线及中横线不明显，外横线呈褐绿色波纹，沿径脉有褐绿色纵带，近外缘呈扇形，顶角有一条暗褐色斜纹，将顶角分为二等分；后翅棕黑色，前线及后角附近枯黄色，中央有 1 条较细的灰黑色横带。卵椭圆形，2~3mm，初产黄白色，后转褐色。老熟幼虫体长约90mm，黄绿色，体表密生黄色小凸起。胸足橙褐色。腹部两侧各有7条向背后倾斜的黄白色条纹，臀背具尾角一个。蛹长约50mm，宽18mm，红褐色。头部口器明显突出，略呈钩状，喙与蛹体紧贴，末端露出。5~7腹节的气孔前方各有一气孔沟，当腹节活动时可因摩擦而微微发出声响；臀棘三角形，具许多粒状凸起。

【为害特征】幼虫食叶，严重时将全株叶片吃光，不能结荚。

【发生规律】在河南、河北、山东、安徽、江苏等省年发生1代，湖北年发生2代，均以老熟幼虫在9~12cm土层越冬。翌春移动至表土层化蛹。一代发生区，一般在6月中旬化蛹，7月上旬为羽化盛期，7月中下旬至8月上旬为成虫产卵盛期，7月下旬至8月下旬为幼虫发生盛期，9月上旬幼虫老熟入土越冬。二代发生期，5月上中旬化蛹和羽化，第一代幼虫发生于5月下旬至7月上旬，第二代幼虫发生于7月下旬至9月上旬；全年以8月中下旬为害最重，9月中旬后老熟幼虫入土越冬。成虫飞翔力很强，但趋光性不强，喜在空旷而生长茂密的豆田产卵，一般散产于第3、4片豆叶背面，每叶1粒或多粒，每头雌虫平均产卵350粒。卵期6~8天。幼虫共5龄。越冬后的老熟幼虫当表土温度达24℃左右时化蛹，蛹期10~15天。幼虫4龄前白天多藏于叶背，夜间取食（阴天则全日取食）；4~5龄幼虫白天多在豆秆枝茎上为害，并常有转株为害习性。

【防治方法】于3龄前幼虫期喷药处理，如50%辛硫磷乳剂1 000倍液、20%杀灭菊酯2 000倍液或21%灭杀毙（增效氰·马乳油）3 000倍液，均有较好的效果。

十、大豆荚瘿蚊

属双翅目瘿蚊科。别名大豆荚瘿蝇。分布于山东、北京、安徽、江苏、湖南等地。

【形态特征】成虫体长3.2~3.5mm，深紫黑色，触角丝状，褐色，前翅浅灰褐色，有灰黑色绒毛，膜翅上具纵脉3条，双翅交互平褶于体背，平衡棒淡黄色细长。胸足细长，雌虫腹部末端较尖，产卵管细长，产卵时才伸出，雄虫尾部具钳状抱握器一对。卵长圆形，乳白色。幼虫体长2.5~3.0mm，体扁平，浅黄色，腹部8节，腹背第2节后各节上均具小齿状横列刺。蛹褐红色，头部有黑褐色叉状突1对，末节有横刺一排。

【为害特征】以幼虫为害豆荚，致荚扭曲弯折，豆粒发育缓慢，受害处现小虫瘿，严重的豆荚干枯脱落。

【发生规律】江浙地区年发生 3 代。南京成虫于 5 月后出现，6 月为害春大豆，河南 8 月间大豆受害重，成虫喜在花萼或凋萎的花下产卵，幼虫孵化后蛀入荚内为害，幼虫期 20 天左右，老熟后化蛹在荚内，蛹期 9~10 天，羽化前用头顶的尖突把豆荚皮钻一圆孔，羽化时将蛹壳带出半截至荚外，成虫在黎明时活动，夜间或白天栖息在植株下，成虫产卵选择性很强，喜欢把卵产在茸毛多的豆荚上，一般夏播大豆易受害，晚熟品种受害重。

【防治方法】

（1）选用豆荚茸毛少的品种，适期播种，避开该虫产卵及为害盛期。

（2）必要时喷洒 10% 吡虫啉可湿性粉剂 1 500 倍液、25% 爱卡士乳油 1 500 倍液或 1.8% 爱福丁乳油 3 000 倍液，每亩喷施配制好的药液 55L。

十一、葡萄长须卷蛾

属鳞翅目卷蛾科。别名葡萄卷叶蛾、藤卷叶蛾。分布于黑龙江、吉林、辽宁。

【形态特征】成虫体长 6~8mm，翅展 18~25mm。头黄褐色，下唇须长，向前伸；前翅黄至淡黄色，具光泽，基斑、中带、端纹褐或深褐色，中带由前缘 1/3 处斜伸到后缘 1/2 处；端纹较宽大，外缘界限不清，外缘区呈黄褐或褐色带。后翅褐色。幼虫体长 18~26mm，淡绿色。头黑褐色，背线深褐色，两侧每节各具 2 个暗毛瘤。蛹长 7~8mm，纺锤形，红褐或褐色。

【为害特征】幼虫卷缀叶片如筒状，在其中蚕食，只留叶脉。

【发生规律】东北地区年发生 1 代，以幼龄幼虫于地表落叶、杂草等杂物下结茧越冬。4—5 月寄主发芽后，越冬幼虫陆续出蛰，爬到寄主芽、叶上取食为害。低龄时多于梢顶幼叶簇中吐少量丝潜伏其中为害，稍大便吐丝卷叶为害。食料不足时常转移为害。至 6—7 月陆续老熟，于卷叶内结茧化蛹，蛹期 5~15 天。成虫发生期为 6 月中旬至 8 月上旬。成虫昼伏夜出，羽化后不久即交配、产卵，卵多产于叶上。每雌虫产卵量 150~250 粒，卵期 8~15 天。幼虫孵化期 6 月下旬至 8 月中旬。孵化后经过一段时间取食便陆续潜入越冬场所结茧越冬。

【防治方法】

（1）幼虫卷叶后，可摘除卷叶，消灭幼虫。

（2）成虫产卵盛期或幼虫孵化盛期喷 21% 灭杀毙乳油 3 000 倍液、30% 灭多威乳油 2 000 倍液、20% 氰戊菊酯乳油 3 000 倍液、50% 马拉硫磷乳油 1 000 倍液、20% 氯·马乳油 3 000 倍液或 10% 天王星乳油 4 000~5 000 倍液等。

十二、豆芫菁

属鞘翅目芫菁科。别名白条芫菁、锯角豆芫菁。分布北起黑龙江、内蒙古、新疆，南至台湾、海南、广东、广西。

【形态特征】成虫体长 10.5 ~ 18.5mm，宽 2.6 ~ 4.6mm；体和足黑色；头红色，具 1 对光亮的黑瘤，有时近复眼的内侧亦为黑色；前胸背板中央和每个鞘翅中央各有一条由灰白毛组成的宽纵纹，小盾片、翅侧缘、端缘和中缝、胸部腹面两侧和各足腿节、胫节均有白毛，以前足最密，各腹节后缘有一条由白毛组成的宽横纹；触角黑色，基部 4 节部分红色。雄虫触角第 3 至 7 节扁平，向外侧强烈展宽，锯齿状，每节外侧各有一条纵凹槽，第 7 节的凹槽有时浅而不明显；雌虫触角丝状；前胸长稍大于宽，两侧平行，自前端 1/3 处向前束缩，盘区中央有一条纵凹纹，在后缘之前有一个三角形凹注。雄虫前足腿节端半部腹面和胫节腹面密布金黄色毛，第一跗节基部细棒状，端部腹面向下强烈展宽呈斧状，雌虫的端部则不明显展宽。卵椭圆形，大小约 3mm×1mm；黄白色，表面光滑；70 ~ 150 粒卵组成菊花状卵块。幼虫复变态，各龄幼虫形态不同：1 龄幼虫似双尾虫，体深褐色，胸足发达，末端有 3 个爪；2、3、4 和 6 龄幼虫似蛴螬；5 龄幼虫呈伪蛹状，全体被一层薄膜，光滑无毛，胸足呈乳突。蛹长约 15mm，黄白色，复眼黑色；前胸背板侧缘及后缘各着生 9 根长刺；第 1 ~ 6 腹节后缘具一排刺，左右各 6 根；7 ~ 8 腹节左右各 5 根。翅芽达腹部第 3 节。

【为害特征】成虫群聚，大量取食叶片及花瓣，影响结实。

【发生规律】在华北地区年发生 1 代，湖北年发生 2 代，均以 5 龄幼虫（伪蛹）在土中越冬，翌春蜕皮发育成 6 龄幼虫，再发育化蛹。一代于 6 月中旬化蛹，6 月下旬至 8 月中旬为成虫发生与为害期；二代成虫于 5—6 月间出现，集中为害早播大豆，而后转害茄子、番茄等蔬菜，第一代成虫于 8 月中旬左右出现，为害大豆，9 月下旬至 10 月上旬转移至蔬菜上为害，发生数量逐渐减少。成虫白天活动，尤以中午最盛，群聚为害，喜食嫩叶、心叶和花。成虫遇惊常迅速逃避或落地藏匿，并从腿节末端分泌含芫菁素的黄色液体，触及皮肤可导致红肿起泡。成虫羽化后 4 ~ 5 天开始交配，交配后的雌虫继续取食一段时间，而后在地面挖至 5cm 深、口窄内宽的土穴产卵，卵产于穴底，尖端向下有黏液相连，排成菊花状。然后用土封口离去。成虫寿命在北京为 30 ~ 35 天，卵期 18 ~ 21 天，孵化的幼虫从土穴内爬出，行动敏捷，分散寻找蝗虫卵及土蜂巢内幼虫为食，如未遇食，10 天内即死亡，以 4 龄幼虫食量最大，5~6 龄不需取食。

【防治方法】冬耕可消灭部分越冬的伪蛹，成虫发生期可施用广谱性杀虫剂，按常规浓度有效。

十三、点蜂绿蝽

属半翅目缘蝽科。分布于河北、河南、江苏、浙江、安徽、江西、湖北、四川、福建、云南、西藏。

【形态特征】成虫体长 15~17mm，宽 3.6~4.5mm，狭长，黄褐至黑褐色，具白色细绒毛。头在复眼前部成三角形，后部细缩如颈。触角第 1 节长于第 2 节，第 1 至 3 节端部稍膨大，基半部色淡，第 4 节基部距 1/4 处色淡。喙伸至中足基节间。头、胸部两侧的黄色光滑斑纹成点斑状或消失。前胸背板及胸侧板有许多不规则的黑色颗粒，前胸背板前叶向前倾斜，前缘具领片，后缘有 2 个弯曲，侧角成刺状。小盾片三角形。前翅膜片淡棕褐色，稍长于腹末。腹部侧接缘稍外露，黄黑相间。足与体同色，胫节中段色淡，后足腿节粗大，有黄斑，腹面具 4 个较长的刺和几个小齿，基部内侧无凸起，后足胫节向背面弯曲。腹下散生许多不规则的小黑点。卵长约 1.3mm，宽约 1mm。半卵圆形，附着面弧状，上面平坦，中间有一条不太明显的横形带脊。若虫 1~4 龄体似蚂蚁，5 龄体似成虫，仅翅较短。

【为害特征】成虫和若虫刺吸汁液，在豆类蔬菜开始结实时，往往群集为害，致使蕾、花凋落，果荚不实或形成瘪粒；严重时全株枯死，颗粒无收。

【发生规律】在江西南昌一年 3 代，以成虫在枯枝落叶和草丛中越冬。翌年 3 月下旬开始活动，4 月下旬至 6 月上旬产卵。第一代若虫于 5 月上旬至 6 月中旬孵化，6 月上旬至 7 月上旬羽化为成虫，6 月中旬至 8 月中旬产卵。第二代若虫于 6 月中旬末至 8 月下旬孵化，7 月中旬至 9 月中旬羽化为成虫，8 月上旬至 10 月下旬产卵。第三代若虫于 8 月上旬末至 11 月初孵化，9 月上旬至 11 月中旬羽化为成虫，并于 10 月下旬以后陆续越冬。卵多散产于叶背、嫩茎和叶柄上，少数 2 枚在一起，每雌虫产卵 21~49 枚。成虫和若虫极活跃，早、晚温度低时稍迟钝。

【防治方法】冬季结合积肥，清除田间枯枝落叶，铲去杂草，及时堆沤或焚烧，可消灭部分越冬成虫。在成虫、若虫为害期，可采用广谱性杀虫剂，按常规使用浓度喷洒，均有毒杀效果。

十四、条蜂缘蝽

属半翅目缘蝽科。别名白条蜂缘蝽、豆缘蝽象。分布于浙江、江西、广西、四川、贵州、云南等地。

【形态特征】成虫体长 13~15mm，宽 3mm，体狭长，棕黄色。头在复眼前部成三角形，后部细缩如颈。复眼大且向两侧突出，黑色；单眼凸起在后头，赭红色。触角 4 节，第 4 节长于第 2、3 节之和，第 2 节最短。前胸背板向前下倾，前缘具领，后缘呈 2 个弯曲，侧角刺状，表面及胸侧板密布疣点和刻点。头、胸两侧有光滑完整的带状黄色横条斑。后胸腹板后缘极窄，几乎成角状。腹部背面浅黄棕色，各节端部有黑色斑。后足腿节基部内侧有 1 个明显的凸起，腿节腹面具一列黑刺，胫节稍弯曲，其腹面顶端具 1 齿，雄虫后足腿节粗大。臭腺道长且向前弯曲，几乎达于后胸侧板前缘。前翅革片前缘的近端处稍向内弯，腹部第 1 节较其余节窄。卵呈半卵圆形，正面平坦，附着面弧状。初产时暗蓝色，渐变黑褐，近孵化时黑褐色或微显紫红。卵壳表面散生少量白粉，略具金属光泽。若虫 1 至 4 龄体似蚂蚁，腹部膨大，但第 1 腹节小。5 龄狭长。1 龄体长 2.5~2.7mm，紫褐色或褐色，头大圆鼓。2 龄体长 4.2~4.4mm，头在眼前部分成三角形，眼后部变窄，复眼紫色，稍突出。3 龄体长 6.2~6.5mm，灰褐色。触角与体长相等。复眼突出，黑褐色。前翅芽初露。4 龄体长 9.1~9.8mm，灰褐色。触角短于体长。前翅芽达后胸后缘。5 龄体长 10~11.3mm，灰褐或黑褐色，前翅芽达第 2 腹节的中部。

【为害特征】成虫和若虫均喜欢刺吸花果或豆荚汁液，也可为害嫩茎、嫩叶。被害蕾、花凋落，果荚不实或形成瘪粒，嫩茎、嫩叶变黄，受害严重时植株死亡、不结实，对产量影响很大。

【发生规律】江西年发生 3 代，以成虫在枯草丛中、树洞和屋檐下等处越冬。越冬成虫 3 月下旬开始活动，4 月下至 6 月上旬产卵，5 月下至 6 月下旬陆续死亡。第一代若虫 5 月上至 6 月中旬孵化，6 月上旬至 7 月上旬羽化为成虫，6 月中旬至 8 月中旬产卵。第二代若虫 6 月中旬末至 8 月下旬孵化，7 月中旬至 9 月中旬羽化为成虫，8 月上旬至 10 月下旬产卵。第三代若虫 8 月上旬末至 11 月初孵出，9 月上旬至 11 月中旬羽化。成虫于 10 月下旬至 11 月下旬陆续越冬。成虫和若虫白天极为活泼，早晨和傍晚稍迟钝，阳光强烈时多栖息于寄主叶背。初孵若虫在卵壳上停息半天后，即开始取食。成虫交尾多在上午进行。卵多产于叶柄和叶背，少数产在叶面和嫩茎上，散生，偶聚产成行。每雌虫每次产卵 5~14 粒，多为 7 粒，一生可产卵 14~35 粒。

【防治方法】冬季结合积肥，清除田间枯枝落叶，铲去杂草，及时堆沤或焚烧，可消灭部分越冬成虫。在成虫、若虫为害期，可采用广谱性杀虫剂，按常规使用浓度喷洒，均有毒杀效果。

十五、豆灰蝶

属鳞翅目灰蝶科。别名豆小灰蝶、银蓝灰蝶。分布于黑龙江、吉林、辽宁、河北、山东、山西、河南、陕西、甘肃、青海、内蒙古、湖南、四川、新疆。

【形态特征】成虫体长 9~11mm，翅展 25~30mm。雌雄异形。雄翅正面青蓝色，具青色闪光，黑色缘带宽，缘毛白色且长；前翅前缘多白色鳞片，后翅具 1 列黑色圆点与外缘带混合。雌翅棕褐色，前、后翅亚外缘的黑色斑镶有橙色新月，反面灰白色。前、后翅具 3 列黑斑，外列圆形与中列新月形斑点平行，中间夹有橙红色带，内列斑点圆形，排列不整齐，第二室 1 个，圆形，显著内移，与中室端长形斑上下对应，后翅基部另具黑点 4 个，排成直线；黑色圆斑外围具白色环。卵扁圆形，直径 0.5~0.8mm，初期黄绿色，后变黄白色。幼虫头黑褐色，胴部绿色，背线色深，两侧具黄边，气门上线色深，气门线白色。老熟幼虫体长 9~13.5mm，背面具 2 列黑斑。蛹长 8~11.2mm，长椭圆形，淡黄绿色，羽化前灰黑色，无长毛及斑纹。

【为害特征】幼虫咬食叶片下表皮及叶肉，残留上表皮，个别啃食叶片正面，严重的把整个叶片吃光，只剩叶柄及主脉，有时也为害茎表皮及幼嫩荚角。

【发生规律】河南年发生 5 代，以蛹在土壤耕作层内越冬。翌年 3 月下旬羽化为成虫，4 月底至 5 月初进入羽化盛期，成虫把卵产在沙打旺等叶片或叶柄上，在田间繁殖 5 代，9 月下旬老熟幼虫钻入土壤中化蛹越冬。成虫喜白天羽化、交配，成虫可交配多次，多次产卵，卵多产在叶背面，散产，有的产在叶柄或嫩茎上，每雌虫产卵 46~121 粒，雌蝶寿命 14.6 天，雄蝶 12.4 天，卵期 4.5~6.3 天，幼虫 5 龄，3 龄前只取食叶肉，3 龄后食量增加，最后暴食 2 天进入土中预蛹期。幼虫有相互残杀习性，常与蚂蚁共生。幼虫老熟后爬到植株根附近，头向下进入预蛹期 1~2 天，蛹期 7~14 天。

【防治方法】

（1）选用抗虫品种。

（2）秋冬季深翻灭蛹。

（3）幼虫孵化初期喷洒 25% 灭幼脲 3 号悬浮剂 500~600 倍液，使幼虫不能正常蜕皮或变态而死亡。

（4）百株虫数高于 100 头时，及时喷洒 20% 氰戊菊酯乳油 2 000 倍液、10% 吡虫啉可湿性粉剂 2 500 倍液或 20% 灭多威乳油 1 500~2 000 倍液。

十六、豆田斜纹夜蛾

属鳞翅目夜蛾科。分布北起辽宁、南至海南岛均有发生。但以黄淮、长江流域大豆产区受害重。

【形态特征】成虫体长 14~20mm，翅展 33~42mm。全体暗褐色，前翅灰褐色，内横线和外横线灰白色，呈波浪形，有白色条纹，环状纹不明显，肾状纹前部呈白色，后部呈黑色，环状纹和肾状纹之间有 3 条白线组成明显的较宽的斜纹，自翅基部向外缘还有 1 条白纹。后翅白色。卵半球形，集结成 3~4 层卵块，外覆黄色绒毛。老熟幼虫体长 36~48mm，黄绿至墨绿或黑色，从中胸至第 9 腹节亚背线内侧，各有近似半月形或三角形黑斑一对。其中以第 1、7、8 腹节的黑斑最大。蛹为被蛹，体长 18~23mm，赤褐色至暗褐色。

【为害特征】幼虫食叶成缺刻或孔洞，严重的把叶片吃光。也为害豆类的茎和荚。

【发生规律】斜纹夜蛾在广东、福建、台湾等地区，终年均可发生，无越冬现象，但以 7—10 月为害最严重。成虫日伏夜出，黄昏后开始飞翔，多在开花植物上取食花蜜补充营养，然后才能交尾产卵。通常每头雌蛾可产卵 500 粒左右，最多可达 2 000~3 000 粒，产卵呈块状。初孵幼虫群集在卵块附近取食寄主叶片表皮成筛网状，不怕光，稍遇惊扰就四处爬散或吐丝飘散。2 龄后开始分散为害，4 龄后进入暴食期，常将寄主叶片吃光，仅留主脉，食物缺乏时，可成群迁至附近田里为害。幼虫怕光，晴天躲在阴暗处或土缝里，傍晚出来取食，至黎明又躲起来。老熟幼虫入土化蛹，该虫在豆田多把卵产在中上部叶背面。

【防治方法】

（1）诱杀成虫。结合防治其他菜虫，可采用黑光灯或糖醋盆等诱杀成虫。

（2）药剂防治。3 龄前为点片发生阶段，可结合田间管理，进行挑治，不必全田喷药。4 龄后夜出活动，因此施药应在傍晚前后进行。药剂可选用

5%氟虫腈悬浮剂 2 500 倍液、15%菜虫净乳油 1 500 倍液、2.5%天王星或 20%灭扫利乳油 3 000 倍液、35%顺丰 2 号乳油 1 000 倍液、5.7%氟氯氰菊酯乳油 4 000 倍液、10%吡虫啉可湿性粉剂 2 500 倍液、5%S-氯氰菊酯乳油 2 000 倍液、5%定虫隆乳油 2 000 倍液、20%米满胶悬剂 2 000 倍液、44%速凯乳油 1 000~1 500 倍液或 4.5%高效顺反氯氰菊酯乳油 3 000 倍液等，间隔 10 天喷 1 次，连用 2~3 次。

十七、大豆毒蛾

属鳞翅目毒蛾科。别名豆毒蛾、肾毒蛾。分布北起黑龙江、内蒙古，南至台湾、广东、广西、云南。

【形态特征】成虫翅展雄 34~40mm，雌 45~50mm。触角干褐黄色，栉齿褐色；下唇须、头、胸和足深黄褐色；腹部褐色；后胸和第 2、3 腹节背面各有一黑色短毛束；前翅内区前半褐色，布白色鳞片，后半黄褐色，内线为一褐色宽带，内侧衬白色细线，横脉纹肾形，褐黄色，深褐色边，外线深褐色，微向外弯曲，中区前半褐黄色，后半褐色布白鳞，亚端线深褐色，在径脉与肘脉处外突，外线与亚端线间黄褐色，前端色浅，端线深褐色衬白色，在臀角处内突，缘毛深褐色与褐黄色相间；后翅淡黄色带褐色；前、后翅反面黄褐色；横脉纹、外线、亚端线和缘毛黑褐色。雌蛾比雄蛾色暗。幼虫体长 40mm 左右，头部黑褐色、有光泽、上具褐色次生刚毛，体黑褐色，亚背线和气门下线为橙褐色间断的线。前胸背板黑色，有黑色毛；前胸背面两侧各有一黑色大瘤，上生向前伸的长毛束，其余各瘤褐色，上生白褐色毛，Ⅱ瘤上并有白色羽状毛（除前胸及第 1 至 4 腹节外）。第 1 至 4 腹节背面有暗黄褐色短毛刷，第 8 腹节背面有黑褐色毛束；胸足黑褐色，每节上方白色，跗节有褐色长毛；腹足暗褐色。

【为害特征】幼虫食叶，影响作物生长发育。

【发生规律】在长江流域年发生 3 代，以幼虫越冬。4 月开始为害，5 月老熟幼虫以体毛和丝作茧化蛹，6 月第一代成虫出现，卵产于叶上，幼龄幼虫集中为害，仅食叶肉，以后分散为害。

【防治方法】

（1）灯光诱杀成虫。

（2）必要时喷洒 90%晶体敌百虫 800 倍液，每亩喷施对好的药液 75L。

（3）提倡喷洒含 100 亿/g 孢子杀螟杆菌粉 700~800 倍液。

十八、豆叶东潜蝇

属双翅目潜蝇科。分布于北京、河南、河北、山东、江苏、福建、四川、陕西、广东、云南。

【形态特征】成虫为小型蝇，翅长 2.4~2.6mm。有小盾前鬃及两对背中鬃，平衡棍非全黑色。体黑色；单眼三角尖端仅达第一上眶鬃，颊狭，约为眼高的 1/10；小盾前鬃长度较第一背中鬃之半稍长；翅径中横脉约在中室基部 2/5 处，腋瓣灰色，缘缨黑色，平衡棍棕黑色，但端部部分白色。幼虫体长约 4mm，黄白色，腹角具窗，骨化很弱；前气门短小，结节状，具 3~5 个开孔；后气门平覆在第 8 腹节后部背面大部分，具 31~57 个开孔，排成 3 个羽状分支。蛹长约 2.8mm，红褐色，蛹体卵形，节间明显缢缩，体下方略平凹。

【为害特征】幼虫在叶片内潜食叶肉，仅留叶表，在叶面上呈现直径 1~2cm 的白色膜状斑块，每叶可有 2 个以上斑块，影响作物生长。

【发生规律】河南年发生 3 代以上，7—8 月发生多，幼虫老熟后入土化蛹，多雨年份发生重。

【防治方法】

（1）加强田间管理，注意使其通风透光。

（2）药剂防治：初见为害状时为成虫大量活动期（5 月中下旬），幼虫处于初龄阶段，大部分幼虫尚未钻蛀隧道，药剂易发挥作用。常用药剂有：50%马拉硫磷乳油 1 000~2 000 倍液，20%氰戊菊酯乳油，2.5%溴氰菊酯乳油，20%甲氰菊酯乳油 6 000~7 000 倍液或 40%水胺硫磷乳油 1 000 倍液，隔 7~10 天喷 1 次，连续防治 2~3 次，除豌豆田外，地边、道边等处的杂草上也是成虫的聚集地，应进行防治。农户如能统一防治效果将更好。

十九、豆秆黑潜蝇

属双翅目潜蝇科。分布北起吉林，南抵台湾。

【形态特征】成虫为小型蝇，体长 2.5mm 左右，体色黑亮，腹部有蓝绿色光泽，复眼暗红色；触角 3 节，第 3 节钝圆，其背中央生有角芒 1 根，长度为触角的 3 倍，仅具毳毛。前翅膜质透明，具淡紫色光泽，亚前缘脉全长发达，在到达前缘脉之前与径脉联合，第二肘间横脉位于中室近端部 2/5 处，腋瓣和缘缨白色。无小盾前鬃，平衡棒全黑色。卵长椭圆形，0.31~0.35mm，乳白色，稍透明。3 龄幼虫体长约 3.3mm。蛹长筒形，长 2.5~

2.8mm，黄棕色。前、后气门明显突出，前气门短，向两侧伸出；后气门烛台状，中部有几个黑色尖突。

【为害特征】幼虫钻蛀为害，造成茎秆中空，植株因水分和养分输送受阻而逐渐枯死。苗期受害，因水分和养分输送受阻，有机养料累积，刺激细胞增生，形成根茎部肿大，全株铁锈色，比正常植株显著矮化，重者茎中空、叶脱落，以致死亡。后期受害，造成花、荚、叶过早脱落，千粒重降低而减产。

【发生规律】在山东年发生 5 代，以蛹在寄主根茬和秸秆中越冬。翌年6 月中下旬羽化、产卵。各代幼虫盛发期：1 代 7 月上旬；2 代 7 月末至 8 月初；3 代 8 月下旬；4、5 代在 9 月上中旬重叠发生。成虫飞翔力、趋化性均较弱，在 25~30℃适温下，多集中在豆株上部叶面活动，常以腹末端刺破豆叶表皮，吸食汁液，致使叶面呈白色斑点的小伤孔。卵单粒散产于叶背近基部主脉附近表皮下，以中部叶片着卵多。幼虫孵化后即在叶内蛀食，形成一条极小而弯曲稍透明的隧道，沿主脉再经小叶柄、叶柄和分枝直达主茎，蛀食髓部和木质部。幼虫老熟后，在茎上咬 1 个羽化孔，而后在孔口附近化蛹。

【防治方法】

（1）农业防治：及时处理秸秆和根茬，减少越冬虫源。

（2）药剂防治：可采用 50%辛硫磷乳油 1 000 倍液、2.5%保得乳油3 000 倍液或 21%灭杀毙乳油 3 000 倍液等，把豆株苗期作为防治重点。

二十、豆根蛇潜蝇

属双翅目潜蝇科。别名大豆根潜蝇、大豆根蛇潜蝇、大豆根蛆。分布于黑龙江、吉林、辽宁、内蒙古、山东、河北等地。

【形态特征】成虫体长 2.2~2.4mm，黑色，复眼暗黑褐色。触角 3 节。翅透明，略带紫色光泽，前缘脉粗大，翅脉具毛，径中横脉位于中室外侧 2/3处。腹部具黄绿色金属光泽。卵长椭圆形，长 0.4mm。末龄幼虫体长 4mm，乳白色略发绿，前、后气门各 1 对，后气门较长，向内弯呈镰刀状。蛹长2.5mm，长椭圆形，黑褐色。

【为害特征】幼虫为害主根茎韧皮部，阻碍大豆水分及养料的输送，致根部肿胀或根皮腐烂，受害株矮、茎细、叶枝黄、烂根，严重的造成死苗，降低产量和品质。

【发生规律】内蒙古、东北年发生 1 代，以蛹在大豆根茬或土壤中越冬。

翌年越冬蛹于 5 月中下旬至 6 月上旬羽化，6 月上中旬成虫盛发。成虫期 6~8 天，6 月中旬进入产卵盛期，6 月下旬至 7 月下旬是幼虫为害盛期，持续 20~40 天。豆根蛇潜蝇成虫羽化后在豆株间活动，交尾后把卵产在豆苗胚轴的下表皮，卵多散产；每株着卵 1 粒，产卵期 4~7 天，每头雌蝇产卵 20~40 粒，幼虫孵化后，沿胚轴表皮向根部蛀食为害。末龄幼虫在距土表 5~10cm 处化蛹后越冬。

【防治方法】

（1）合理轮作，进行深耕秋翻，蛹翻入土下 30cm 则不能羽化。

（2）适期早播，尽可能避开成虫产卵和孵化盛期，能减轻为害。

（3）用 50%辛硫磷加多福合剂拌种，用水量为种子质量的 1%，加辛硫磷 0.15%~0.20%或多福合剂 0.3%，喷在种子上拌匀，晾干后播种。大豆对辛硫磷敏感，用量不能超过 2%。

（4）在大豆长出第一片真叶时是成虫产卵盛期，喷撒 2%巴丹粉剂或 2%甲萘威粉剂，每亩 1.5~2.5kg，也可把上述粉剂制成毒土撒施。

（5）必要时喷洒 25%爱卡士乳油 1 500 倍液、2.5%溴氰菊酯乳油 3 000 倍液、20%康福多（吡虫啉）浓可溶剂 3 000~4 000 倍液、40%绿菜宝乳油 1 000 倍液或 48%乐斯本乳油 1 300 倍液，每亩喷施对好的药液 55L。

二十一、豆二条萤叶甲

属鞘翅目叶甲科。别名黑条罗萤叶甲、二黑条萤叶甲、大豆异萤叶甲、大豆二条叶甲、二条黄叶甲、二条金花虫。俗称地蹦子。分布在全国各大豆产区。

【形态特征】成虫体长 2.7~3.5mm，宽 1.3~1.9mm。体较小，椭圆形至长卵形，黄褐色。触角基部 2 节色浅，其余节黑褐色，有时褐色。足黄褐色，胫节基部外侧有深褐色斑，并被黄灰色细毛。鞘翅黄褐色，前翅中央各具 1 条稍弯的黑纵条纹，但长短个体间有变化。头领区有粗大刻点。额瘤隆起。触角 5 节较粗短，第 1 节很长，第 2 节短小。前胸背板长宽近相等，两侧边向基部收缩，中部两侧有倒"八"字形凹。小盾片三角形，几乎无刻点。鞘翅两侧近于平行，翅面稍隆凸，刻点细。卵球形，长 0.4mm，初为黄白色，后变褐色。末龄幼虫体长 4~5mm，乳白色，头部、臀板黑褐色，胸足 3 对，褐色。裸蛹乳白色，长 3~4mm，腹部末端具向前弯曲的刺钩。

【为害特征】以成虫为害大豆子叶、生长点、嫩茎，把叶食成浅沟状圆形小洞，为害真叶成圆形孔洞，严重时幼苗被毁，有时还为害花、荚、雌蕊等，致结荚数减少。幼虫在土中为害根瘤，致根瘤成空壳或腐烂，造成植株矮化，影响产量和品质。

【发生规律】东北、华北、安徽、河南一带年发生 3～4 代，多以成虫在杂草及土缝中越冬。浙江越冬成虫于 4 月上中旬开始活动，4 月下旬至 5 月下旬为害春大豆，6 月为害夏大豆，7 月中下旬又为害大豆花及秋大豆幼苗。河南于 5 月中旬为害幼苗，7 月上中旬为害豆花。东北 4 月下旬至 5 月上旬始见成虫，5 月中下旬为害刚出土豆苗或甜菜苗；黑龙江为害豆叶，6 月进入为害盛期。成虫活泼善跳，有假死性，白天藏在土缝中，早、晚为害，成虫把卵产在豆株四周土表，每雌产卵 300 粒，卵期 6～7 天，幼虫孵化后就近在土中为害根瘤，末龄幼虫在土中化蛹，蛹期约 7 天，成虫羽化后取食一段时间，于 9—10 月入土越冬。

【防治方法】

（1）秋收后及时清除豆田杂草和枯枝落叶，集中烧毁或深埋，如能结合秋翻效果更好。

（2）成虫发生后，每亩喷撒甲敌粉、乙敌粉 1.5kg，或喷洒 5%S-氯氰菊酯乳油 2 000 倍液、20%灭扫利乳油 2 000 倍液，每亩喷施对好的药液 55L。

二十二、双斑萤叶甲

属鞘翅目叶甲科。广布于东北、华北、江苏、浙江、湖北、江西、福建、广东、广西、宁夏、甘肃、陕西、四川、云南、贵州、台湾等地。

【形态特征】成虫体长 3.6～4.8mm，宽 2～2.52nm，长卵形，棕黄色，具光泽，触角 11 节，丝状，端部色黑，长为体长 2/3；复眼大卵圆形；前胸背板宽大于长，表面隆起，密布很多细小刻点；小盾片黑色，呈三角形；鞘翅布有线状细刻点，每个鞘翅基半部具 1 近圆形淡色斑，四周黑色，淡色斑后外侧多不完全封闭，其后面黑色带纹向后突伸成角状，有些个体黑带纹不清或消失。两翅后端合为圆形。后足胫节端部具 1 长刺；腹管外露。卵椭圆形，长 0.6mm，初棕黄色，表面具网状纹。幼虫体长 5～62mm，白色至黄白色，体表具瘤和刚毛，前胸背板颜色较深。蛹长 2.8～3.5mm，宽 2mm，白色，表面具刚毛。

【为害特征】成虫食叶片和花穗成缺刻或孔洞。

【发生规律】河北、山西年发生 1 代，以卵在土中越冬。翌年 5 月开始孵化。幼虫共 3 龄，幼虫期 30 天左右，在 3～8cm 土中活动或取食作物根部及杂草。7月初始见成虫，一直延续到10月，成虫期3个多月，初羽化的成虫喜在地边、沟旁、路边的苍耳、刺菜、红蓼上活动，约经15天转移到豆类、玉米、高粱、谷子、杏树、苹果树上为害，7—8月进入为害盛期，大田收获后，转移到十字花科蔬菜上为害。成虫有群集性和弱趋光性，在一株上自上而下地取食，日光强烈时常隐蔽在下部叶背或花穗中。成虫飞翔力弱，一般只能飞2~5m，早晚气温低于8℃或风雨天喜躲藏在植物根部或枯叶下，气温高于15℃成虫活跃，成虫羽化后经20天开始交尾，把卵产在田间或菜园附近草丛中的表土下或杏、苹果等叶片上。卵散产或数粒粘在一起，卵耐干旱，幼虫生活在杂草丛下表土中，老熟幼虫在土中筑土室化蛹，蛹期7~10天。干旱年份发生重。

【防治方法】

（1）及时铲除田边、地埂、渠边杂草，秋季深翻灭卵，均可减轻受害。

（2）发生严重时可喷洒50%辛硫磷乳油1 500倍液，每亩喷施对好的药液50L。大豆对辛硫磷敏感，不宜加大药量。

（3）干旱地区可选用2%巴丹粉剂、2%杀螟硫磷粉剂或2.5%辛硫磷粉剂，每亩用药2kg。

二十三、斑背安缘蝽

属半翅目缘蝽科。分布于山东、河南、安徽、江苏、浙江、四川、贵州、云南、福建、江西、西藏等地。

【形态特征】成虫体长20~24mm，两侧角间宽8mm。黑褐至黑色，有白色短毛。触角基部3节黑色，第4节基半部赭红色，端半部红褐色，最末端赭色。复眼黑褐色。头小，头顶前端具一短纵凹。喙长达中足前缘。前胸背板中央具纵纹；侧缘平直，侧角钝圆。小盾片有横皱纹。前翅革片棕褐色，膜片烟褐色。体腹板赭褐色或黑褐色。雌虫第三腹板中部向后弯。雄虫第三腹板中部向后扩延近第四腹板的后缘形成横瘤突；后足腿节粗壮弯曲，内侧近端扩展成1三角形齿，后足胫节内侧端部呈小齿状。该虫与红背安缘蝽很相似，区别是体小，腹部背面黑色，中央生浅色斑点2个，雄虫后足腿节基部无凸。

【为害特征】成虫、幼虫吸食叶片及嫩枝、茎端汁液，致叶片变黑、豆粒萎缩、嫩芽枯萎。

【发生规律】长江以北年发生1代，长江以南年发生2代，以成虫在寄主附近的枯枝落叶下越冬。翌年4月中、下旬开始活动、交尾，5月上旬至

7月中旬产卵，6月底到7月下旬成虫陆续死亡。第1代若虫从5月中旬到7月底孵化，6月中旬到8月底羽化为成虫。7月上旬至9月上旬产卵，8月下旬至9月中旬成虫陆续死亡。第2代若虫从7月中旬到9月中旬孵化，8月下旬到10月下旬先后羽化，11月陆续进入越冬状态。成、若虫常群集在嫩茎或豆荚上取食，遇惊坠地，有假死性。雌成虫产卵于茎秆及附近的杂草上，聚生横置，纵列成串。每雌虫可产卵40~85粒。

【防治方法】（1）必要时喷洒50%乙酰甲胺磷乳油1 000倍液、25%杀虫双水剂400倍液、2.5%溴氰菊酯乳油2 000~2 500倍液、10%多来宝胶悬剂1 000倍液或10%吡虫啉可湿性粉剂1 000~1 500倍液。

二十四、红背安缘蝽

属半翅目缘蝽科。分布于吉林、江西、福建、广东、广西、云南、河南等地。

【形态特征】成虫体长20~27mm，宽8~10mm，棕褐色。触角第4节棕黄色。前胸背板中央具1条浅色纵带纹，侧缘直，具细齿，侧角钝圆。后胸臭腺孔和腹部背面橙红色。雌虫第3节腹板中部向后稍弯曲，雄虫则相应部位向后扩延成瘤突，伸达第4节腹板的后缘。雌虫后足腿节稍弯曲，近端处有1个小齿突；雄虫后足腿节强弯曲，粗壮，内侧基部有显著的短锥突，近端部扩展成三角形的齿状突。雄虫生殖节后缘宽圆形，中央稍凹入。卵长2.2~2.6mm，略呈腰鼓状，横置，下方平坦。初产时淡褐色，以后变为暗褐色，被白粉。若虫一龄若虫体长3~4mm，黑色，形似蚂蚁。前、中、后胸背板后缘平直。2龄体长5~6mm，黑色。触角第4节基部黄褐色。中胸背板后缘向后曲伸。3龄体长7~9mm，黑或灰黑色。触角第3节基部、第4节基部1/2及末端黄褐色。中、后胸背板侧后缘向后伸展成翅芽。4龄体长10~14mm，灰黑或灰褐色。触角除第1至3节基部和第4节基部及末端黄褐色外，其余为黑色。翅芽伸达腹部背板第2节后缘或第3节前缘。五龄体长15~18mm，灰褐或黄褐。触角除第2、第3节端部为黑色外，其余为红褐色。翅芽伸达腹部背面第3节后缘或第4节前缘。

【为害特征】成、若虫刺吸豆荚、嫩芽汁液，致豆粒萎缩、嫩芽枯萎，影响产量和品质。

【发生规律】长江以北年发生1代，长江以南年发生2代，以成虫在寄主附近的枯枝落叶下越冬。翌年4月中下旬开始活动、交尾，5月上旬至7月中旬产卵，6月底到7月下旬成虫陆续死亡。第一代若虫从5月中旬到7

月底孵化，6月中旬到8月底羽化为成虫。7月上旬至9月上旬产卵，8月下旬至9月中旬成虫陆续死亡。第二代若虫从7月中旬到9月中旬孵化，8月下旬到10月下旬先后羽化，11月陆续进入越冬状态。成虫、若虫常群集在嫩茎或豆荚上取食，遇惊坠地，有假死性。雌成虫产卵于茎秆及附近的杂草上，聚生横置，纵列成串。每雌可产卵40~85粒。

【防治方法】

（1）必要时喷洒50%乙酰甲胺磷乳油1 000倍液、25%杀虫双水剂400倍液、2.5%溴氰菊酯乳油2 000~2 500倍液、10%多来宝胶悬剂1 000倍液或10%吡虫啉可湿性粉剂1 000~1 500倍液。

二十五、丝大蓟马

属缨翅目蓟马科。分布于福建、河南、河北、湖北、宁夏、内蒙古等地。

【形态特征】雌成虫体长1.4~1.5mm。体暗褐色，触角第3节黄色，其余节暗褐色，跗节黄色。前翅淡灰色，中央具一宽的暗褐色带，顶端暗褐色。触角第8节长为第7节长的2倍以下。单眼间鬃长，位于三角形连线外缘。前胸背板前角各具1根长鬃，后角各具2根长鬃。前翅上脉基中部具11~14根鬃，端鬃2根；下脉鬃12~13根。前足胫节顶端内侧有刺。腹部第二至八背板近前缘有一稍宽的黑色横纹，第五至八背板两侧无微弯梳，第八背板两侧气孔附近有少量微毛，后缘梳不完整。

【为害特征】成虫、若虫聚集在心叶、嫩芽上为害，严重时心叶不能伸开，生长点萎缩或丛生，生长缓慢。

【发生规律】江西、浙江、福建年发生6~7代，紫云英上常发生3~4代，以成虫在紫云英、葱、蒜、萝卜等叶背或茎皮的裂缝中越冬。翌年，福建在3月下旬，浙江在4月上旬盛发，大量产卵繁殖，紫云英花期进入为害盛期，世代重叠，在生长期均可见到各虫态的虫体，成虫、若虫白天栖息在花器内和叶背面，行动迅速。常把卵产在花萼或花梗组织里，卵期7天，若虫在花器中为害1周左右，钻入表土0.5~1cm深处进行蜕皮，蜕皮时先变为预蛹，后再蜕皮化蛹，卵经一周羽化为成虫。紫云英成熟时迁往猪屎豆、扁豆、豇豆等植株上生活，10月下旬至11月开始越冬。3—4月干旱易发生严重，高温多雨年份发生轻。

【防治方法】

（1）由于蓟马虫体较小，把卵产在植株组织里，对杀虫剂易产生抗性，防治较困难。生产上应从铲除田间杂草、消灭越冬寄主上的虫源入手，避免蓟马向豆田转移。

（2）气候干旱时，采用浇跑马水的方法灌溉。

（3）抓住花期药剂防治。首选 40%七星宝乳油 600~800 倍液、20%好年冬乳油 600~800 倍液、98%巴丹可溶性粉剂 1 000 倍液、25%杀虫双水剂 400 倍液或 50%马拉硫磷乳油 2 000 倍液。

（4）注意保护利用天敌如小花蝽、中华微刺盲蝽等。

二十六、大豆食心虫

属鳞翅目卷蛾科。分布几乎遍布全国。

【形态特征】成虫体长 5~6mm，翅展 12~14mm，黄褐至暗褐色，前翅暗褐色。沿前缘有 10 条左右黑紫色短斜纹，其周围有明显的黄色区；外缘在顶角下略向内凹陷；外缘臀角上方有 1 个银灰色椭圆斑，斑内有 3 个紫褐色小斑；后翅浅灰色，无斑纹。卵椭圆形，略有光泽，长 0.42~0.61mm，宽 0.25~0.27mm。初产乳白色，后转橙黄色，表面可见一半圆形红带。老熟幼虫体长 8.1~10.2mm。初孵幼虫黄白色，渐变橙黄色，老熟时变为红色，头及前胸背板黄褐色。腹足趾钩单序环状。蛹长 5~7mm，黄褐色，纺锤形。第 2 至 7 腹节背面前、后缘有大小刺各 1 列，第 8 至 10 腹节仅有 1 列较大的刺，臀棘有 8 根粗大的短刺。由幼虫吐丝缀合土粒做成土茧，长椭圆形，长 8mm，宽 3~4mm。

【为害特征】幼虫蛀荚食害豆粒，影响产量和商品价值。

【发生规律】分布于我国长江以北，年发生 1 代，以老熟幼虫在 2~8cm 表土内做茧越冬。翌年 7 月下旬破茧而出，爬到地表重新结茧化蛹。成虫在 8 月羽化，产卵于嫩荚上。卵期 7 天左右。幼虫孵化后即蛀入豆荚内食害豆粒，可在荚内生活 20~30 天，至豆荚成熟时脱荚入土做茧越冬。

【防治方法】

（1）农业防治：此虫食性单一，飞翔力弱，可采取远距离轮作，在距前一年大豆田 1 000m 以外的地块种植，可显著降低当年的蛀荚率。

（2）药剂防治：在卵高峰后 3~5 天，喷洒广谱性杀虫剂，有一定防治效果。

二十七、银锭夜蛾

属鳞翅目夜蛾科。分布于东北、华北、华东、西北、西藏。分布在西藏的是银锭夜蛾西藏亚种。

【形态特征】成虫体长 15~16mm，翅展 32mm，头胸部灰黄褐色，腹部黄褐色。前翅灰褐色，马蹄形银斑与银点连成一凹槽，锭形银斑较肥，肾形纹外侧具 1 条银色纵线，亚端线细锯齿形，后翅褐色。末龄幼虫体长 30~34mm，头较小，黄绿色，两侧具灰褐色斑；背线、亚背线、气门线、腹线黄白色，气门线尤为明显。各节间黄白色，毛片白色，气门筛乳白色，围气门片灰色，腹部第 8 节背面隆起，第 9、第 10 节缩小，胸足黄褐色。

【为害特征】幼虫食叶成缺刻或孔洞。

【发生规律】在内蒙古、黑龙江、河北年发生 2 代，以蛹越冬，幼虫于 6—9 月出现，在吉林 6 月下旬幼虫为害菊科植物和大豆，7 月中旬老熟幼虫在叶间吐丝缀叶，结成浅黄色薄茧化蛹，8 月上旬羽化为成虫。

【防治方法】在喷洒药剂防治菜青虫、菜蛾时可兼治此虫，提倡施用 100 亿/g 以上孢子的青虫菌粉剂 1 500 倍液。此外，可选用 10% 吡虫啉可湿性粉剂 2 500 倍液或 5% 定虫隆乳油 2 000 倍液，于低龄期喷洒，间隔 20 天喷 1 次，防治 1~2 次。

二十八、黑点银纹夜蛾

属鳞翅目夜蛾科。别名豆银纹夜蛾、豌豆造桥虫、豌豆黏虫、豆步曲。分布于东北、华北、宁夏、内蒙古。

【形态特征】成虫体长约 17mm，翅展 34mm，黑褐色，后胸及第 1、第 3 腹节背面有褐色毛块。前翅中央具显著的银色斑点及 U 形银纹；后翅淡褐色，外缘黑褐色。卵半球形，黄绿色，表面具纵横网格。末龄幼虫体长 32mm。头部褐色，两颊具黑斑；胸部黄绿色，背面具 8 条淡色纵纹，气门线淡黄色；胸足 3 对，黑色；腹足 2 对；尾足 1 对，黄绿色。蛹长 15~20mm，褐色，臀棘具分叉钩刺，其周围有 4 个小钩。茧薄，由外面可见到蛹形。

【为害特征】幼虫食叶成孔洞或缺刻，影响作物生长。

【发生规律】我国北方地区年发生 2~3 代。成虫在 6—8 月出现。有趋光性，卵散产或成块产于叶背，幼虫 6—8 月为害大豆、豌豆、甘蓝、白菜、莴苣、向日葵叶片，吃成孔洞。老熟幼虫在植株上结薄茧化蛹。

【防治方法】在喷洒药剂防治菜青虫、小菜蛾时可兼治此虫，提倡施用 100 亿/g 以上孢子的青虫菌粉剂 1 500 倍液。此外，可选用 10% 吡虫啉可湿性粉剂 2 500 倍液或 5% 定虫隆乳油 2 000 倍液，于低龄期喷洒，间隔 20 天喷 1 次，防治 1~2 次。

二十九、人纹污灯蛾

属鳞翅目灯蛾科。别名红腹白灯蛾、人字纹灯蛾。分布北起黑龙江、内蒙古，南至台湾、海南、广东、广西、云南。

【形态特征】成虫体长约 20mm，翅展 45~55mm。体、翅白色，腹部背面除基节与端节外皆红色，背面、侧面具黑点列。前翅外缘至后缘有一斜列黑点，两翅合拢时呈"人"字形，后翅略染红色。卵扁球形，淡绿色，直径约 0.6mm。末龄幼虫约 50mm 长，头较小，黑色，体黄褐色，密被棕黄色长毛；中胸及腹部第 1 节背面各有横列的黑点 4 个；腹部第 7 至 9 节背线两侧各有 1 对黑色毛瘤，腹面黑褐色，气门、胸足、腹足黑色。蛹体长 18mm，深褐色，末端具 12 根短刚毛。

【为害特征】幼虫食叶，吃成孔洞或缺刻。

【发生规律】我国东部地区年发生 2 代，老熟幼虫在地表落叶或浅土中吐丝作茧，以蛹越冬。翌春 5 月开始羽化，第一代幼虫出现在 6 月下旬至 7 月下旬，发生量不大，成虫于 7—8 月羽化；第二代幼虫期为 8—9 月，发生量较大，为害严重。成虫有趋光性，卵成块产于叶背，单层排列成行，每块数十粒至一二百粒。初孵幼虫群集叶背取食，3 龄后分散为害，受惊后落地假死，蜷缩成环。幼虫爬行速度快，自 9 月开始寻找适宜场所结茧化蛹越冬。

【防治方法】

（1）利用黑光灯诱杀成虫。

（2）药剂防治：此虫在十字花科蔬菜上与菜青虫、菜蛾等鳞翅目害虫混杂发生，在喷药防治菜青虫、菜蛾时即可兼治此虫。在豆类上卵高峰后 3~5 天，喷洒广谱性杀虫剂防效优异。

三十、油葫芦

属直翅目蟋蟀科。别名黑蟋蟀、褐蟋蟀。分布于广东、广西、云南、台湾。

【形态特征】成虫体长约 20mm，背面黑褐色、有油光，腹面色较淡；头与前胸等宽，两复眼之间有黄带相连；前胸背板中央纵沟两侧各有一个拟月。牙纹，此处光滑无毛；前翅约与腹部等长，后翅发达，尖端向后方突出如尾；后足胫节有刺 6 对；尾毛特长，几乎与腿节等长。卵长筒形，乳白色，微黄，表面光滑。若虫形似成虫，无翅或仅有翅芽。

【为害特征】成虫和若虫食叶、幼瓜及嫩荚。

【发生规律】我国东部发生居多。一年1代，以卵在土中越冬。翌春5月孵化为若虫，共6龄。7—8月成虫盛发。9月下旬至10月上旬雌虫在土穴产卵，多产于河边、沟旁、田埂、坟地等杂草较多的向阳地段，深2~4cm。每雌产卵34~114粒。成虫寿命200余天，但产卵后1~8天即死亡。雄虫善鸣以诱雌虫交尾，并善斗和互相残杀，常筑穴与雌虫同居。若虫、成虫平时好居暗处，但夜间也扑向灯光。杂食性，但尤喜带油质和香味的作物，如大豆、芝麻。

【防治方法】

（1）毒饵诱杀。先用60~70℃热水将90%敌百虫晶体溶成30倍液（50g药对1.5L热水），每升溶好的药液中拌入30~50kg炒香的麦麸或豆饼、棉籽饼，拌时要充分加水（为饵料重量的1~1.5倍），以手一攥稍出水即可，然后撒施于田间。

（2）灯光诱杀成虫。

第三节　大豆病虫害防治要领

防治策略：以防为主，防治并重，突出重点，综合防治。

一、轮作倒茬

在大豆病虫害中，除少数几种靠气流传播能力较强的病害（灰斑病、霜霉病）外，其余均可以通过轮作倒茬的方法，达到降低为害程度的目的。

二、清洁田园

清除植物残体，可有效降低病虫过冬基数，破坏他们的生存环境，降低其存活率。对越冬于土壤中的害虫，通过耕翻将害虫翻到土表，经过耙地、碾压、机械损伤等，加之日晒、风吹、雨淋、天敌食取，可大大增加害虫的死亡率，有效减缓第二年害虫的发生与为害。

三、施肥处理

施用有机肥一定要充分腐熟。因为腐熟的过程可以杀死各种害虫虫态、虫瘿和病原物，从而减少因施用有机肥而造成的人为病虫害传播。

四、选用抗性品种

结合本地区自然条件及病虫害种类，选用高产抗病虫品种。要从无病区地块或无病株及虫粒率低的地块留种。外地调种时，首先要掌握产地的病虫害情况，严格检验有无检疫对象，凡是种子中混杂有菟丝子、野燕麦、菌核等严禁调用或调出作种，尽可能避免从孢囊线虫病较重地区引调种子。

五、种子处理

种衣剂拌种不仅可有效防治地下害虫、孢囊线虫、霜霉病、灰斑病、紫斑病等病虫害，还能刺激大豆生长。

六、田间管理

（1）播种期过早或播种过深均可加重根腐病发生。一般表土 0~5cm 土温基本稳定在 6~8℃时即可播种，注意墒情，湿度大时，应晚播而不能顶湿强播。播种深度一般掌握在 4~5cm，如应用播后苗前除草剂时，可适当调整播种深度，因过浅时，易造成药害，但又不能过深。

（2）进行至少两次中耕，大豆根腐病重的地块根据苗情及早进行，改善土壤通透性，地温提高，促进新生根大量形成。对连作大豆地，一定要在 7 月下旬至 8 月上中旬中耕培土一次，可以堵塞食心虫羽化，使成虫不能出土或减少出土量或机械杀伤大量的幼虫、蛹、成虫，减轻虫食率。每次中耕前要全面掌握豆田草情、病情、虫情，用以确定配装复式作业。

（3）苗期。药剂拌种可推迟病、虫害的侵染为害，苗期保主根、保幼苗。对大豆根腐病发生较重地区可用 50%多菌灵可湿性粉剂加 50%福美双可湿性粉剂（3∶2），用药量为种子质量的 0.5%。对大豆根潜蝇发生较重地区可选用 40%乐果或氧化乐果乳油或 35%乙基硫环磷乳油，按种子质量的 0.5%在播前 3~6 天拌种。对大豆孢囊线虫病发生重的地区可暂用 35%乙基硫环磷乳油，按种子质量的 0.5%在播前 3~6 天拌种，虽然杀虫率不明显，但对稳产有明显作用。对二条叶甲发生重地区可采用 40%乐果乳油，按种子质量的 0.5%播前 3~5 天拌种，以免影响幼苗。

当田间蚜虫、蓟马等害虫发生达到防治指标时，每公顷可用 40%乐果或 40%氧化乐果乳油 750~1 500mL 对水喷雾；防治二条叶甲、圆跳虫、黑绒金龟壳甲等害虫每公顷可用拟除虫菊酯类药剂 450~750mL 对水喷雾；防治地老虎可制成毒饵诱杀，将 90%晶体敌百虫 50g 用 5kg 热水溶解，再与炒香饼粉混拌均匀，傍晚用机械或人工撒于豆田垄沟内，每公顷豆饼毒饵 22.5~37.5kg。

（4）中期。主要防治对象为蚜虫、蓟马、红蜘蛛等刺吸式口器害虫；苜蓿夜蛾、火焰夜蛾、草地螟以及灯蛾、毒蛾类幼虫；灰斑病、褐纹病、霜霉病以及菟丝子。防治蚜虫、蓟马、红蜘蛛等害虫所用药剂与苗期相同。防治苜蓿夜蛾、火焰夜蛾、毒饵类幼虫，每公顷用 80% 敌百虫乳油 750~1 125mL 对水喷雾。防治大豆灰斑病，每公顷可用 80% 三乙磷酸铝可湿性粉剂商品量 1 500~2 250g 或 25% 瑞毒霉可湿性粉剂 1 500~2 250g，对水喷雾。田间发现有菟丝子，可用 48% 地乐胺乳油 150~200 倍液喷雾，并注意清除。

（5）后期。主要防治对象有灰斑病、褐纹病、大豆食心虫等。防治大豆灰斑病、褐纹病，每公顷可用 40% 灭病威胶悬剂 1 500 g、50% 多菌灵可湿性粉剂 1 800 g 或 50% 甲基硫菌灵可湿性粉剂 1 800 g，对水喷雾。防治大豆食心虫，根据测报，准确防治，一般在成虫发生盛期及幼虫孵化盛期之前施药为宜，每公顷可用 2.4% 溴氰菊酯（敌杀死）乳油 600mL，对水喷雾。

第六章 棉花

棉花，是锦葵科棉属植物的种籽纤维，原产于亚热带。植株灌木状，在热带地区栽培可长到 6m 高，一般为 1~2m。花朵乳白色，开花后不久转成深红色然后凋谢，留下绿色小型的蒴果，称为棉铃。棉铃内有棉籽，棉籽上的茸毛从棉籽表皮长出，塞满棉铃内部，棉铃成熟时裂开，露出柔软的纤维。纤维白色或白中带黄，长 2~4cm，含纤维素 87%~90%，水 5%~8%，其他物质 4%~6%。棉花产量最高的国家有中国、美国、印度等。

第一节 病害

一、棉花黄萎病

【病原】病原为大丽花轮枝孢和黑白轮枝菌，均属半知菌亚门真菌。我国主要是前者。大丽花轮枝孢菌丝体白色，分生孢子梗直立，长 110~130μm，呈轮状分枝，轮枝顶端或顶枝着生分生孢子，分生孢子长卵圆形，单胞无色。孢壁增厚形成黑褐色的厚垣孢子，许多厚壁细胞结合成近球形微菌核。该菌在不同地区，不同品种上致病力有差异。

【症状特点】整个生育期均可发病。自然条件下幼苗发病少或很少出现症状。一般在 3~5 片真叶期开始显症，生长中后期棉花现蕾后田间大量发病，初在植株下部叶片上的叶缘和脉间出现浅黄色斑块，后逐渐扩展，叶色失绿变浅，主脉及其四周仍保持绿色，病叶出现掌状斑驳，叶肉变厚，叶缘向下卷曲，叶片由下而上逐渐脱落，仅剩顶部少数小叶，蕾铃稀少，棉铃提前开裂，后期病株基部生出细小新枝。纵剖病茎，木质部上产生浅褐色变色条纹。夏季暴雨后出现急性型萎蔫症状，棉株突然萎垂，叶片大量脱落，发病严重地块造成严重减产。由于病菌致病力强弱不同，症状表现亦不同。划分为落叶型（光秆型）、枯斑型（掌状枯斑型）和黄斑型等。①落叶型：该菌系致病力强，病株叶片叶脉间或叶缘处突然出现褪绿萎蔫状，病叶由浅黄色迅速变为黄褐色，病株主茎顶梢侧枝顶端变褐枯死，病铃、包叶变褐干枯，蕾、花、铃大量脱落，仅经 10 天左右病株成为光秆，纵剖病茎维管束变成黄褐色，严重的延续到植株顶部。②枯斑型：叶片症状为局部枯斑或掌状枯斑，枯死后脱落，为中等致病力菌系所致。③黄斑型：病菌致病力较弱，叶片出现黄色斑块，后扩展为掌状黄条斑，叶片不脱落。在久旱高温之后，遇暴雨或大水漫灌，叶部尚未出现症状，植株就突然萎蔫，叶片迅速脱落，棉株成为光秆，剖开病茎可见维管束变成淡褐色，这是黄萎病的急性型症状。该病不矮缩，能结少量棉铃。有时黄萎病和枯萎病混合发生两种症状在同一棉株上显现，但症状常与侵入病原菌种类及数量相关，出现较复杂的情况，可通过剖检病茎鉴别。黄萎病、枯萎病都引致维管束变色。黄萎病变色较浅，多呈黄褐色；枯萎病颜色较深，多呈黑褐色或黑色。发病重的棉株茎秆、枝条、叶柄的维管束全都变色。必要时镜检病原即可确诊。

【发病规律】 病株各部位的组织均可带菌，叶柄、叶脉、叶肉带菌率分别为 20%、13.63% 和 6.6%，病叶作为病残体存在于土壤中是该病传播重要菌源。棉籽带菌率很低，却是远距离传播的重要途径。病菌在土壤中直接侵染根系，病菌穿过皮层细胞进入导管并在其中繁殖，产生的分生孢子及菌丝体堵塞导管，此外病菌产生的轮枝毒素也是致病重要因子，毒素是一种酸性糖蛋白，具有很强的致萎作用。适宜发病温度为 25~28℃，高于 30℃、低于 22℃ 发病缓慢，高于 35℃ 出现隐症。在温度适宜范围内，湿度、雨日、雨量是决定该病消长的重要因素。地温高、日照时数多、雨日天数少发病轻，反之则发病重。在田间温度适宜，雨水多且均匀，月降水量大于 100mm，雨日 12 天左右，相对湿度 80% 以上发病重。一般蕾期零星发生，花期进入发病高峰期。连作棉田、施用未腐熟的带菌有机肥及缺少磷、钾肥的棉田易发病，大水漫灌常造成病区扩大。

【防治措施】

（1）保护无病区。做好检疫工作，严防病区扩大。

（2）选用抗病品种。在黄萎病、枯萎病混合发生的地区提供选用兼抗（耐）黄萎病、枯萎病的品种。

（3）实行轮作换茬。提倡与禾本科作物轮作，尤其是与水稻轮作，效果最为明显。

（4）铲除零星病区、控制轻病区、改造重病区。对病株超过 0.25% 的棉田采取人工拔除病株，挖除病土，或选用 16% 氨水或氯化苦、福尔马林、

90%～95%棉隆粉剂等进行土壤熏蒸或消毒。对病株在0.2%～5%的轻病田主要采用种植无病、抗病或耐病品种基础上，采取无病土精加工棉种育苗移栽，可控制该病发生；开沟排渍，降低地下水位，增施磷、钾肥提高抗病、耐病能力，清除病残体。病株在5%以上的重病田，主要靠种植抗病、耐病品种及轮作等有效途径。

（5）棉种消毒处理。取比重为1.8上下的浓硫酸放入砂锅等容器加热到110～120℃，按1：10的比例慢慢倒入棉籽中，边倒边搅拌，等棉籽上茸毛全部焦黑时，用清水充分洗净，然后再用80%的抗菌剂402，用量为种子重量的2～3倍加热至55～60℃后浸泡棉籽30min，可用效地杀灭棉种内、外的枯萎病和黄萎病病菌。也可用50%多菌灵可湿性粉剂10g溶在25mL的10%稀盐酸中，对水975mL，再加0.3g平平加（棉纺用渗透剂）配成1 000 mL药液，再按每5kg棉种用药液17.5～20kg于室温下浸种24h。还可把多菌灵配成0.3%悬浮剂于温室下浸种14h。

（6）保健栽培。减少辛硫磷等有机磷农药用药次数及浓度，防止棉株受药害降低自身抗病力。不要偏施、过施氮肥，做好氮磷配合施用，注意增施钾肥，提高抗病力。改善棉田生态环境使棉田土温较高，但湿度不宜过大，忌大水漫灌，可减少发病。

（7）生物防治。放线菌对大丽轮枝有较强抑制作用。细菌中 *Bacillus* 和 *Pseudomonas* 的某些种能有效抑制大丽轮枝菌菌丝散发。木霉菌 *Trichoderma lignorum* 对大丽轮枝菌有较强颉颃作用，可用以改变土壤微生物区系进而减轻发病。

二、棉花枯萎病

【病原】病原为尖孢镰刀菌萎蔫专化型，属半知菌亚门真菌。菌丝透明，具分隔，在侧生的孢子梗上生出分生孢子。大型分生孢子镰刀型，略弯，两端稍尖，具2～5个隔膜，多为3个。我国棉枯萎镰刀菌大型分生孢子分为3种培养型：Ⅰ型纺锤形或匀称镰刀形，多具3～4个隔，足胞明显或不明显，为典型尖孢类型；Ⅱ型分生孢子较宽短或细长，多为3～4个隔，形态变化较大；Ⅲ型分生孢子明显短宽，顶细胞有喙或钝圆，孢子上宽下窄，多具3个隔。小型分生孢子卵圆形，无色，多为单细胞。厚垣孢子顶生或间生，黄色，单生或2～3个连生，球形至卵圆形。枯萎病菌的菌落因菌系、生理小种及培养基不同而有差异。

【症状特点】棉花枯萎病又称半边黄、金金黄、萎蔫病。棉花整个生育期均可受害，是典型的维管束病害。症状常表现多种类型：苗期有青枯型、黄化型、黄色网纹型、皱缩型、红叶型和半边黄化型等；蕾期有皱缩型、半边黄化型、枯斑型、顶枯型、光秆型等。①青枯型：株遭受病菌侵染后突然失水，叶片变软下垂萎蔫，接着棉株青枯死亡。②黄化型：多从叶片边缘发病，局部或整叶变黄，最后叶片枯死或脱落，叶柄和茎部的导管部分变褐。③黄色网纹型：子叶或真叶叶脉褪绿变黄，叶肉仍保持绿色，病部出现网状斑纹，渐扩展成斑块，最后整叶萎蔫或脱落。该型是本病早期常见典型症状之一。④皱缩型：表现为叶片皱缩、增厚，叶色深绿，节间缩短，植株矮化，有时与其他症状同时出现。⑤红叶型：苗期遇低温，病叶局部或全部现出紫红色病斑，病部叶脉也呈红褐色，叶片随着枯萎脱落，棉株死亡。⑥半边黄化型：棉株感病后叶半边表现病态黄化枯萎，另半边生长正常。该病有时与黄萎病混合发生，症状更为复杂，表现为矮生枯萎或凋萎等。纵剖病茎可见木质部有深褐色条纹。湿度大时病部出现粉红色霉状物，即病原菌分生孢子梗和分生孢子。

【发病规律】枯萎病菌主要在种子、病残体或土壤及粪肥中越冬。带菌种子及带菌种肥的调运成为新病区主要初侵染源，有病棉田中耕、浇水、农事操作是近距离传播的主要途径。田间病株的枝叶残屑遇有湿度大的条件长出孢子借气流或风雨传播，侵染四周的健株。该菌可在种子内外存活 5~8 个月，病株残体内存活 0.5~3 年，无残体时可在棉田土壤中腐生 6~10 年。病菌的分生孢子、厚垣孢子及微菌核遇有适宜的条件即萌发，产生菌丝，从棉株根部伤口或直接从根的表皮或根毛侵入，在棉株内扩展，进入维管束组织后，在导管中产生分生孢子，向上扩展到茎、枝、叶柄、棉铃的柄及种子上，造成叶片或叶脉变色、组织坏死、棉株萎蔫。该病的发生与温湿度密切相关，地温 20℃左右开始出现症状，地温上升到 25~28℃出现发病高峰，地温高于 33℃时，病菌的生长发育受抑或出现暂时隐症，进入秋季，地温降至 25℃左右时，又会出现第二次发病高峰。夏季大雨或暴雨后，地温下降易发病。地势低洼、土壤黏重、偏碱、排水不良或偏施、过施氮肥或施用了未充分腐熟带菌的有机肥或根结线虫多的棉田发病重。

【防治措施】

（1）选用抗、耐病品种。抗病品种有陕 401，陕 5245，川 73-27，鲁抗 1 号、86-1 号、晋棉 7 号、盐棉 48 号、陕 3563、川 414、湘棉 10 号、苏棉 1 号、冀棉 7 号、辽棉 10 号、鲁棉 11 号、中棉 99 号、临 6661、冀无 2031、鲁 343、晋棉 12 号、晋棉 21 号等。耐病品种有辽棉 7 号，晋棉 16 号，中棉

18 号，冀无 252 等。枯萎病、黄萎病混合发生的地区，提倡选用兼抗枯萎病、黄萎病或耐病品种，如陕 1155，辽棉 7 号，豫棉 4 号，中棉 12 号等。

（2）实行大面积轮作。最好与禾本科作物轮作，提倡与水稻轮作，防病效果明显。

（3）认真检疫保护无病区。目前我国 2/3 左右的棉区尚无该病，因此要千方百计保护好无病区。无病区的棉种绝对不能从病区引调，严禁使用病区未经热榨的棉饼，防止枯萎病及黄萎病传入。提倡施用酵素菌沤制的堆肥或腐熟有机肥。

（4）铲除土壤中菌源清除零星病株。发病株率 0.1% 以下的病田定为零星病田。发现病株时在棉花生育期或收花后拔棉秆以前，先把病株周围的病残株捡净，再把病株 1m 范围内土壤翻松后消毒。用 50% 棉降可湿性粉剂 140g 或棉隆原粉 70g 与翻松的土壤混拌均匀，然后浇水 15~20L，使其渗入土中，再用干细土严密封闭；也可用含氮 16% 农用氨水 1 份对水 9 份，每平方米病土浇灌药液 45L，10~15 天后再把浇灌药液的土散开，避免残毒或药害。

（5）棉种及棉饼消毒。棉种经硫酸脱绒后用 0.2% 抗菌剂 402 药液，加温至 55~60℃ 温汤浸种 30min 或用 0.3% 的 50% 多菌灵胶悬剂在常温下浸种 14h，晾干后播种。用棉饼作肥料时，棉籽经 60℃ 热炒 4min 或 100℃ 蒸气 1~1.5min 制成的棉饼无菌。

（6）用无病土育苗移栽。

（7）连续清洁棉田。连年坚持清除病田的枯枝落叶和病残体，就地烧毁，可减少菌源。

三、棉花红叶枯病

【症状特点】 又称凋枯病、红叶茎枯病。是棉花生育中后期重要病害。多发生在 7 月中下旬以后。蕾期始发，花期扩展，铃期盛发，吐丝期一片片死亡。症状主要出现在叶片上产生红叶或黄叶。生育中期，棉株顶端的心叶先变黄，后渐变成红色，由上而下，从里向外扩展，叶脉仍保持绿色，叶肉褪绿叶脉间产生黄色斑块，叶质增厚变脆，有的全叶变为黄褐色很像黄萎病，但维管束不变色。进入生育后期，病叶先为黄色，后产生红色斑点，最后全叶变红，严重的叶柄基部变软或失水干缩，叶片干枯脱落，株顶干枯。

【发病规律】 近年研究认为，该病发生的因素与土壤、营养、气候及耕作条件关系密切，尤其是钾肥至关重要。一般年份发病率 10%，严重年份达

90%，个别田块造成绝产。有研究认为该病是一种由非生物因素引起的病害，多发生在瘠薄土壤或雨水过多或久旱暴雨所致。钾肥不足可加剧病情发展。砂性土或耕作层过浅或瘠薄土壤发病重；棉花生长前期雨水多，地上部生长快，但根系浅，吸收养分能力差发病重；7—8月干旱又遇暴雨骤晴，蒸腾作用旺盛，出现生理失调，发病重；老棉田长期连作，肥力不高，肥水供应不足易发病。

【防治措施】针对上述原因，加强棉田管理，修好排灌系统，做到久雨能排，久旱能灌，保持土壤中适宜水量，促使根系发育正常。经常发生红（黄）叶枯病的田块，增施有机肥，提倡施用酵素菌沤制的堆肥或种植绿肥，采用配方施肥技术，后期注意增施磷钾肥，必要时进行追肥，出现黄叶茎枯症状时，喷洒 2% 尿素溶液每亩用量 400mL 对水 400~500 倍液，喷 2~3 次。

四、棉苗立枯病

【病原】称立枯丝核菌 AG-4 菌丝融合群，属半知菌亚门真菌。有报道 AG-5、AG-1-IA 等少数融合菌也可侵染、致病，但不引起死苗。AG-4 寄主广泛且致病力很强，除侵染棉花外，还侵染水稻、小麦、玉米、花生、芝麻等。试验将棉花立枯病菌、小麦纹枯病菌分别接种于小麦和棉苗上，并不相互侵染，所以，其他寄主上的 AG-4 与棉苗的关系还需进一步明确。该菌有性态为瓜亡革菌，属担子菌亚门真菌。

【症状】俗称棉花黑根病、烂根、腰折病。主要为害棉苗。侵染幼茎基部，初现纵褐条纹，条件适宜时迅速扩展绕茎一周，缢缩变细，出现茎基腐或根腐。棉苗失水较快，一般不倒伏。死苗易从土中拔出，其基部或根系上可见稀疏的丝状物及黏附在其上的小土粒。侵染种子引起烂种或烂芽，病种子多呈褐色软腐状，挤压时流出黄褐色黏液。侵染子叶及幼嫩真叶形成不规则褐色坏死斑，后干枯穿孔。湿度大时病部可见稀疏白色菌丝体，并有褐色的小菌核黏附其上。

【发病规律】病菌主要以菌丝体和菌核在土壤中或病残体上越冬，较少以菌丝体潜伏在种子内越冬，但收花前遇低温多雨年份棉铃染病时，病菌侵入铃内，造成种子带菌，成为翌年初侵染源。在棉田病菌多集中在 6cm 以内的表土层，可存活 2~3 年。病菌遇适宜条件和寄主，菌丝贴寄主表皮细胞形成侵染垫，然后伸出侵染线侵入细胞为害，也可从伤口及自然孔口侵入，菌丝扩展引致组织坏死变褐，病死植株的皮层组织充满菌丝和菌核成为重要的再侵染源。病菌借流水、地下害虫及农事操作传播。阴雨多湿天气利于立枯病发生。此外，生产上地势低洼或土质黏重的棉田易发病；播种过早、土温低、幼苗生长缓慢及排水不良发病重。

【防治措施】

（1）选用抗病品种。如晋棉 16 号（师棉 5 号）、晋棉 21 号等。

（2）进行大面积合理轮作。

（3）提倡施用酵素菌沤制的堆肥或腐熟有机肥及 5406 菌肥。精细整地，提高播种质量。

（4）播种前精选棉种，并用种子质量 0.5%~0.8%的 50%多菌灵可湿性粉剂或种子重种。

（5）提倡采用脱绒包衣棉种，可提早出苗 3~4 天，减少发病。

（6）适期早播，春棉花应在 5cm 深处、土温稳定在 14℃时播种，播深 4~5cm。

（7）加强苗期管理，适当早间苗，适时早中耕，注意降低土壤湿度，提高地温，培育壮苗，雨后注意排水，防止湿气滞留。

（8）出苗后病害始发期，用 25%多菌灵可湿性粉剂 500 倍液喷棉苗 2~3 次。

五、棉苗炭疽病

【病原】无性态为棉炭疽菌，属半知菌亚门真菌。有性态为棉小丛壳，属子囊菌亚门真菌，少见。子囊壳暗褐色，球形至梨形，埋生在寄主组织内。子囊内含子囊孢子 8 个，单胞，椭圆形，略弯曲。无性态分生孢子着生在分生孢子梗上，排列成浅盆状，分生孢子盘有刚毛，刚毛暗褐色，有 2~5 个隔膜。分生孢子梗较短，其上可连续产生分生孢子。分生孢子无色，单胞，长椭圆或短棍棒形，多数聚生，呈粉红色。分生孢子萌发时常产生 1~2 隔，每隔长出一个芽管，芽管顶端生附着器，产生侵入丝侵入寄主。分生孢子萌发适温 25~30℃，35℃时发芽少，生长慢，10℃时不发芽。适合发病土温为 24~28℃，相对湿度 85%以上。

【症状特点】苗期、成株期均可发病。苗期染病发芽后出苗前受害可造成烂种；出苗后茎基部发生红褐色绷裂条斑，扩展缢缩造成幼苗死亡。潮湿时病斑上产生橘红色黏状物（病菌分生孢子）。子叶边缘出现圆或半圆形黄褐斑，后干燥脱落使子叶边缘残缺不全。棉铃染病初期呈暗红色小点，扩展后呈褐色病斑，病部凹陷，内有橘红色粉状物即病菌分生孢子。严重时全铃腐烂，不能开裂，纤维变成黑色僵瓣。叶部病斑不规整近圆形，易干枯开裂。茎部病斑红褐至暗黑色，长圆形，中央凹陷，表皮破裂常露出木质部，遇风易折。生产上后期棉铃染病受害重，损失很大。

【发病规律】病菌主要以分生孢子在棉籽短绒上越冬，少部分以菌丝体潜伏于棉籽种皮内或子叶夹缝中越冬，种子带菌是重要的初侵染源。病菌分生孢子在棉籽上可存活 1～3 年，由于棉籽发芽始温与孢子萌发始温均在 10℃左右，棉籽发芽时病菌很易侵入，以后病部产生分生孢子借风雨、昆虫及灌溉水等扩散传播。棉铃染病病菌侵入棉籽，带菌率 30%～80%。发病的叶、茎及铃落入土中，造成土壤带菌，既可引发苗期发病，又可借雨水侵染棉铃，引起棉铃发病。

【防治措施】选用无病种子和进行种子消毒是防治该病的关键。

（1）选用质量好的无病种子或隔年种子。

（2）播种前进行种子处理。用 40%拌种双可湿性粉剂 0.5kg 与 100kg 棉籽拌种；也可用 70%甲基硫菌灵可湿性粉剂 0.5kg 与 100kg 棉籽拌种；还可选用 70%代森锰锌可湿性粉剂 0.5kg 与 100kg 棉籽拌种，均有较好的防治效果。

（3）适期播种，培育壮苗，促进棉苗早发，提高抗病力。

（4）合理密植，降低田间湿度，防止棉苗生长过旺，并注意防止铃早衰。

（5）发病初期，喷洒 70%甲基硫菌灵可湿性粉剂 800 倍液、70%百菌清可湿性粉剂 600～800 倍液、70%代森锰锌可湿性粉剂 400～600 倍液或 50%苯菌灵可湿性粉剂 1 500 倍液等。

第二节　虫害

一、棉铃虫

属鳞翅目夜蛾科。别名棉铃实夜蛾。广泛分布于我国及世界各地，我国棉区和蔬菜种植区均有发生。棉区以黄河流域、长江流域受害重。该虫是我国棉花种植区蕾铃期害虫的优势种，近年为害十分猖獗。

【形态特征】成虫体长 14～20mm，翅展 27～38mm，灰褐色。前翅具褐色环状纹及肾形纹，肾纹前方的前缘脉上有 2 个褐纹，肾纹外侧为褐色宽横带，端区各脉间有黑点。后翅黄白色或淡褐色，端区褐色或黑色。卵约 0.5mm，半球形，乳白色，具纵横网格。老熟幼虫体长 30～42mm，体色变化很大，由淡绿、淡红至红褐乃至黑紫色，常见为绿色型及红褐色型。头部黄褐色，背线、亚背线和气门上线呈深色纵线，气门白色，腹足趾钩为双序中带。两根前胸侧毛连线与前胸气门下端相切或相交。体表布满小刺，其底座较大。蛹长 13～23mm，黄褐色。腹部第 5 至 7 节的背面和腹面有 7～8 排半圆形刻点，臀棘钩刺 2 根。

【为害症状】为害棉花时，幼虫食害嫩叶成缺刻或孔洞；为害棉蕾后苞叶张开变黄，蕾的下部有蛀孔，直径约 5mm，不圆整，蕾内无粪便，蕾外有粒状粪便，蕾苞叶张开变成黄褐色，2～3 天后即脱落。青铃受害时，铃的基部有蛀孔，孔径粗大，近圆形，粪便堆积在蛀孔之外，赤褐色，铃内被食去一室或多室的棉籽和纤维，未吃的纤维和种子呈水渍状，成烂铃。1 只幼虫常为害十多个蕾铃，严重的蕾铃脱落 1/2 以上。

【生活习性】辽宁特早熟棉区及西北内陆棉区年发生 3 代，华北及黄河流域棉区 4 代，长江流域棉区 4～5 代，华南棉区 6～8 代，以滞育蛹在土中越冬。黄河流域越冬代成虫于 4 月下旬始见，第一代幼虫主要为害小麦、豌豆、亚麻、蔬菜，其中麦田占总量 70%～80%，第二代成虫始见于 7 月上中旬，7 月中下旬盛发，主害棉花且虫量十分集中，约占总量 95%。第三、四代除为害棉花外，还为害玉米、高粱、花生、豆类、番茄等，虫量较分散，棉田内占 50%～60%，三代成虫始见于 8 月上中旬，发生时间长，长江流域四代成虫始见于 9 月上中旬。棉花 6 月进入现蕾盛期，一代棉铃虫的卵主要产在棉株嫩头、嫩叶正面，现蕾早长势好的棉田着卵多，卵量大，受害重。二代成虫于 7 月及 8 月上旬盛发，把卵产在棉株顶心、边心的嫩叶及嫩蕾苞叶上，蕾花多、生长旺盛棉田着卵多，三代成虫于 8 月中下旬盛发，卵多散产在嫩蕾、嫩铃苞叶上，三代发生期长，发生量大，后期旺长、迟发棉田受害重。成虫于夜间交配产卵，每雌平均产卵 1 000 粒。初孵幼虫先食卵壳，第二天开始为害生长点和取食嫩叶，第四天转移到幼蕾上蛀孔，2 龄后钻入嫩蕾中取食花蕊。3～4 龄幼虫主要为害蕾和花，引起落蕾，5～6 龄进入暴食期，多为害青铃、大蕾或花朵，为害青铃的从基部蛀食，蛀孔大，孔外虫粪粒大且多，幼虫有转铃为害习性，蛀害蕾铃时身体后半部留在外边，整个幼虫期可为害 10 余个蕾、花、铃。阴天老龄幼虫常盘踞在花内取食花器，3 龄以上幼虫常互相残杀。幼虫大多数共 6 龄，个别 5 龄或 7 龄。老熟幼虫在 3～9cm 表土层筑土室化蛹，土室具有保护作用，羽化时成虫沿原道爬出土面后展翅，冬耕冬灌破坏土室，影响羽化率。

开封地区重大农作物病虫识别与防治

【发生规律】棉铃虫属喜温、喜湿性害虫，成虫产卵适温在 23℃ 以上，20℃ 以下很少产卵；幼虫发育以 25～28℃ 和相对湿度 75%～90% 最为适宜。在北方尤以湿度的影响较为显著，月降水量在 100mm 以上，相对湿度 70% 以上时为害严重。但雨水过多造成土壤板结，则不利于幼虫入土化蛹同时蛹的死亡率增加。此外，暴雨可冲掉棉铃虫卵，也有抑制作用。成虫需在蜜源植物上取食作补充营养。近年来棉铃虫对棉花为害日趋严重。主要原因：一是种植结构变化和棉田水肥条件不断改善，为各代棉铃虫提供了适生的环境和适宜的食物。二是春玉米面积减少，番茄种植增多，麦田水肥充足，改善了一代棉铃虫的生境，加快了发育速度，为第二代在棉田发生提供了大量虫源。三是麦套棉面积增加，对第四代棉铃虫发生十分有利，为下一年棉铃虫发生提供了较多的虫源。四是长期以来以化防为主的综合防治措施跟不上，造成抗药性迅速增加，且天敌遭到杀伤，减少了自然控制作用。此外，再遇有适合棉铃虫大发生的气象条件，均可造成棉铃虫猖獗为害。棉铃虫生育适温为 25～28℃，相对湿度 75%～90%，为害棉花期间降雨次数多且雨量分布均匀易大发生。干旱地区灌水及时或水肥条件好、长势旺盛的棉田，前作是麦类或绿肥的棉田及玉米与棉花邻作棉田，对棉铃虫发生有利。天敌有赤眼蜂、绒茧蜂、茧蜂、姬蜂、寄蝇、蜘蛛、草蛉、瓢虫、螳螂、小花蝽等 60 多种。

【防治方法】

（1）进行中短期预测预报。南方从 5 月上中旬，北方从 5 月中下旬，采用随机选点调查法或扫网法调查当地一代棉铃虫的数量和幼虫龄期，与历年对比预测棉田二代棉铃虫发生量。短期测报，据黑光灯和杨树枝把诱到上代成虫和田间查到当代卵的时间和数量，预测出当代幼虫发生期和发生量，指导生产上防治。

（2）适当种植基因抗虫棉，适当迟播短季棉，尽量避开二代棉铃虫，采用杨树枝把诱蛾，在棉田中种植 300～500 株玉米或高粱等作物诱蛾前来产卵，集中杀灭，千方百计减少棉株着卵量，麦收后及时中耕，消灭部分一代蛹，压低虫源基数。田间结合整枝及时打顶，摘除边心及无效花蕾，并携至田外集中处理。7—8 月结合棉花根外追肥，往棉株上喷 1%～2% 过磷酸钙浸出液，可减少着卵量。

（3）麦套棉地区。要注意选用小麦和棉花的早熟品种，小麦要求提早 10 天，棉花品种应该选用能适应这种种植方式的配套品种，以恶化一代和四代棉铃虫食源。整枝修棉时要注意灭卵和幼虫，均可有效地减少虫源。

（4）生物防治。在二代棉铃虫的初孵盛期，每亩释放赤眼蜂1.5万~2万头，卵寄生率70%以上，也可喷洒含孢子量100亿/g以上的Bt乳剂400mL，每3天1次。还可释放草蛉5 000~6 000头，也可喷洒棉铃虫病毒、7216等生物农药防治初孵幼虫，同时注意保护利用其他天敌。千方百计压低二代棉铃虫基数。

（5）大面积安置高压汞灯，每亩安300W高压汞灯1只，灯下用大容器盛水，水面加柴油，效果比黑光灯高几倍。

（6）当棉田二代、三代棉铃虫达到防治指标时，每亩产皮棉90kg的高产棉田，二代棉铃虫百株累计卵量250粒或每亩产皮棉75kg中产棉田每百株累计卵量150粒、每亩产皮棉50kg低产棉田及上述高、中、低产棉田三代百株累计卵量80粒时，应马上全面防治。关键是要抓住卵孵化盛期至2龄盛期，幼虫蛀铃前喷洒10.8%凯撒乳油，每亩10~15mL或32.8%保棉丹乳油80mL、42%特力克乳油80mL、35%赛丹乳油100~130mL。尽量不用或少用菊酯类农药，防止伏蚜猖獗起来。防治第四代棉铃虫还可选用1.8%阿维菌素B$_1$4 000~5 000倍液或10%吡虫啉可湿性粉剂1 500倍液、2.5%氯氰灵乳油1 500倍液、45%丙·辛乳油1 500倍液、43%辛·氟氯氰乳油1 500倍液，对抗性棉铃虫有效。注意交替轮换用药，在高温季节连续大剂量使用灭多威、辛硫磷时易产生药害，每亩喷药液量为100L。

（7）防治棉铃虫施药的关键技术：①老品种农药灭多威、水胺硫磷、杀灭菊酯对棉铃虫卵和低龄幼虫有较好的防效，但由于生产上用药时间比较长，有的已产生抗药性，现尚可轮换或混合使用，不要连续使用。灭多威杀卵效果突出，但高浓度对棉花不安全，可和水胺硫磷、杀灭菊酯、硫丹等混合使用，利用其杀卵效果好的特点。目前提倡使用40%水胺硫磷、50%对硫磷乳油2 000倍液、43%辛·氟氯氰乳油1 500倍液对棉铃虫卵和幼虫毒力较高，完全可替代杀虫脒。②44%丙溴磷乳油、75%拉维因乳油、35%硫丹乳油对棉铃虫防效好，残效期长，但成本高，应据其特点使用。如拉维因、硫丹对天敌昆虫较安全，田间天敌量大的季节使用，可以少杀伤天敌，发挥生物防治作用。44%丙溴磷乳油对棉铃虫、棉叶螨、棉蚜都有很好防效，可以用来防治三代棉铃虫兼防棉蚜和棉叶蛹，能收到一药多用之效。③辛硫磷及其混剂以触杀效果为主，残效期短，不宜在卵期使用，适合后期扫残使用，必要时可与其他药剂混合使用。由于大龄幼虫隐蔽为害，防治较困难，因此要把防治该虫重点放在杀卵和棉铃虫2龄前，扫残1~2次，必要时用5%氟铃脲乳油，每亩150mL对水75kg，防效优于氯氰菊酯。也可选用30%

灭·辛乳油（灭多威+辛硫磷）1 000倍液。防治棉铃虫的药剂很多，各地可因地制宜选用。关键是要掌握最佳用药时间和正确的施药部位及合理的施药方法。该虫在孵化后的第二天就为害生长点，第四天转移到幼蕾上蛀孔为害，这时对农药很敏感，是用药防治的关键时期，生产上对一代棉铃虫，如卵量大，来势猛，应从卵盛期开始用药，如能在50%的卵开始变黑时用药效果最好。对二代棉铃虫，当百株棉花累计卵量达到百粒时，可用药防治；三、四代棉铃虫，当百株累计落卵量达25粒或有5头幼虫时，可用药。二代棉铃虫的卵多产在棉株顶端嫩叶上，喷药时要注意保护棉顶尖，把药集中喷在顶部叶片上，三、四代棉铃虫常把卵产在边心上，药应喷在群尖上，以保护幼蕾不受害或少受害。

二、绿盲蝽

属半翅目盲蝽科。别名花叶虫、小臭虫等，几遍全国各棉区。是我国黄河流域、长江流域为害棉花的多种蝽象的优势种。

【形态特征】成虫体长5~5.5mm，宽2.2mm，绿色，密被短毛。头部三角形，黄绿色，复眼黑色突出，无单眼，触角4节丝状，较短，约为体长2/3，第2节长等于3、4节之和，向端部颜色渐深，1节黄绿色，4节黑褐色。前胸背板深绿色，布许多小黑点，前缘宽。小盾片三角形微突，黄绿色，中央具1浅纵纹。前翅膜片半透明暗灰色，余绿色。足黄绿色，胫节末端、跗节色较深，后足腿节末端具褐色环斑，雌虫后足腿节较雄虫短，不超腹部末端，跗节3节，末端黑色。卵长1mm，黄绿色，长口袋形，卵盖奶黄色，中央凹陷，两端凸起，边缘无附属物。若虫5龄，与成虫相似。初孵时绿色，复眼桃红色。2龄黄褐色，3龄出现翅芽，4龄超过第一腹节，2、3、4龄触角端和足端黑褐色，5龄后全体鲜绿色，密被黑细毛；触角淡黄色，端部色渐深。眼灰色。

【为害症状】成虫、若虫刺吸为害棉株顶芽、嫩叶、花蕾及幼铃。棉花嫩叶被害后，初呈现小黑点，随叶片长大，形成大小不规则的空洞、皱缩不平，称为"破叶疯"。腋芽、生长点受害造成腋芽丛生，破叶累累形成"扫帚苗"。幼蕾受害后，被害处即现黑色小斑点，2~3天后全蕾变为灰黑色，干枯或脱落。大蕾被害后，除有黑色斑点外，苞叶向外微张，但一般不脱落。

【生活习性】以卵在棉花枯枝铃壳内或苜蓿、蓖麻茎秆、茬内、果树皮或断枝内及土中越冬。翌春3—4月旬均温高于10℃或连续5日均温达11℃，相对湿度高于70%，卵开始孵化。第1、2代多生活在紫云英、苜蓿等绿肥田中。成虫寿命长，产卵期30~40天，发生期不整齐。成虫飞行力强，喜食花蜜，羽化后6~7天开始产卵。非越冬代卵多散产在嫩叶、茎、叶柄、叶脉、嫩蕾等组织内，外露黄色卵盖，卵期7~9天。6月中旬棉花现蕾后迁入棉田，7月达高峰，8月下旬棉田花蕾渐少，便迁至其他寄主上为害蔬菜或果树。果树上以春、秋两季受害重。主要天敌有寄生蜂、草蛉、捕食性蜘蛛等。

【防治方法】

（1）4月越冬卵孵化之前，通过果实修剪、棉田土壤深耕等方式毁减越冬场所，压低虫源基数。避免棉田与果树、牧草等地毗邻或间作，减少在不同寄主间交叉为害。及时整枝打顶，控制棉株徒长，减轻绿盲蝽的发生为害。

（2）可在棉田四周种植绿豆诱集带，对绿豆上的绿盲蝽定期进行化学防治，可控制棉田绿盲蝽发生并减少棉田农药使用量。

（3）5月中下旬，除草剂和杀虫剂混合后在棉田周围的杂草上喷雾，可降低早春虫源。

（4）棉田防治指标：二代（苗期、蕾期）绿盲蝽百株虫量5头，或棉株新被害株率达3%；三代（蕾期、花期）百株虫量10头，或被害株率5%~8%；四代（花期、铃期）百株虫量20头。防治适期为2至3龄若虫发生高峰期。每公顷可使用5%丁烯氟虫腈乳油450~600mL、10%联苯菊酯乳油450~600mL、40%灭多威可溶性粉剂525~750g、45%马拉硫磷乳油1 050~1 200mL、40%毒死蜱乳油900~1 200mL或35%硫丹乳油600~900mL。

三、棉蚜

属同翅目蚜科。别名蜜虫、腻虫、油汗等。分布于西藏未见报道外，广布全国各地。以东半壁密度较大，是棉花苗期重要害虫。近年新疆所占比重也在升高。黄河流域、辽河流域、西北内陆棉区发生早，为害重。

【形态特征】 干母体长1.6mm，茶褐色，触角5节，无翅。无翅胎生雌蚜体长1.5~1.9mm，体色有黄、青、深绿、暗绿等色，触角长约为体长之半，触角第3节无感觉圈，第5节有1个，第6节膨大部有3~4个。复眼暗红色。腹管较短，黑青色。尾片青色，两侧各具刚毛3根，体表被白蜡粉。有翅胎生雌蚜大小与无翅胎生雌蚜相近，体黄色、浅绿至深绿色。触角较体短，头胸部黑色，两对翅透明，中脉三叉。卵长0.5mm，椭圆形，初产时橙黄色，后变漆黑色，有光泽。无翅若蚜共4龄，夏季黄色至黄绿色，春秋季蓝灰色，复眼红色。有翅若蚜也是4龄。夏季黄色，秋季灰黄色，2龄后现翅芽。腹部1、6节的中侧和2、3、4节两侧各具1个白圆斑。

【为害症状】棉蚜以刺吸口器刺入棉叶背面或嫩头，吸食汁液。苗期受害，棉叶卷缩，开花结铃期推迟；成株期受害，上部叶片卷缩，中部叶片现出油光，下位叶片枯黄脱落，叶表有蚜虫排泄的蜜露，易诱发霉菌滋生。蕾铃受害，易落蕾，影响棉株发育。

【生活习性】辽河流域棉区年发生10~20代，黄河流域、长江及华南棉区20~30代。北方棉区以卵在越冬寄主上越冬。翌年春季越冬寄主发芽后，越冬卵孵化为干母，孤雌生殖2~3代后，产生有翅胎生雌蚜，4—5月迁入棉田，为害刚出土的棉苗。随之在棉田繁殖，5—6月进入为害高峰期，6月下旬后蚜量减少，但干旱年份为害期多延长。10月中下旬产生有翅的蚜虫，迁回越冬寄主，产生无翅有性雌蚜和有翅雄蚜。雌雄蚜交配后，在越冬寄主枝条缝隙或芽腋处产卵越冬。黄河流域、长江流域棉区也以卵在花椒、木模、鼠李、石榴、蜀葵、夏枯草、车前草、菊花、瓜类等越冬寄主上越冬。翌年3月孵化，在越冬寄主上繁殖3~4代，到4月下旬，棉苗出土后，产生有翅蚜迁入棉田繁殖为害，5月下旬至6月上旬进入苗蚜为害高峰期；7月中旬至8月上旬形成伏蚜猖獗为害期。秋季棉株衰老时，迁回越冬寄主上，产生唯一的一代雄蚜，与雌蚜交配后在芽腋处产卵越冬。棉蚜在棉田按季节可分为苗蚜和伏蚜。苗蚜发生在出苗到6月底，5月中旬至6月中下旬至现蕾以前，进入为害盛期。适应偏低的温度，气温高于27℃繁殖受抑制，虫口迅速降低。伏蚜发生在7月中下旬至8月，适应偏高的温度，27~28℃大量繁殖，当日均温高于30℃时，虫口数量才减退。大雨对棉蚜抑制作用明显。多雨的年份或多雨季节不利其发生，但时晴时雨的天气利于伏蚜迅速增殖。一般伏蚜4~5天就增殖1代，苗蚜需10多天繁殖1代，田间世代重叠。有翅蚜对黄色有趋性。冬季气温高，越冬卵量多孵化率高。棉蚜发生适温17.6~24℃，相对湿度低于70%。一熟棉田、播种早的棉蚜迁入早，为害重，棉花与麦、油菜、蚕豆等套种时，棉蚜发生迟且轻。天敌主要有寄生蜂、螨类、捕食性瓢虫、草蛉、蜘蛛、食虫蝽类等。其中瓢虫、草蛉控制作用较大。生产上施用杀虫剂不当，杀死天敌过多，会导致蚜虫猖獗为害。

【防治方法】

（1）农业防治。冬春两季铲除田边、地头杂草，早春在越冬寄主上喷洒氧化乐果，消灭越冬寄主上的蚜虫。实行棉麦套种，棉田中播种或地边种植春玉米、高粱、油菜等，招引天敌控制棉田蚜虫。一年两熟棉区，采用麦棉、油菜棉、蚕豆棉等间作套种，结合间苗、定苗、整枝，把拔除的有虫苗、剪掉的虫枝带至田外，集中烧毁。

（2）药剂拌种。平作春棉区，先把棉籽在 55～60℃温水中预浸 30min，捞出后晾至种毛发白，用 40%甲拌磷 400mL 稀释 30 倍，喷拌在 50kg 棉种上，闷 12h 后播种，也可用 10%吡虫啉有效成分 50～60g 拌棉种 100kg，对棉蚜、棉卷叶螟防效较好，播种 45～60 天有蚜株率 10%～60%，百株蚜量的相对防效为 72.6%～85.7%和 84.8%～97.3%。生产上可减少防蚜次数。麦套棉播种晚，用吡虫啉拌种后基本能控制其为害。

（3）苗蚜在三叶期前，卷叶株率 20%，三叶后卷叶株率 30%～40%，伏蚜平均单株顶部、中部、下部 3 叶蚜量 150～200 头。每公顷用 10%吡虫啉可湿性粉剂 150～300g，或 20%啶虫脒可溶粉剂 30～45g、20%丁硫克百威乳油 450～675g，对水 40L 喷雾，如蚜虫发生量较大，10 天左右再喷 1 次。

四、朱砂叶螨

我国为害棉花的叶螨有朱砂叶螨、二斑叶螨、截形叶螨、土耳其斯坦叶螨、敦煌叶螨或神泽氏叶螨等 6 种，属蜱螨目叶螨科。别名红叶螨、棉红蜘蛛。分布于北京、山东、河北、内蒙古、甘肃、陕西、河南、江苏、广东、广西、台湾等地。

【形态特征】雌成螨体长 0.48～0.55mm，宽 0.32mm，椭圆形，体色常随寄主而异，多为锈红色至深红色，体背两侧各有 1 对黑斑，肤纹突三角形至半圆形。雄成螨体长 0.35mm，宽 0.2mm，前端近圆形，腹末稍尖，体色较雌淡。卵球形，直径约 0.13mm，淡黄色，孵化前微红。幼螨 3 对足。若螨 4 对足，与成螨相似。

【为害症状】成螨、若螨聚集在棉叶背面刺吸棉叶汁液，棉叶正面现黄白色斑，后来叶面出现小红点，为害严重时，红色区域扩大，致棉叶、棉铃焦枯脱落，状似火烧。朱砂叶螨是优势种，常与其他叶螨混合发生，混合为害。

【生活习性】华北棉区年发生 10～15 代，向南年发生 20 代，越冬虫态及场所随地区而不同，在华北以雌成螨在杂草、枯枝落叶及土缝中越冬；在华中以各种虫态在杂草及树皮缝中越冬；在四川以雌成虫在杂草或豌豆、蚕豆等作物上越冬。翌春气温达 10℃以上，即开始大量繁殖。3—4 月先在杂草或其他寄主上取食，山东、河南于 5 月中旬迁入棉田为害，除棉麦、棉豆套种田受害较重外，纯棉田受害较少，到6月上旬至8月中旬进入棉田发生为害期。成螨羽化后即交配，第二天就可产卵，每雌能产50~110粒，多产于叶背面。卵期2~13天。幼螨和若螨发育历期5~11天，成螨寿命19~29天。可孤雌生殖，其后代多为雄性。幼螨和前期若螨不甚活动。后期若螨则活泼贪食，有向上爬的习性。先为害下部叶片，而后向上蔓延。繁殖数量过多时，常在叶端群集成团，滚落地面，被风刮走，向四周爬行扩散。朱砂叶螨发育起点温度为7.7~8.8℃，最适温度为25~30℃，最适相对湿度为35%~55%，因此高温低湿的6—7月为害重，尤其干旱年份易于大发生。但温度达30℃以上和相对湿度超过70%时，不利其繁殖，暴雨有抑制作用。天敌有草蛉、六点蓟马、捕食螨等30多种。

【防治方法】

（1）注意清除田间及地边杂草。越冬前及时清除杂草，在秋播前耕翻整地，棉苗出土之前再铲除田间及周边杂草。

（2）注意防治麦套春棉田朱砂叶螨及5月气温高的年份棉田干旱，棉苗受害重的地区。当棉叶出现黄白斑株率达20%时，春棉每亩用5%涕灭威1~1.25kg或3%克百威2kg、5%甲拌磷颗粒剂2.5kg，随播种把药施入土中。

（3）6—8月干旱少雨，棉叶螨种群数量上升，当棉叶上出现黄白斑率达20%时，应立即喷洒10%浏阳霉素乳油1 000倍液。

（4）朱砂叶螨对上述杀虫剂产生抗药性的地区或田块，可选用73%炔螨特乳油3 000倍液、20%哒螨灵乳油3 000倍液、15%哒螨灵乳油2 500倍液、10%吡虫啉可湿性粉剂2 500倍液或10%溴虫腈乳油2 000倍液。

五、二斑叶螨

属蜱螨目叶螨科。别名棉叶螨、普通叶螨。二斑叶螨为杂粮害虫。

【形态特征】本种过去误认为棉叶螨，实为棉叶螨的复合种群的种类之一。该螨与朱砂叶螨仅有下列区别：①体色为淡黄或黄绿色。②后半体的肤纹突呈较宽阔的半圆形。③卵初产时为白色。④雌螨有滞育。

【为害症状】常与朱砂叶螨混合在一起为害棉花和蔬菜及其他农作物。

【生活习性】南方年发生20代以上，北方12~15代。北方以雌成虫在土缝、枯枝落叶下或旋花、夏枯草等宿根性杂草的根际等处吐丝结网潜伏越冬。2月均温达5~6℃时，越冬雌虫开始活动，3月均温达6~7℃时开始产卵繁殖。卵期10余天。成虫开始产卵至第1代幼虫孵化盛期需20~30天。

以后世代重叠。随气温升高繁殖加快，在23℃时完成1代13天；26℃8~9天；30℃以上6~7天。越冬雌虫出蛰后多集中在早春寄主（主要宿根性杂草）上为害繁殖，待出苗后便转移为害。6月中旬至7月中旬为猖獗为害期。进入雨季虫口密度迅速下降，为害基本结束，如后期仍干旱可再度猖獗为害，至9月气温下降陆续向杂草上转移，10月陆续越冬。两性生殖，不交尾也可产卵，未受精的卵孵出均为雄虫。每雌可产卵50~110粒。喜群集叶背面的主脉附近并吐丝结网于网下为害，大发生或食料不足时常千余头群集叶端成一团。有吐丝下垂借风力扩散传播的习性。高温、低湿适于发生。

【防治方法】参见棉花朱砂叶螨。

六、截形叶螨

属真螨目叶螨科。别名棉红蜘蛛、棉叶螨。分布于全国各地。

【为害症状】若螨和成螨群聚叶背吸取汁液，使叶片呈灰白色或枯黄色细斑，严重时叶片干枯脱落，影响生长，缩短结果期，造成减产。

【生活习性】年发生10~20代。华北地区以雌螨在土缝中或枯枝落叶上越冬；华中以各虫态在多种杂草上或树皮缝中越冬；华南地区由于冬季气温高继续繁殖为害。翌年早春气温高于10℃，越冬成螨开始大量繁殖，有的于4月中下旬至5月上中旬迁入枣树上或菜田为害枣树、茄子、豆类、棉花、玉米等，先是点片发生，后向周围扩散。在植株上先为害下部叶片，后向上蔓延，繁殖数量多及大发生时，常在叶或茎、枝的端部群聚成团，滚落地面被风刮走扩散蔓延。为害枣树者多在6月中下旬至7月上树，气温29~31℃，相对湿度35%~55%适其繁殖，一般6—8月为害重，相对湿度高于70%繁殖受抑。天敌主要有腾岛螨和巨须螨，应注意保护利用。

【防治方法】天气干旱时要注意灌溉并合理施肥（减少氮肥，增施磷钾肥），减轻为害。大发生情况下，主要采取化学防治，可以采用73%克螨特乳油1 000~2 000倍液、25%灭螨猛可湿性粉剂1 000~1 500倍液、20%灭扫利乳油2 000倍液、10%吡虫啉可湿性粉剂1 500倍液或15%哒螨灵乳油2 500倍液。间隔10天左右1次，连续防治2~3次。

七、红铃虫

属鳞翅目麦蛾科。分布广泛，国内除新疆、甘肃、青海、宁夏尚未发现外，其他各产棉区均有发生。

【形态特征】成虫体长5~6.5mm，翅展12~20mm，棕黑色，头顶、额面浅褐色。唇须浅褐色且具深褐色镰刀形斑，第 2 节鳞毛长，第 3 节弯曲，末端尖。触角浅灰褐色，除基节外各节端部黑褐色，基节纵列黑色栉毛 5~6根。胸背淡灰褐色，侧缘、肩板褐色，无毛隆。前翅竹叶形，深灰褐色，翅面在亚缘线、外横线、中横线处均具黑色横斑纹，近翅基部具 3 个黑色斑点。后翅似菜刀状，外缘略凹入，灰褐色，缘毛较长。雄蛾具 1 根翅缰，雌蛾 3 根。卵椭圆形，长 0.4~0.6mm，宽 0.2~0.32nm，表面具网状纹。末龄幼虫体长 11~13mm，头部浅红褐色，上颚黑色。前胸硬皮板小，从中间分成两块。体肉白色，毛片浅黑色且四周为红色斑块。腹足趾钩单序，外侧缺环。幼虫共 4 龄。蛹长 6~9mm，宽 2.5mm，浅红褐色，尾端尖，末端臀棘短，向上弯曲呈钩状。

【为害症状】以幼虫为害棉花蕾、花、铃、棉籽，引起落花、落蕾、落铃或烂铃、僵瓣。红铃虫为害蕾，蕾的上部有蛀孔，蛀孔很小，似针尖状黑褐色，蕾外无虫粪，蕾内有绿色细屑状粪便，小蕾花蕊吃光后不能开放而脱落，大蕾一般不脱落，花开放不正常，发育不良，花冠短小。红铃虫为害铃，在铃的下部或铃室联缝处或在铃的顶部有蛀孔，蛀孔似受害蕾，黑褐色，羽化孔 2.5mm，铃内、外无虫粪，在铃壳内壁上有黄褐色至水青色虫道和芝麻大小的虫瘤。为害棉籽，蛀食虫粪在棉籽内，小铃脱落，雨水多时大铃常腐烂，雨水少时呈僵瓣花，有时把 2 粒被害棉籽缀连在一起，叫双连籽。

【生活习性】在我国年发生 2~7 代，黄河流域 2~3 代，长江流域 3~4代。幼虫在棉花贮藏、加工期间可爬至屋顶等缝隙处结白茧滞育越冬，也可在棉籽、枯铃越冬。安徽 5 月上旬越冬幼虫开始化蛹，羽化时间长达 2 个多月。长江流域各代卵发生历期为 6 月下旬、8 月上旬、8 月底，秋季气温高时可发生不完全的 4 代。成虫白天潜伏，夜间交配产卵，第一代多产在嫩头或嫩叶上，第二代多产在下部的青铃萼片内，第三代多产在中上部青铃萼片内。成虫对黑光灯有趋性，飞翔力不强。初孵幼虫经 1~2 小时蛀入蕾内，每头幼虫可为害 2~3 个铃室、2~7 粒棉籽。温湿度高利其繁殖，气温 20~35℃，相对湿度 80% 以上适其生长发育，长江流域气候条件适宜则发生重。雨量过多年份对其繁殖不利则发生轻。红铃虫天敌有 60 多种，如澳洲赤眼蜂、金小蜂、茧蜂、姬蜂、草蛉、小花蝽等。

【防治方法】

（1）越冬防治：①收晒棉花灭虫。堆花时上面覆盖物用麻袋，幼虫多爬至覆盖物下面，第二天晒花前扫杀。采用帘架晒花，晒场周围挖沟撒施农

药。②棉仓内灭虫。收花前仓库内涂缝，墙上安置药带。成虫羽化期喷80%
敌敌畏乳油800~900倍液，间隔3~4天喷1次。③也可安置3W黑光灯诱杀
成虫。④4月在仓库内释放黑青小蜂（金小蜂）每立方米30~50头。

（2）农业防治：拔节前摘除枯铃；油用棉籽要求在每年5月底前榨完，
并及时处理棉花渣。棉秸要在5月底前烧完。种用棉籽要进行温汤浸种。

（3）药剂防治：长江流域主防二代红铃虫，在成虫产卵盛期喷洒2.5%
溴氰菊酯乳油3 000倍液。棉花封垄后可用敌敌畏毒土杀蛾，每亩用80%敌
敌畏乳油150mL，对水20kg拌细土20~25kg于傍晚撒在行间，2、3代发蛾
盛期间隔3~4天撒1次。

八、烟粉虱

属同翅目粉虱科。分布在全国各地。

【形态特征】成虫体长1mm，白色，翅透明具白色细小粉状物。蛹长
0.55~0.77mm，宽0.36~0.53mm。背刚毛较少，4对，背蜡孔少。头部边缘圆
形，且较深弯。胸部气门褶不明显，背中央具疣突2~5个。侧背腹部具乳头状
凸起8个。侧背区微皱不宽，尾脊变化明显，瓶形孔大小（0.05~0.09）mm×
（0.03~0.04）mm，唇舌末端大小（0.02~0.05）mm×（0.02~0.03）mm。盖
瓣近圆形。尾沟0.03~0.06mm。

【为害症状】成虫、若虫刺吸植物汁液，受害叶褪绿萎蔫或枯死。

【生活习性】亚热带年发生10~12个重叠世代，几乎每个月均出现一次
种群高峰，每代15~40天，夏季卵期3天，冬季33天。若虫3龄，9~84
天，伪蛹2~8天。成虫产卵期2~18天。每雌产卵120粒左右。卵多产在植
株中部嫩叶上。成虫喜欢无风温暖天气，有趋黄性，气温低于12℃停止发
育，14.5℃开始产卵，气温21~33℃，随气温升高，产卵量增加，高于40℃
成虫死亡。相对湿度低于60%成虫停止产卵或死去。暴风雨能抑制其大发
生，非灌溉区或浇水次数少的作物受害重。

【防治方法】

（1）培育无虫苗。育苗时要把苗床和生产温室分开，育苗前先彻底消
毒，幼苗上有虫时在定植前清理干净，做到用做定植的棉苗无虫。

（2）用丽蚜小蜂防治烟粉虱，当每株棉有粉虱0.5~1头时，每株放蜂
3~5头，10天放1次，连续放蜂3~4次，可基本控制其为害。

（3）注意安排茬口、合理布局。在温室、大棚内，黄瓜、番茄、茄子、
辣椒、菜豆等不要混栽，有条件的可与芹菜、韭菜、蒜、蒜黄等间套种，以

防粉虱传播蔓延。

（4）早期用药在粉虱零星发生时开始喷洒 25%灭螨猛乳油 1 000 倍液、10%吡虫啉可湿性粉剂 1 500 倍液，隔 10 天左右 1 次，连续防治 2~3 次。

（5）棚室内发生粉虱可用背负式或机动发烟器施放烟剂，采用此法要严格掌握用药量，以免产生药害。

（6）对来自热带、非洲各岛屿及印度的木薯插条，必须进行灭虫处理，以防该虫传播蔓延。

第三节　棉花病虫害综合防治要领

一、防治目标

通过及时有效防治，将棉花病虫总体为害损失率控制在 5%以下，其中棉花枯萎病、黄萎病病株率控制在 5%以下；棉花苗病病株率控制在 5%以下；棉花铃病病铃率控制在 3%以下；棉铃虫二代百株累计卵量控制在 50 粒以下或幼虫量控制在百株 10 头以下（非抗虫棉），棉铃虫三代百株累计卵量控制在 30 粒以下或幼虫量控制在百株 5 头以下（非抗虫棉），棉铃虫四代百株幼虫量控制在 5 头以下（非抗虫棉）；苗蚜百株蚜量控制在 1 000 头以下或蚜株率控制在 30%以下或卷叶率控制在 5%以下；伏蚜百株三叶蚜量控制在 7 000 头以下；棉叶螨螨株率控制在 3%以下；棉盲蝽百株幼虫苗期控制在 3 头以下、蕾铃期控制在 5 头以下；烟粉虱百株三叶若虫量控制在 1 000 头以下。

二、防治技术要点

播种期选好优良抗病品种，做好药剂拌种和土壤处理，重点防治枯萎病、黄萎病和苗期病害；苗期重点查治棉花苗病、苗蚜、棉叶螨和棉盲蝽；7—9 月蕾铃期重点防治铃病、棉铃虫、棉叶螨、伏蚜、棉盲蝽和烟粉虱。

三、防治方法

1. 棉花播期及苗期病虫害综合防治技术

主要包括有合理轮作倒茬，清洁田园；改进作物布局，种植诱集或趋避植物；选择优质抗病品种；做好种子处理，如防治苗蚜、黄萎病、枯萎病、炭疽病等药剂处理；适时播种，提高播种质量，加强田间管理；科学合理使用化学农药等。

2. 棉花中后期主要病虫害综合防治技术

（1）农业防治。加强水肥管理，使植株健壮生长，提高抗病虫能力；及时整枝、打杈，人工抹卵，捉老龄幼虫；及时去除老叶、空枝，以利通风透光，减轻病害流行。

（2）物理防治。采取高压汞灯、频振式杀虫灯、棉铃虫性诱剂、杨树枝把等多种诱杀措施，减少棉田内害虫的为害。

（3）生物防治。通过自然天敌的增强、保护和利用，最大限度的发挥自然天敌对棉花害虫的控制作用。

（4）科学合理使用化学农药。对棉花中后期病虫害的化学防治应严格按照病虫防治指标，在用药中注意不同作用机制的农药交替、轮换使用，避免长期使用单一品种农药，使害虫抗药性增强，影响防治效果。在进行药剂防治时要严格把握科学合理用药，充分利用农药的时间差和空间差，尽量避免和减少对棉田天敌的杀伤。加强田间测报，及早及时防治好棉铃虫、叶螨、红铃虫、黄萎病、枯萎病等。

（5）严格检疫。严禁从病区调种引种，种子带菌是造成病区扩展的主要原因。

参考文献

蒋玉文，2001. 温室白粉虱 [J]. 新农业 (2)：31-31.

李云瑞，2006. 农业昆虫学 [M]. 北京：高等教育出版社：31-37.

廖伯寿，2012. 花生主要病虫害识别手册 [M]. 武汉：湖北科技技术出版社.

吕佩珂，1999. 中国粮食作物、经济作物、药用植物病虫原色图鉴 [M]. 呼和浩特：远方出版社.

石勇强，惠伟，陈川，等，2002. 国内温室白粉虱的生物学习性与防治研究综述 [J]. 陕西农业科学 (9)：19-21.

万书波，2003. 中国花生栽培学 [M]. 上海：上海科学技术出版社.

王传堂，张建成，2013. 花生遗传改良 [M]. 上海：科学技术出版社.

魏鸿钧，张昭良，王荫长，1989. 中国地下害虫 [M]. 上海：上海科学技术出版社：276.

仵均祥，2009. 农业昆虫学 [M]. 北京：中国农业出版社：58.

肖顺，程云，张绍升，2008. 寄生于花生的线虫种类 [C] //中国植物病理学会 2008 年学术年会论文集. 北京：中国农业科学技术出版社.

徐永伟，彭红，2009. 金针虫的发生规律与综合防治对策 [C] //河南省植保学会第九次、河南省昆虫学会第八次、河南省植病学会第三次会员代表大会暨学术讨论会论文集.

禹山林，2011. 中国花生遗传育种学 [M]. 上海：科学技术出版社.

赵江涛，于有志，2010. 中国金针虫研究概述 [J]. 农业科学研究，31 (3)：49-55.

中国科学院中国植物志编辑委员会，1995. 中国植物志 [M]. 北京：科学出版社.